FLOOD EVALUATION, HAZARD DETERMINATION AND RISK MANAGEMENT

ÉVALUATION DES CRUES, DÉTERMINATION DES DANGERS ET GESTION DES RISQUES

Design criteria for the construction or rehabilitation of dams and hydraulic structures generally begin with a section defining the design flood. Flood determination methods have evolved over the years, but must continue to progress given the degree of uncertainty surrounding the assessment of extreme floods and the fact that factors external to flooding must be taken into account in risk assessment. This ICOLD Bulletin 187 follows in the footsteps of the previous one. It consists of three main chapters following the introductory chapter. The second chapter examines the main aspects of flood volume. The third chapter follows on from the previous bulletin and looks in more detail at stochastic approaches to flood risk assessment. The final chapter deals with the forecasting aspects of proactive flood management. Case studies illustrating short-, medium- and long-term management challenges are presented in Appendix A.

Les critères de conception pour la construction ou la réhabilitation des barrages et des structures hydrauliques commencent généralement par une section définissant la crue de projet. Les méthodes de détermination des crues ont évolué au fil des ans, mais elles doivent continuer à progresser étant donné le degré d'incertitude concernant l'évaluation des crues extrêmes et le fait que les facteurs externes aux crues doivent être pris en compte dans l'évaluation des risques. Ce ICOLD Bulletin 187 suit les traces du précédent bulletin. Il se compose de trois chapitres principaux faisant suite au chapitre d'introduction. Le deuxième chapitre examine les principaux aspects liés au volume des crues. Le troisième chapitre fait suite au bulletin précédent et aborde plus en détail les approches stochastiques concernant l'évaluation des risques de crues. Le dernier chapitre traite des aspects prévisionnels liés à la gestion proactive des crues. Des études de cas illustrant les défis de gestion à court, moyen ou long terme sont présentées à l'annexe A.

INTERNATIONAL COMMISSION ON LARGE DAMS
COMMISSION INTERNATIONALE DES GRANDS BARRAGES
6 quai Watier - 78400 Chatou
http://www.icold-cigb.org

Cover illustration: Manitou Falls (Ontario)
Couverture: Chutes de Manitou (Ontario)

CRC Press/Balkema is an imprint of the Taylor & Francis Group, an informa business
© 2025 ICOLD/CIGB, Paris, France

Typeset by codeMantra

Published by: CRC Press/Balkema
4 Park Square, Milton Park, Abingdon, Oxon, OX14 4RN, UK
2385 NW Executive Center Drive, Suite 320, Boca Raton FL 33431, USA

Original text in English
by the Canadian and Swiss National Committees
Layout by Nathalie Schauner

*Texte original en anglais
par les Comités Nationaux Canadiens et Suisses
Mise en page par Nathalie Schauner*

ISBN: 978-1-032-98735-4 (Pbk)
ISBN: 978-1-003-60269-9 (eBook)

COMMITTEE FLOOD EVALUATION & DAM SAFETY
COMITE ESTIMATION DES CRUES ET SECURITE DES BARRAGES

Chairman/Président

Canada	M. TREMBLAY

Vice Chairman/Vice-Président

Switzerland/Suisse	B. JOOS

Active Members/Membres actifs

Australia / Australie	P. HILL
Canada (Co-opted)	Z. MICOVIC
	N. GAUTAM
China / Chine	Y. HUANG
Czech Republic / République Tchèque	R. KUCERA
Dominican Republic / République dominicaine	J.M. ARMENTEROS RUIS
France	E. PAQUET
Germany / Allemagne	U. MÜLLER
Iran	M. NOURY
Ireland / Irlande	B. O'MAHONY
Italy / Italie	A. BONAFE
Japan / Japon	M. KASHIWAYANAGI
	G. ORUKAWA
Korea / République de Corée	K.S. JUN
Mexico / Mexique	H. MARENGO
Netherlands / Pays-Bas	J.H. VAN DUIVENDIJK
South Africa / Afrique du Sud	J. SMITHERS
Spain / Espagne	L. BERGA
Sweden / Suède	A. SODERSTROM
United Kingdom / Royaume-Uni	A. WARREN
United States / États-Unis	K. NG

SOMMAIRE	CONTENTS

TABLE DES MATIERES

TABLE OF CONTENTS

TABLEAUX & FIGURES

TABLES & FIGURES

PRÉFACE

Les critères de conception pour la construction ou la réhabilitation des barrages et des structures hydrauliques commencent généralement par une section définissant la crue de projet. Les méthodes de détermination des crues ont évolué au fil des ans, mais elles doivent continuer à progresser étant donné le degré d'incertitude concernant l'évaluation des crues extrêmes et le fait que les facteurs externes aux crues doivent être pris en compte dans l'évaluation des risques.

Au cours des dernières années, cinq bulletins techniques abordant le sujet des crues ont été publiés:

par le Comité de la crue de projet:

- Choix de la crue de projet – Méthodes actuelles (No 82, 1992)

par le Comité Estimation des crues et sécurité des barrages:

- Barrages et crues – Lignes directrices et études de cas (No. 125, 2003);

- Rôle des barrages dans l'atténuation des crues - Synthèse (No. 131, 2006);

- Gestion intégrée du risque de crue (No. 156, 2010);

- Évaluation des crues et sécurité des barrages (No. 170, 2018).

Ce bulletin suit les traces du précédent bulletin. Il aborde les sujets de préoccupation des membres du comité et nous espérons qu'il permettra aux utilisateurs de mieux comprendre certains des défis à venir, les approches pour résoudre les problèmes rencontrés dans ce domaine d'expertise et les tendances futures.

Il se compose de trois chapitres principaux faisant suite au chapitre d'introduction. Le deuxième chapitre examine les principaux aspects liés au volume des crues. En général, une crue est souvent associée aux conséquences dues à son débit de pointe. Cependant, le volume des crues est également un aspect important à considérer.

Le troisième chapitre fait suite au bulletin précédent et aborde plus en détail les approches stochastiques concernant l'évaluation des risques de crues. Ces analyses incluent des facteurs indépendants des crues mais qui peuvent avoir un impact sur la sécurité du ou des barrages du système étudié.

Le dernier chapitre traite des aspects prévisionnels liés à la gestion proactive des crues. Des études de cas illustrant les défis de gestion à court, moyen ou long terme sont présentées à l'annexe A.

Il convient de mentionner que tous les membres du comité ont participé d'une manière ou d'une autre à la conception des chapitres de ce bulletin (travail effectué principalement sur une base volontaire). Je les en remercie personnellement.

FOREWORD

Design criteria for the construction or rehabilitation of dams and appurtenant structures generally starts with a section defining the design flood. Methods for determining flood design have evolved over the years, but these must continue to progress given the degree of uncertainty in the assessment of extreme floods and the fact that factors external to floods must be considered in the risk assessment.

In the last years, five technical bulletins about floods have been published:

By the Design Flood Committee:

• Selection of Design Flood - Current Methods (No 82, 1992)

By the Flood Evaluation and Dam Safety Committee:

• Dams and Floods - Guidelines and Case Studies (No. 125, 2003);

• Role of dams in flood prevention - Summary (No. 131, 2006);

• Integrated Flood Management (No. 156, 2010);

• Flood Assessment and Dam Safety (No. 170, 2018).

This bulletin follows the lead of the previous bulletin. It discusses issues of concern to committee members and we hope it will allow users to better understand some of the challenges ahead, approaches to solve problem encountered in this field of expertise and future trends.

It consists of three main chapters following the introductory chapter. Chapter Two discusses the main aspects related to the volume of floods. In general, a flood is often associated with the consequences due to its the peak flow. However, the volume of floods is also an important aspect to consider.

Chapter Three is a follow-up to the previous bulletin, addressing in more detail the stochastic approaches to flood risk assessment. These analyses include factors that are independent of flood but may have an impact on the safety of the dam(s) in the system under study.

The last chapter deals with the forecast aspects related to the proactive management of floods. Case studies to illustrate short-, medium- or long-term management challenges are presented in Appendix A of this document.

It should be mentioned that all members of the committee participated in one way or another in the design of the chapters of this bulletin (work done mostly on a voluntary basis). I thank them personally.

Je dois souligner la contribution des principaux auteurs de chaque chapitre. En partageant leur expertise et leur enthousiasme à travailler dans ce domaine, leur travail est devenu le cœur de ce bulletin. Ce sont :

Chapitre 2	Bernard Joos	Suisse
	Luis Berga	Espagne
Chapitre 3	Zoran Micovic	Canada
Chapitre 4	Uwe Müller	Allemagne
Etude de cas	Dr. Ruben Müller	Allemagne
Etude de cas	Dr. Hubert Lohr	Allemagne
Etude de cas	Masayuki Kashiwayanagi	Japon

Enfin, je tiens à remercier plus particulièrement les Comités Nationaux des Pays-Bas et des États-Unis pour leurs commentaires pertinents.

Michel Tremblay
Président du comité technique
Comité Estimation des crues et sécurité des barrages
Février 2020

I must highlight the contribution of the main authors of each chapter. By sharing their expertise and enthusiasm to work in this area, their work has become the core of this bulletin. Those are :

Chapter 2	Bernard Joos	Switzerland
	Luis Berga	Spain
Chapter 3	Zoran Micovic	Canada
Chapter 4	Uwe Müller	Germany
Case Study	Dr. Ruben Müller	Germany
Case Study	Dr. Hubert Lohr	Germany
Case Study	Masayuki Kashiwayanagi	Japan

Finally, I want to thank the Netherlands and United States National Committees for their relevant comments.

Michel Tremblay
Technical Committee Chairman
Flood Evaluation and Dam Safety Committee
February 2020

1. INTRODUCTION

LES CRUES EXTRÊMES ET LEURS CONSÉQUENCES

Dans le cadre des études hydrologiques requises pour évaluer et/ou s'assurer de la sécurité des barrages, digues et structures hydrauliques, nous passons beaucoup de temps à évaluer les caractéristiques des crues et plus particulièrement les débits de pointe.

Il faut se rappeler que le but premier des études de sécurité de barrages est plutôt d'évaluer les conséquences potentielles lorsque le barrage et les autres composantes du système se trouvent confrontés à des événements extrêmes; ceci ne dépend pas seulement du débit de pointe des fortes crues.

La connaissance du système étudié, de même que des paramètres pouvant avoir un impact sur la sécurité de ses composantes est essentielle. Par exemple, la capacité de régularisation du système (fil de l'eau, réservoir journalier, saisonnier, annuel ou multi-annuel) joue un rôle dans la capacité du système à répondre à de fortes crues. Un petit réservoir (par rapport aux apports) sera plus sensible au débit de pointe de la crue qu'à son volume et le temps de réaction pourrait être relativement court en fonction des caractéristiques du bassin versant. Un grand réservoir sera parfois plus sensible au volume de la crue, cela étant fonction de sa capacité de régularisation. Ceci laissera plus de temps pour réagir; toutefois, les conséquences liées à une défaillance pourraient être bien plus importantes.

D'autres facteurs doivent également être pris en compte, facteurs qui seront plus ou moins homogènes et qui dépendront, en partie, des caractéristiques du bassin versant. Nous citerons ici les conditions initiales, la répartition temporelle et spatiale des précipitations sur le bassin, le couvert de neige et la température de l'air (si applicable), le couvert végétal et le taux d'urbanisation, ...

Tel que mentionné précédemment, la connaissance du système à l'étude est un facteur critique primordial dans l'évaluation des conséquences liées aux événements extrêmes et pour déterminer le meilleur moyen de répondre à ces sollicitations. Pour ce faire, il faut que le système à l'étude soit bien documenté, tout en considérant qu'il continuera à évoluer avec le temps et que les principales tendances doivent être identifiées.

Si la connaissance du système est essentielle, nous devons souvent faire face à des limitations de ressources, de temps et de connaissances disponibles pour effectuer l'analyse.

Ne pas avoir les mêmes ressources ou la même connaissance d'un système ne signifie pas que nous devons accepter plus de risques. Cela pourrait plutôt signifier que nous devons être plus prudents dans la conception ou le suivi du système, ce qui peut également avoir un impact.

Si le temps et les ressources nécessaires pour effectuer des analyses plus détaillées sont disponibles, nous devons nous poser quelques questions:

- Sommes-nous certains que toutes les variables clés sont connues et prises en compte?

- Notre connaissance des différentes variables ayant un impact sur la sécurité des barrages est-elle suffisante pour établir des distributions réalistes? Quelles sont les corrélations entre les différents paramètres?

- Si nous évaluons différents scénarios pour une variable ou un paramètre (considérons les paramètres liés aux changements climatiques), tous les scénarios sont-ils équiprobables?

1. INTRODUCTION

EXTREME FLOODS AND THEIR CONSEQUENCES

As part of the hydrological studies required to assess and/or ensure the safety of dams, dikes and hydraulic structures, we spend a lot of time evaluating the characteristics of floods and more particularly peak inflows in the system.

It should be remembered that the primary purpose of dam safety studies is rather to evaluate the potential consequences when the dam and other components of the system are confronted with extreme events and that does not only depend on the peak discharge during major floods.

Knowledge of the system as well as the parameters that may impact the security of its components is essential. For example, the routing capacity of the system (run-of-river, daily, seasonal, annual, or multi-year reservoir) plays a role in the system's ability to respond to major floods. A small reservoir (small in comparison to its inflows) will be more sensitive to the peak discharge during a major flood than the flood volume; the time to react to such event could be relatively short. A large reservoir will normally be more sensitive to the flood volume, depending on its routing capacity. This will allow more time to react to the flood, however the consequences related to a failure could be much more important.

Other factors must also be considered, factors that will be more or less homogeneous and that will depend, in part, on characteristics not controlled by the dam owners. We will mention here the initial conditions on the watershed, the temporal distribution and intensity of the precipitation on the basin, the snow cover and the temperature of the air (if applicable), the vegetation and the rate of urbanization,...

As previously mentioned, knowledge of the system under study is therefore a critical factor in assessing the consequences of extreme events and determining the best way to respond to these events. To do this, the system must be well documented while considering that the situation will continue to evolve over time and the main trends must be identified.

If the knowledge of the system is essential, we often have to face limitations resources, time and knowledge available to perform the analysis.

Not having the same resources or knowledge of a system does not mean that we must accept more risk, but rather it could mean that we have to be more conservative in the design or the maintenance of the system, which also have an impact.

If we have resources and time required to perform more detailed analyses, we still have to ask ourselves a few questions :

- Are we confident that all key variables are known and accounted for?

- Is our knowledge of the different variables having an impact on dam safety sufficient to establish a realistic distribution? What are the correlations between a parameter and the other parameters?

- If we are evaluating various scenarios for a parameter (let's consider parameters related to climate changes), are all scenarios equiprobable?

Nous savons que nous ne pourrons considérer toutes les combinaisons causant une défaillance du système, cependant sommes-nous réalistes dans nos estimations de risques pour le scénario identifié?

Aristote aurait dit *«la vérité et la vérité approximative sont appréhendées par la même faculté; on peut également noter que les hommes ont un instinct naturel suffisant pour ce qui est vrai et arrivent généralement à la vérité. Par conséquent, l'homme qui fait une bonne estimation de la vérité est susceptible de faire une bonne estimation des probabilités.»*

Toutefois, pour assurer la sécurité d'un barrage, un bon instinct ne suffit pas et la compréhension de toutes les composantes et des risques du système est essentielle.

LE BULLETIN

Ce bulletin est divisé en trois principaux chapitres.

Le chapitre deux porte sur un aspect des crues qui est souvent plus important pour les grands réservoirs, à savoir le volume des crues. Pour les petites retenues avec de faibles capacités de régulation, le débit de pointe est la caractéristique la plus importante, car le réservoir ne peut réduire de manière significative le débit de pointe. En revanche, pour les grandes retenues, une évaluation adéquate du volume de crue et de sa relation avec le débit de pointe est essentielle. Ce chapitre passe en revue certains aspects liés aux volumes de crues et présente un point de vue sur certaines approches ou perceptions, par exemple:

- L'impact de la distribution temporelle des précipitations sur le débit de pointe et le volume de crue n'est pas toujours aussi important qu'on le croit communément;

- La phase de récession d'une crue sur un bassin versant dépend des caractéristiques physiques du bassin et sa forme ne dépend pas de la crue;

- Il est possible de construire un hydrogramme engendré par deux événements distincts en connaissant les caractéristiques de la crue sur un bassin versant;

- Il est courant de considérer que le débit de pointe d'une crue majeure et le volume de crue ont une période de récurrence similaire. Cela peut être vrai pour des crues causées par un seul événement, mais ceci est certainement moins vrai pour les crues causées par une combinaison d'événements.

- Les fortes crues observées dans le monde peuvent servir à des fins de comparaison pour valider ou prédire les caractéristiques des grandes crues sur d'autres bassins versants.

Le chapitre 3 fait suite au précédent bulletin technique (n ° 170), qui présentait une revue des tendances actuelles pour l'évaluation des crues extrêmes. Le bulletin précédent passait en revue les approches possibles avec un accent particulier sur les approches stochastiques. Le présent bulletin se concentre exclusivement sur les approches stochastiques, décrivant plus en détail les différentes phases de ces études.

Les approches stochastiques ne se concentrent pas uniquement sur les incertitudes liées aux crues et à leurs caractéristiques (pointe, volume, hydrogramme), mais plutôt sur les conséquences suite au passage de crues extrêmes, c'est-à-dire au niveau d'eau atteint dans les réservoirs et aux risques pour les différentes composantes du système.

La validation des résultats est également abordée dans le chapitre. Bien qu'il soit difficile de valider les résultats obtenus pour les crues extrêmes (compte tenu de la faible probabilité de ces événements), il est plus facile de valider l'approche proposée pour les crues de périodes de récurrence plus courantes. Les aspects liés aux analyses de sensibilité et aux incertitudes sont également abordés. Les incertitudes associées aux études stochastiques seront abordées spécifiquement dans le prochain bulletin.

We know that we will not be able to consider all the combinations causing a failure of the system, however are we realistic in our risk estimates for the scenario identified?

Aristotle stated that « *the true and the approximately true are apprehended by the same faculty; it may also be noted that men have a sufficient natural instinct for what is true, and usually do arrive at the truth. Hence the man who makes a good guess at truth is likely to make a good guess at probabilities.* »

However, to ensure the safety of a dam, a good instinct is not enough and understanding of all the components and risks to the system is essential.

THE BULLETIN

This bulletin is divided in three main chapters.

Chapter 2 focuses on an aspect of floods that is often more important for large reservoirs, i.e. flood volume. For small reservoirs with low regulation capabilities, peak flow is the most important feature, as the reservoir can not have a significant impact on outflow. On the other hand, for larger reservoirs, an adequate assessment of the flood volume and its relation to the peak flow is essential. This chapter reviews some aspects related to flood volumes and provides a specific point of view on some approaches or perceptions, for example:

- The effect of the temporal distribution of the precipitation over the peak discharge and the flood volume is not always as important as is commonly believed;

- The recession phase of a flood on a watershed depends on the physical characteristics of the basin and the pattern does not depend on the size of the flood;

- It is possible to build a hydrograph caused by two distinct events by knowing the characteristics of the flood on a watershed;

- It is often common practice to consider that the peak discharge of a major flood and the flood volume have a similar recurrence period. This may be true for floods caused by a single event, but it seems to be less so for floods caused by a combination of events.

- The large floods observed around the world can serve for comparison purpose to validate or predict the characteristics of large floods on other watersheds.

Chapter 3 is a follow-up to our previous technical bulletin (No 170), reviewing the current trends in the evaluation of extreme flood. While the previous bulletin reviewed possible approaches with a particular focus on stochastic approaches, this bulletin focuses exclusively on stochastic approaches, describing in more detail the different phases of such studies.

Stochastic approaches do not focus only on uncertainties related to floods and their characteristics (peak, volume, hydrograph), but rather on the consequences following extreme floods, i.e. in this context at the level reached in the reservoirs and the consequential risks for the various components of the system.

Validation of the results is also discussed in the chapter. Although it is difficult to validate the results obtained for extreme floods (given the low probability of these events), it is easier to validate the proposed approach for floods of more common periods of recurrence. Aspects related to sensitivity analyses and uncertainties are also addressed. The uncertainties associated with stochastic studies will be addressed specifically in the next bulletin.

Le dernier chapitre aborde le défi de la prévision proactive des crues pour minimiser les conséquences et les dommages potentiels. Ce chapitre est principalement axé sur le fonctionnement des systèmes existants, il s'adresse donc davantage aux gestionnaires cherchant à améliorer la gestion de leurs systèmes.

Ce chapitre présente tout d'abord les bases et les principes fondamentaux de la gestion proactive des crues. Ensuite, les horizons d'analyse sont considérés, soit à court, moyen ou long terme. Différentes approches sont ensuite discutées, c'est-à-dire en passant d'analyses basées sur l'historique du système (long terme), à la prévision d'un seul événement (court terme). De plus, il est possible de faire des analyses stochastiques en fonction de l'horizon d'étude afin d'évaluer les risques.

Tel que décrit aux chapitres précédents, deux crues ayant le même débit de pointe peuvent avoir des conséquences très différentes pour un système donné. Une bonne prévision des apports et une bonne gestion du système peuvent limiter les conséquences d'un événement.

L'annexe A présente des études de cas préparées par les membres du comité.

POUR CONCLURE

Nous savons tous qu'il y a place à amélioration dans le domaine de la sécurité des barrages. Dans le domaine de l'hydrologie et de l'évaluation des crues, nous devons faire face à des phénomènes en constante évolution. Nous devons nous appuyer sur les données du passé, notre connaissance présente et imparfaite des phénomènes en jeu et des tendances que nous anticipons pour l'avenir pour évaluer les risques auxquels nous devons faire face. Certains de ces éléments sont plus évidents, tels que:

Les changements climatiques :

- La non-stationnarité des différents aspects liés à l'évaluation des crues;

- La difficulté d'établir les impacts liés aux changements climatiques pour des événements extrêmes ou pour des combinaisons d'événements;

- Les probabilités liées aux différents scénarios étudiés.

Les incertitudes liées aux analyses effectuées:

- Les informations limitées, principalement concernant les conditions hydrologiques extrêmes et pour les combinaisons de diverses conditions (y compris les conditions hydrologiques, les défaillances mécaniques, le facteur humain et autres);

- Les liens ou corrélations entre ces paramètres;

- Les différentes manières de prendre en compte les incertitudes, notamment:

  − Les facteurs de sécurité;

  − Les hypothèses et approximations;

  − et autres

Certains de ces éléments seront abordés dans le prochain bulletin, où ils pourront être traités par, ou en partenariat avec, d'autres comités. Cela s'applique plus particulièrement à tous les aspects du changement climatique qui nécessitent une expertise au-delà de la portée de ce comité.

En conclusion, nous pourrions dire que nous devons continuer à progresser dans le domaine de la sécurité des barrages. En ce qui concerne notre comité, nous devons continuer à développer nos connaissances en matière d'évaluation des crues pour la sécurité des barrages et des événements connexes susceptibles de mettre en danger les barrages et les structures de contrôle. Chaque pas en avant nous montre que nos connaissances et nos outils sont encore limités, mais nous devons regarder vers l'avenir, car nous avons encore beaucoup à apprendre.

Comme l'a dit Albert Einstein: « *Apprenez d'hier, vivez pour aujourd'hui, espérez pour demain. L'important est de ne pas arrêter de questionner* ».

The final chapter addresses the challenge of proactive flood forecasting to minimize potential consequences and damage. The chapter is more focused on the operation of existing systems, so it is more for operators who are looking to improve the management of their systems.

This chapter introduces first the basics and fundamentals of proactive flood management. Then the different horizons of analysis are considered, either short, medium or long term. Different approaches are then discussed, i.e. by moving from analyzes based on the observed history (long term), to the forecast of a single event (short term). In addition, there is nothing preventing stochastic analyses to be done depending on the study horizon in order to evaluate the potential risks.

As the preceding chapters show, a flood with the same peak flow can have very different consequences for a given system. Good forecasting of inputs and proper management of the water system can limit the consequences of an event.

Appendix A presents case studies provided by the committee members.

TO CONCLUDE

We all know that there is room for improvement in the field of dam safety. In the field of hydrology and flood assessment, we must face phenomena continuously changing. We must rely on the data of the past, our present and imperfect knowledge of the phenomena involved and the trends we anticipate for the future to assess the risks we must face. Some of these elements are more obvious, such as:

Climate changes :

- Non-stationarity of the various aspects related to flood assessment;

- The difficulty of establishing the impacts of climate change for extreme events or for combinations of events;

- The probabilities related to the different scenarios studied.

The uncertainties related to the analyzes carried out:

- Limited information mainly for extreme hydrological conditions and for combinations of various conditions (including hydrological conditions, mechanical failures, human factors and others);

- The links or correlation between these parameters;

- The different ways to take into account uncertainties, including:

  – Security factors;

  – Assumptions and approximations;

  – and others

Some of these elements will be addressed in the next bulletin, where they may be addressed by or in partnership with other committees. This applies more specifically to all aspects of climate change that require expertise beyond the scope of this committee.

In conclusion, we could say that we must continue to progress in the field of dam safety. With respect to this committee, we need to continue to develop our knowledge in flood assessment for dam safety and related events that may endanger dams and hydraulic structures. Each step forward shows us that our knowledge and tools are limited, but we must look to the future, since we still have so much to learn.

As Albert Einstein said : « *Learn from yesterday, live for today, hope for tomorrow. The important thing is not to stop questioning* ».

2.   VOLUME DE CRUES

2.1.   INTRODUCTION

Les incertitudes dans la détermination des crues affectent parfois fortement le dimensionnement des structures hydrauliques. Une origine commune d'erreurs est due à l'imprécision des mesures hydrologiques. Une autre source, de nature différente, peut également conduire à de sérieux biais, n'étant elle-même pas exempte d'imprécisions, voire d'incohérences. Elle est étroitement liée au traitement et à l'interprétation des données enregistrées.

La détermination des crues inclut d'habitude la définition de l'hydrogramme du débit de crue durant et après la survenance de précipitations.[1] L'attention se concentre plus souvent sur la pointe de la crue que sur son volume; le comportement de récession du débit de la rivière lors de la décrue est accepté tel quel, en général sans plus de considérations. Le débit de base de la rivière au commencement de la crue se voit souvent accordé encore moins d'attention.

Ces éléments jouent cependant un rôle important dans l'intensité de la crue et dans la forme générale de son hydrogramme. Ils méritent qu'on leur accorde une réelle attention dès le début d'une analyse, afin d'éviter d'introduire des biais dans la perception d'un phénomène potentiellement hautement destructif s'il échappe à tout contrôle.

Quelques modèles conceptuels originaux traitant du volume des crues sont présentés ci-dessous. En raison des grandes incertitudes liées à ce domaine, aucun ne peut prétendre à une grande précision, mais quelques-uns empruntent une ligne de raisonnement inhabituelle pouvant offrir des avantages utiles comparés à ceux de méthodes plus traditionnelles. Compte tenu des grandes incertitudes inhérentes à tous les processus de crues, les estimations clés (débit de pointe, par exemple) ne peuvent en soi pas être de meilleure qualité que celles des approches habituelles; elles peuvent en revanche présenter un complément utile et intéressant à la détermination de ces valeurs.

En ce sens, un coup d'œil au Bulletin CIGB 156 (Gestion intégrée des risques de crues) peut offrir une introduction bienvenue à ce chapitre.

2.2.   GÉNÉRALITÉS

La détermination de crues au moyen d'approches stochastiques est l'une des tendances principales pour évaluer les crues se produisant dans un bassin versant spécifique. Ces approches sont passées en revue au chapitre 3 de ce bulletin. Toutefois, en raison des ressources générales requises pour de telles analyses (données de base, capacité de calcul, etc.), ces méthodes sont à appliquer de préférence sur des systèmes complexes et bien connus. Elles présentent moins d'utilité à être implémentées sur des petits systèmes ou dans des cas simples.

A l'heure actuelle, la plupart des directives de différents pays sont basées sur les résultats de l'analyse statistique de crue ou l'évaluations déterministe de la crue maximale probable (CMP). La plupart des articles consacrés aux analyses statistiques de crues se concentrent, pour les petits bassins versants, sur le débit de pointe ou la détermination de l'hydrogramme de crue pour une pluie unique. Ainsi que le mentionne Chr. Guillaud (2002):

"Toute la discussion jusqu'à maintenant s'est concentrée sur le débit de pointe, qui est la caractéristique de crue la plus simple à obtenir. Une autre caractéristique importante, peut-être même plus importante que la pointe, est le volume. Il est toutefois généralement difficile de déterminer sans ambiguïté le volume de la crue causée par un événement météorologique, en raison de l'interférence avec d'autres événements météorologiques. Une alternative est de définir le volume relâché sur certaines durées (5 jours, 10 jours, 30 jours, ...) et de reconstruire un hydrogramme pour chaque fréquence.

---

[1] Dans ce bulletin, les termes "précipitations" ou "pluies" désignent un même type d'événement,

2. FLOOD VOLUME

2.1. INTRODUCTION

Uncertainties in the determination of floods sometimes substantially affect the design of hydraulic structures. A common source of errors is due to the imprecision of hydrological measurements. Another source, of different nature, may also lead to serious biases, not being safe from inconsistencies. It is closely linked to the treatment and interpretation of the recorded data.

Flood determination usually includes the definition of the river flow hydrograph during and after a storm event[1]. The attention usually focuses on the peak of the flood and not so much on its volume; the recession behaviour of the river flow is accepted as is, in general without further consideration. The river base flow at the beginning of the flood draws even less attention.

These elements however play an important role in the intensity of the flood and the overall shape of its hydrograph. They are worth spending some thinking from the beginning of an analysis, to avoid introducing biases into the perception of a phenomenon potentially highly destructive if running out of control.

A couple of original conceptual models are presented in this chapter. None can pretend to a great precision, but some follow an unusual line that can offer useful advantages compared to more traditional methods. Considering the large uncertainties inherent to all flood processes, the key estimates (peak flow, for instance) may *per se* not be of better quantitative quality then those of usual approaches; they may however offer an interesting counterpart to these values.

In this respect, a versatile experience is certainly an advantage for the hydrologist. A look at ICOLD Bulletin 156 (Integrated Flood Risk Management) may offer a useful complement to this chapter.

2.2. GENERALITIES

Flood determination through stochastic approaches is one of the main trends to evaluate floods occurring on a specific drainage area. Stochastic approaches for flood determination are reviewed in chapter 3 of the present bulletin. However, because of the overall resources required for such analyses, these stochastic approaches are preferably performed on major and well-known systems. They would be less attractive to implement on small systems or for new dam projects.

Presently, most of the guidelines of different countries are based on the results of statistical flood analyses or the deterministic evaluation of the PMF. Most of the papers related to the statistical analyses of floods focus, for small drainage areas, on the peak discharge or the determination of the hydrograph for a single rainfall event for small drainage areas. As mentioned by Guillaud (2002):

"The entire discussion so far has focused on flood peak, which is the easiest characteristic on the flood to obtain. Another important characteristic of a flood, perhaps more important than the peak is the volume. However, it is usually difficult to determine the volume of the flood caused by a meteorological event without ambiguity, because of the interference with other meteorological events. An alternative is to define the runoff volume over certain durations (5 days, 10 days, 30 days, ...) and to reconstruct a hydrograph for each frequency.

---

[1] In this bulletin, a "storm event" or "storm" refers to a "precipitation event"

Pour des projets avec peu (ou sans) capacité de rétention, par exemple pour des projets au fil de l'eau, il n'est essentiel de connaître que le débit de pointe pour le dimensionnement des structures hydrauliques. Lorsqu'un projet comprend une retenue, il est important de s'assurer du volume de la crue, de façon à tenir compte de l'effet de rétention dans l'évaluation de la taille des structures."

Similairement, les directives de l'Association Canadienne des Barrages (ACB) mentionnent qu'"une analyse statistique est requise pour estimer les pointes de crue et les volumes associés avec un domaine de probabilité d'excédence annuelle (PEA). En plus des pointes, les volumes et les hydrogrammes associés pour les crues considérées sont d'habitude requis pour le routage de retenue ou pour la rupture du barrage et le routage en aval de celui-ci. Cette analyse, faite sur une base saisonnière, est d'une importance plus marquée pour les retenues de rétention soumises à de grandes fluctuations du niveau d'eau et dimensionnées pour retenir l'écoulement printanier. Pour les aménagements au fil de l'eau, seule la pointe annuelle de crue est d'ordinaire requise."

Il est improbable qu'une relation directe existe entre le débit de pointe et le volume de crues spécifiques pour un bassin versant particulier, mais les deux caractéristiques sont corrélées. Si l'analyse statistique du débit de pointe peut être faite relativement aisément sur le débit naturel d'un bassin versant, le défi s'accroît lorsque le volume de la crue correspondant à une fréquence spécifique (période de retour) doit être déterminé. Dans ce cas, non seulement le débit maximal annuel (ou saisonnier) doit être pris en considération, mais aussi le volume de la crue, qui va dépendre de la durée de l'événement et différera pour chaque événement.

Pour de petits bassin versants (par ex. moins de 50–100 km²), il est très probable que le débit de pointe et le volume correspondent à une fréquence de retour similaire, car la crue est normalement causée par une seule averse. Pour de grands bassins versants, la situation est plus complexe, car le débit de pointe et le volume pour une fréquence spécifique peuvent dépendre d'une combinaison d'événements (tels que fonte de neige et événement(s) de pluie, dans les pays nordiques). Une autre difficulté consiste en la corrélation spatiale et temporelle de tels événements sur une vaste surface.

Le présent chapitre propose un survol du rôle du volume de crue pour la sécurité des barrages, incluant:

- Considérations sur le processus de crue;

- Problème de la récession de crue;

- Analyses statistiques (débit de pointe/volume de crue);

- Reconstitution d'hydrogramme (pluie unique/événement complexe);

- Valeurs extrêmes (volume de crue);

- Études de cas;

- Recommandations.

2.3. CONSIDÉRATIONS SUR LE PROCESSUS DE CRUE

Durant une crue, une certaine portion de rivière contient un multiple du volume usuellement présent sur le même tronçon, même durant la saison des crues. Pendant une crue importante, ce multiple peut atteindre de fortes proportions.Lorsque l'on essaie d'estimer le comportement d'une rivière durant une forte pluie, les hydrologues se concentrent en général sur l'intensité de l'événement météorologique. La pointe de précipitation est alors considérée jouer un rôle important. Son volume est pourtant au moins aussi important que son intensité. Mais le moment et l'emplacement exacts des cellules de pluie ne sont en général pas bien connus; la formulation d'hypothèses sur leur comportement ne garantit pas de gagner beaucoup de connaissances sur le phénomène. En fait, tant que le volume général et le centre de gravité d'une forte précipitation sont correctement déterminés, l'emplacement exact des cellules de pluie, leur succession et leur intensité n'ont pas une influence déterminante sur le pic de crue aux points situés plus en aval.

Flood peak is essential to know only for the design of hydraulic structures for projects with no or little storage capacity, for example for run-of-river projects. When a project comprises a reservoir, it is important to know the volume of the flood in order to take the storage effect into account in the evaluation of the size of the structures."

Similarly, the Canadian Dam Association Guidelines mentioned that *"Statistical analysis is required for estimating the flood peaks and volumes associated with a range of annual exceedance probabilities (AEPs). In addition to the peaks, the volumes and the associated hydrographs for the floods of interest are usually required for reservoir routing or dam-breach and downstream channel routing. This analysis is done on a seasonal basis and is of greater significance for storage reservoirs that have large fluctuations in water levels and are designed to capture spring runoff. For run-of-the-river facilities, only the peak annual flood is usually required."*

It is unlikely that a direct relation between the peak and the volume of specific floods will exist for a particular drainage area, but the two characteristics are correlated. If statistical analyses of peak flood can be performed relatively easily on natural discharge of a drainage area, the challenge increases when the volume of the flood corresponding to a specific frequency (return period) must be determined. In this case, it is not only the maximum annual (or seasonal) discharge that must be considered, but also the volume of the flood, which will depend on the duration of the event and will differ for each event.

For small drainage areas (say, less than 50 km^2), it is very likely that the peak discharge and the volume correspond to similar frequency, since the flood is normally caused by a single rainfall event. For large drainage areas, the situation is more complex, since peak discharge and volume for a specific frequency can depend on a combination of events (such as snowmelt and rainfall event(s), in the northern countries). Another difficulty consists in the spatial and temporal correlation of such events over a large drainage area.

The present section will present an overview on the role of the flood volume for dam safety, including:

- Consideration about flood process;

- Flood recession issues;

- Statistical analyses (peak / flood volume);

- Hydrograph reconstitution (rainfall / complex events);

- Extreme values (flood volume);

- Case studies;

- Recommendations.

2.3.   CONSIDERATIONS ABOUT FLOOD PROCESS

When attempting to estimate the river behaviour during an important storm, hydrologists are in general used to focus on the magnitude of the meteorological event. The peak precipitation is considered to play an important role in this respect. However, at least as important as the precipitation intensity is the precipitation volume. The exact timing and location of the storm cell(s) is usually not well known, and formulating hypotheses about their behaviour is no guarantee to gain insight in the phenomenon. Actually, as long as the overall volume and centre of gravity of a storm are correctly determined, the exact location of the storm's cells, their succession and magnitude do not play a determinant influence on the peak discharge of locations further downstream.

L'influence d'événements météorologiques locaux et limités joue en fait un rôle mineur dans l'évolution du débit quittant la surface de drainage. Ceci est valable en particulier si l'emplacement des cellules pluvieuses n'est pas situé à proximité immédiate du point de rivière considéré. Des méthodes de calcul ne requérant pas de formulation d'hypothèses particulières présenteraient l'avantage de ne pas générer de possibles biais liés à ces hypothèses. En ce sens et selon les besoins du projet, des méthodes sophistiquées et détaillées ne sont pas nécessairement les plus appropriées pour traiter ce type de problème.

L'inertie des processus de crues est en général élevée – le mouvement des masses d'eau prend du temps, spécialement dans les aquifères. Les échanges d'eau entre les aquifères et la rivière tout au long de son cours joue un rôle important pour atténuer les variations du débit, soit en absorbant l'eau de la rivière lorsque celle-ci atteint un niveau élevé, ou alors en lui procurant de l'eau lorsque son débit tend à décroître. La corrélation directe et immédiate entre la pluie et le régime de la rivière est déconnectée par le transit partiel de l'eau au travers des aquifères.

Lors d'une inondation, une longueur donnée de rivière contient un multiple du volume d'eau habituellement présent sur le même tronçon, même pendant la saison des débits élevés. Lors d'une grande inondation, ce multiple peut atteindre de grandes proportions.

2.4.   ANALYSE DE L'HYDROGRAMME DE CRUE

Un modèle simplifié semi-qualitatif et unidimensionnel d'un tronçon de rivière permet de visualiser le comportement d'une crue lorsque l'aquifère et la rivière échangent de l'eau. A chaque pas de temps, l'eau se déplace:

- d'amont en aval dans la rivière (de gauche à droite sur le graphe ci-dessous);

- de l'aquifère vers la rivière ou inversement, selon les niveaux d'eau respectifs;

- entre aquifères voisins, selon leur niveau d'eau respectifs.

Une pluie d'ampleur limitée (en temps et en lieu) est postulée au début du calcul sur la surface considérée. Il est admis que la totalité de la précipitation est absorbée par l'aquifère bordant la rivière, pour être transférée ensuite à la rivière (l'écoulement de surface n'est pas considéré ici). L'hypothèse postulant que tous les échanges d'eau sont souterrains est trop simple pour de grandes crues mais peut être accepté pour des événements plus fréquents. Afin de garder des calculs simples, aucune perte n'est considérée.

La Figure 2.1 montre la progression de la « vague » générée par l'averse dans la rivière en temps et en espace. Les nuances de la partie colorée illustrent l'intensité de la vague.

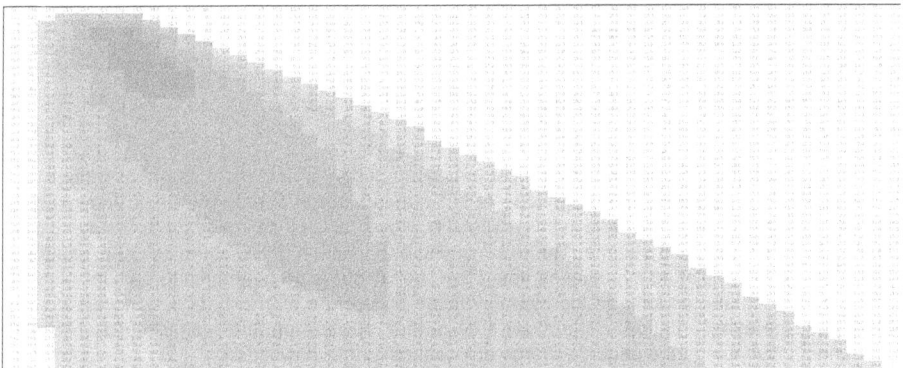

Fig. 2.1
Crue simulée avec échanges d'eau aquifère-rivière

The influence of local and limited meteorological events indeed plays a minor role in the evolution of the catchment runoff. This is especially true if the event location is not situated in the immediate vicinity of the considered river point. Methods not requiring the formulation of particular hypotheses may be not very versatile in their approach and treatment of the phenomenon, but they would present the advantage of limiting the possible biases related to these assumptions. In this sense, sophisticated and detailed methods are not necessary the most appropriate to treat this type of problem.

The inertia of flood processes is quite large – the movement of water masses takes time, especially in the underlaying aquifer. Water exchanges between river and aquifers all along its course play an important role to smooth out the river discharge, either in absorbing water from the river, when this one has a particularly high level, or in feeding it when its flow tends to decrease. The direct correlation between the rainfall and the river regime is disconnected by the transit through the aquifers.

During a flood, a given length of river contains a multiple of the volume of water usually present on the same stretch, even during the high flow season. During a large flood, this multiple can reach large proportions.

2.4.   ANALYSIS OF FLOOD HYDROGRAPH

A simplified qualitative, one-dimensional model of a river stretch allows visualizing the behaviour of a flood when aquifer and river exchange water. At each time step, water moves:

- from upstream to downstream in the river (from left to right on the graph below);

- from aquifer to river or conversely, depending on the relative water levels;

- between neighbour aquifers, depending on the elevation of their water tables.

A precipitation of limited extent (in time and space) is postulated at the beginning of the considered area. It is assumed that the totality of the precipitation is absorbed by the aquifer, to be transferred later to the river (there is no overland flow). The assumption of all water exchanges occurring through the aquifer and none as overland flow is too simple for large floods but can be accepted for more frequent events. To keep the calculations simple, no losses are considered.

Figure 2.1 illustrates the progression of the wave in time and space. The shades of the colored part illustrate the intensity of the wave.

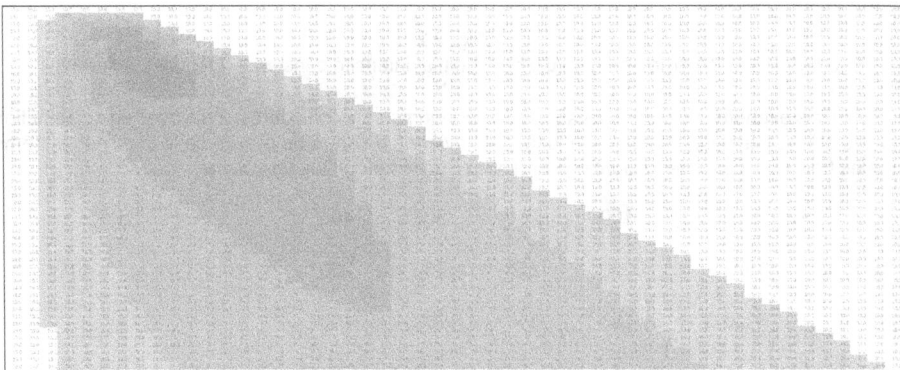

Fig. 2.1
Simulated floods with water exchanges aquifer-river

Le volume d'eau de la crue est évidemment conservé tant que la vague n'atteint pas la limite aval du modèle.

Pour évaluer le comportement du système, trois événements ont été postulés, avec chacun trois pluies de différentes intensités et distributions spatiales. L'étendue des précipitations est de sept, respectivement cinq et trois tronçons de rivière. Pour chaque événement, le centre de gravité des trois pluies est identique. La pluie se produit au début du calcul. Même volume de pluie, intensité constante, étendues différentes.

Pour ce scénario, trois événements de précipitations d'égal volume sont considérés, avec diverses étendues spatiales. Les valeurs ci-dessous sont exprimées en unités de volume.

• Pluie 1	120	120	120	120	120	120	120
• Pluie 2		168	168	168	168	168	
• Pluie 3			280	280	280		

Pour ce cas, la Figure 2.2 représente les trois hydrogrammes des crues résultantes dans la rivière en une section située quelque peu à l'aval de l'extrémité aval de la première zone de précipitation. Il est possible de se rendre compte que la concordance (en temps et en intensité) des pointes est bonne, malgré l'importante dispersion des précipitations en espace (rapport d'extension de 1 à 2.3) et en intensité (de 2.3 à 1). L'intensité de la pointe des trois cas se situe dans une fourchette inférieure à +/– 5%. Même volume de pluie, étendues et intensités différentes

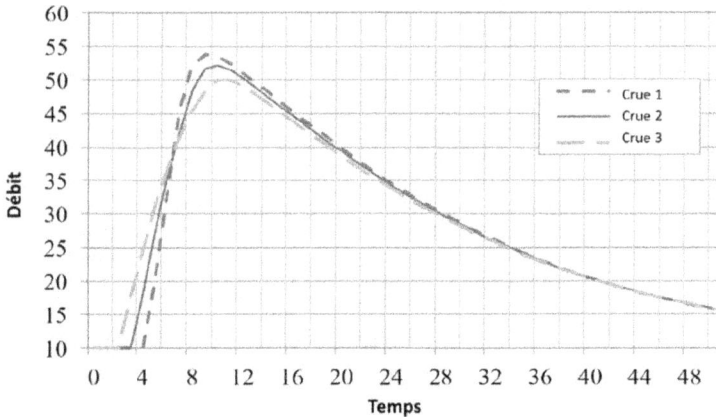

Fig. 2.2
Hydrogrammes de crue –Même volume de pluie, intensité constante, étendues différentes

Trois événements de précipitations d'égal volume sont considérés, mais avec une distribution spatiale et une intensité différentes le long de la rivière. Le centre de gravité de la pluie est le même pour les trois cas. Les valeurs sont également exprimées en unités de volume.

• Pluie 1	100	200	300	400
• Pluie 2	250	250	250	250
• Pluie 3	400	300	200	100

La Figure 2.3 montre que l'influence du schéma de précipitation n'est ici non plus pas déterminante ni pour le déroulement temporel, ni pour l'intensité du débit de pointe. Malgré des rapports de 1 à 4 (respectivement 4 à 1) pour les précipitations extrêmes, les trois débits maximaux se situent dans une fourchette plus étroite que +/– 5%.

The water volume of the flood in of course conserved as long as the flood wave has not hit the downstream boundary of the model.

To evaluate the behavior of the system, three storms have been postulated, with identical precipitation volume but different precipitation patterns. They extend on respectively seven, five and three stretches of river and the precipitations occur at the same period. Their centre of gravity along the river is similar. Rain occurs at the beginning of the calculation. Same amount of rain, constant intensity, different expanses.

For this scenario, three precipitation events of equal volume are considered, with varying spatial extents. The values below are expressed in units of volume.

• Storm 1	120	120	120	120	120	120	120
• Storm 2		168	168	168	168	168	
• Storm 3			280	280	280		

For this case, Figure 2.2 represents the three hydrographs of the resulting floods in the river at a section close to the downstream extremity of the first storm. Despite the qualitative nature of the model, it is possible to see that the peak timing and peak magnitude are fairly similar, despite the important dispersion of the precipitation in space (ratio of extension 1 to 2.3) and in magnitude (2.3 to 1). The magnitude of the peak remains in a range narrower than +/– 5%. The volumes have been conserved.

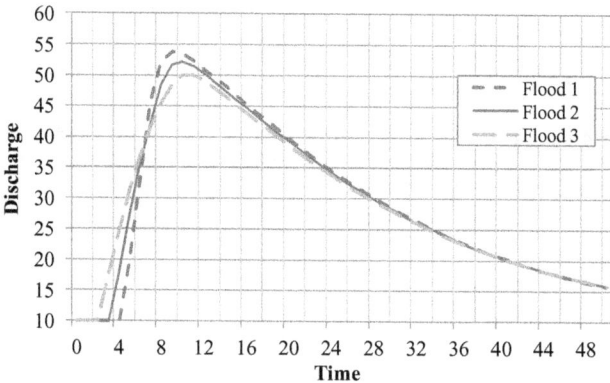

Fig. 2.2
Flood hydrographs from rainfalls of various extents, same volume

Another scenario can be considered, postulating the same spatial extent for the storm, but a different pattern of precipitation. For this scenario, three storms of equal volume are also considered, but with various distributions of their intensity along the river.

• Storm 1	100	200	300	400
• Storm 2	250	250	250	250
• Storm 3	400	300	200	100

Figure 2.3 illustrates that the influence of the precipitation pattern is not so determinant for the timing or the magnitude of the peak flow. Despite ratios of 1 to 4 (resp. 4 to 1) for the extremity's precipitations, the three maximum flows lay in a range narrower than +/– 5%.

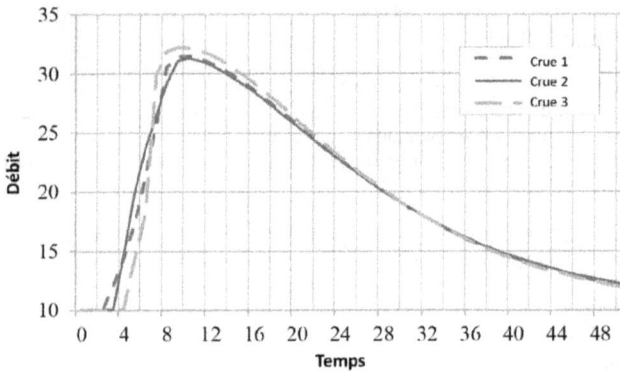

Fig. 2.3
Hydrogrammes de crues – Même volume de pluie, intensité variable, étendues différentes

Un dernier scénario évalue l'influence du volume de la tempête sur la réponse de la rivière. L'étendue spatiale de la tempête est à nouveau identique dans les trois cas, et le taux de précipitations est uniforme. Le volume varie de +/– 20% autour d'une valeur de référence.

- Pluie 1   120   120   120   120

- Pluie 2   100   100   100   100

- Pluie 3   80   80   80   80

La Figure 2.4 indique clairement un type différent de réponse de la rivière à courte distance en aval de la zone de précipitations. La fourchette de variation du volume de précipitation se reflète dans les trois valeurs nettement différentes du débit de pointe: la fourchette atteint environ +/– 12% de la valeur centrale.

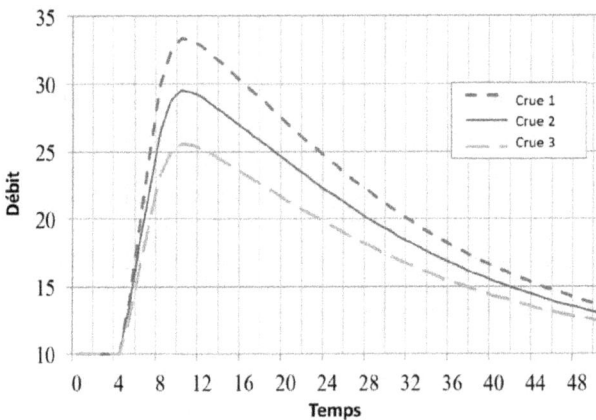

Fig. 2.4
Hydrogrammes de crues – Même étendue de pluie, intensité constante, volumes différents

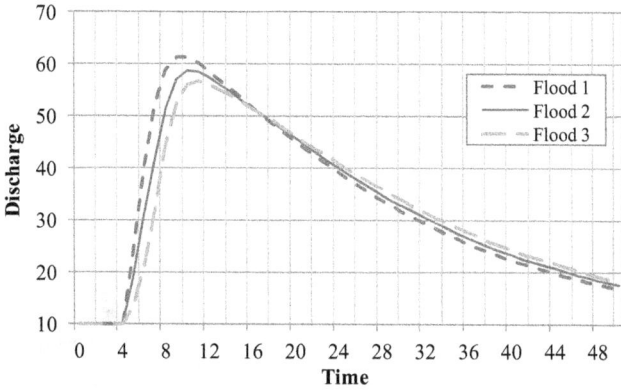

Fig. 2.3
Flood hydrographs from rainfalls of various patterns, same volume

A last scenario evaluates the influence of the storm volume on the river response. The spatial extent of the storm is again identical in all three cases, and the precipitation rate is uniform. The volume varies of +/– 20% around a reference value.

- Storm 1   120   120   120   120
- Storm 2   100   100   100   100
- Storm 3   80   80   80   80

Figure 2.4 clearly indicates a different type of river response, at short distance downstream of the storm area. The variation range of the precipitation volume is mirrored in the various river peak discharge: the range of the peak flow reaches about +/– 12% of the central value.

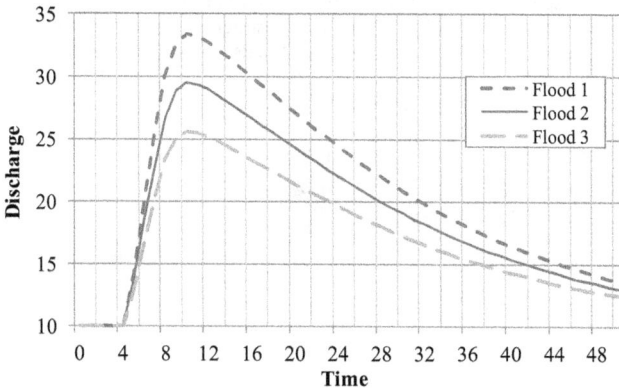

Fig. 2.4
Flood hydrographs from rainfalls of same pattern, various volumes

L'enseignement principal de cet exercice est que la forme de la précipitation (en lieu, forme et intensité) n'influence pas de façon majeure la réponse en rivière. Ces caractéristiques peuvent éprouver une variation assez large sans fondamentalement perturber le déroulement et l'intensité de la crue résultante, pour autant que le volume total de chaque pluie et leur centre de gravité soient identiques. Nettement plus sensible en revanche est la réponse de la rivière au volume de la pluie.

2.5.   LA RÉCESSION DE CRUE

La connaissance du monde souterrain est si fragmentée et limitée qu'une modélisation exacte (ou du moins raisonnablement représentative) de tous les sous-bassins d'un bassin versant est virtuellement impossible. Similairement, une connaissance détaillée du mode de précipitation n'est pas partout possible. Une indication de haute valeur toutefois est donnée par l'effet combiné de tous les sous-bassins et de leurs affluents sur le débit de la rivière à la sortie du bassin versant. On observe que cette réaction générale, toutes choses et toutes situations météorologiques considérées, est assez régulière et répétitive.

Pour un débit de rivière donné, la forme de la récession de crue lors de la décrue est presque toujours la même, et ceci largement indépendamment de l'intensité du débit de pointe la précédant. Ceci peut être interprété par le fait que, le débit de la rivière étant fortement conditionné par les eaux souterraines (à l'exception peut-être de la période précédant le débit de pointe, lorsque le débit de surface prévaut), un débit spécifique de rivière correspond à une combinaison donnée (et pourtant inconnue) de rétention d'eau dans les aquifères. Les rivières fortement régulées (retenues en cascade) devraient être traitées avec prudence, l'intervention humaine sur l'exploitation des retenues étant susceptible de modifier les caractéristiques de récession de la rivière d'une manière peu prédictible.

2.5.1. Rivière Chiumbe – Angola

La Figure 2.5 présente le comportement de la rivière Cuanza à Chiumbe (Angola); la surface de son bassin versant y est d'environ 115 000 km². Clairement visibles sont le graduel – mais irrégulier – accroissement du débit de rivière durant la saison des pluies, la pointe annuelle atteinte durant un fort épisode de pluie se produisant après que la rivière a suffisamment crû, et la période de décrue suivant les divers pics de débits. La période agrandie à droite de la Figure montre la grande similarité de toutes les courbes de récession. Plusieurs sont perturbées par des précipitations tardives de la saison des pluies. Sans ces événements singuliers toutefois, les comportements de récession auraient présenté une apparence très régulière et quasi identique pour toutes les crues. Un exemple frappant est visible pour la courbe mise en évidence par des cercles verts, du moment de pointe jusqu'à l'occurrence du dernier événement remarquable de pluie (flèche jaune), et même au-delà de cet instant.

The main learning from these simulations is that the detailed precipitation pattern is not overwhelmingly significant for the river response. The pattern may show a fairly broad variation range without fundamentally impacting on the timing and magnitude of the resulting flood, as long as the total volume of rainfall is identical. More sensible however is this river response on the precipitation volume.

2.5. FLOOD RECESSION ISSUE

The knowledge of the subterranean world is so fragmented and limited that an exact (or at least a reasonably representative) modelling of all sub-catchments is virtually impossible. Similarly, an insight in the detailed precipitations pattern is not everywhere possible. A very valuable indication however is given by the results of the combined effect of all sub-catchments and their tributaries on the river flow at the outlet of the watershed. One observes that this overall reaction, all things considered and all meteorological situations experienced, is fairly regular and repetitive.

For a given river flow, the recession pattern of the flood is nearly always the same, and this independently from the magnitude of the preceding peak flow. This can be interpreted by the fact that, the river flow being essentially driven by the underground water (except perhaps during the peak flow period, when surface flow prevails), a specific river discharge corresponds to a given (yet unknown) combination of aquifers water storage. Strongly regulated rivers (reservoirs cascades) may also have to be treated with care, human intervention on reservoir operation possibly modifying the recession characteristics of the river in a non-predictable way.

2.5.1. Chiumbe River - Angola

Figure 2.5 pictures the behaviour of the Kwanza river in Chiumbe (Angola); its watershed area is about 115 000 km². Clearly visible are the gradual – yet irregular – increase of the river discharge during the rainy season, the yearly peak reached during a storm occurring after the river has significantly grown up, and the recession patterns following the various peaks. The zoomed area on the right of the Figure shows the great similarity of all recessions. Several are perturbed by late precipitations of the rainy season. Without however these rainy events, their recession behaviour is quite regular, as for the curve highlighted by green circles, from the peak time until the occurrence of a last strong rainfall event, and even beyond this moment. A striking example is visible for the curve highlighted by green circles, from the moment of peak to the occurrence of the last remarkable rain event (yellow arrow), and even beyond this moment.

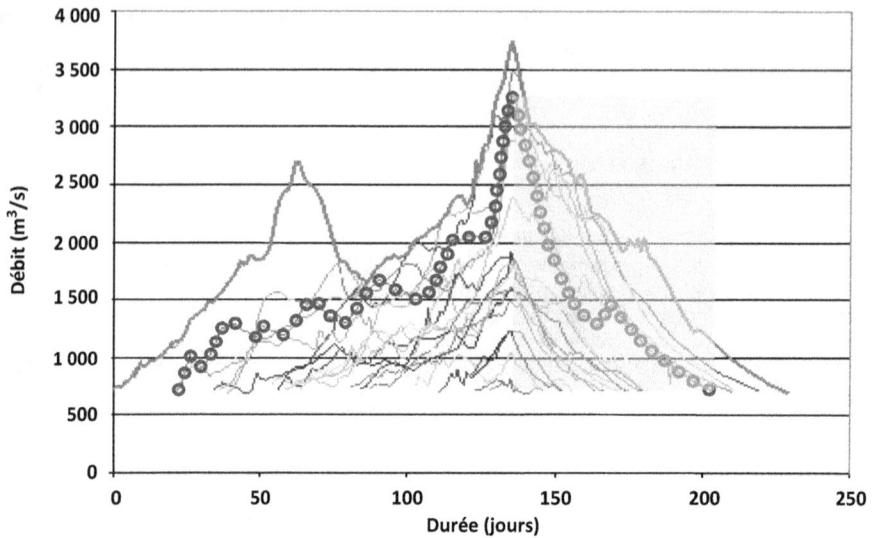

Fig. 2.5
Rivière Cuanza – Hydrogrammes de crues et allure de récession

En fait, le comportement de récession du bassin versant entier n'est que minimalement influencé par l'intensité du débit de pointe durant la saison des pluies. Aussi longtemps qu'elle n'est pas interrompue ou perturbée par une pluie tardive, la récession est presque identiquement répétable. La courbe mise en évidence montre que, pour une valeur de débit de 1500 m³/s, la pente de la courbe de récession juste avant et juste après ce dernier épisode de pluie est virtuellement identique. Elle correspond d'ailleurs également quasi identiquement à la courbe de récession d'autre crues survenant à d'autres époques.

En un sens, ces lignes (en omettant les épisodes de précipitations intermédiaires) peuvent être vues comme une signature du bassin versant. Cette signature matérialise le comportement général (et inconnu) des interrelations de tous les aquifères et affluents d'une rivière lorsqu'ils peuvent alimenter la rivière en eau sans être perturbés par de nouvelles précipitations. Ceci intègre tous les processus internes (et inconnus) du bassin versant et apparaît être largement indépendant de l'histoire de la crue. En raison de l'emplacement de cette rivière, la neige n'a joué aucun rôle dans son hydrogramme.

La connaissance de ce comportement de récession suggère une idée fondamentale concernant le comportement souterrain d'un bassin versant. D'évidence, la description exacte de tous les comportements et caractéristiques spatio-temporelles de ce monde intérieur est probablement vouée à rester inaccessible. Mais la signature du bassin versant est aisée à déterminer; elle indique d'une manière inclusive comment le bassin versant entier se comporterait dès que ses aquifères seraient remplis d'eau. Cette réaction mènerait directement à connaître l'évolution du débit qui peut être attendue aux points d'intérêt de la rivière.

2.5.2. Rivière Mistassibi – Canada

Dans les contrées nordiques, la crue printanière (principalement causée par la fonte de la neige) est très souvent la crue annuelle la plus importante, au moins pour son volume et très souvent aussi pour son débit de pointe. Ce type de crue peut s'étendre sur plusieurs semaines, selon l'épaisseur du couvert de neige, la température de l'air, la taille du bassin versant et les événements de pluie durant cette période.

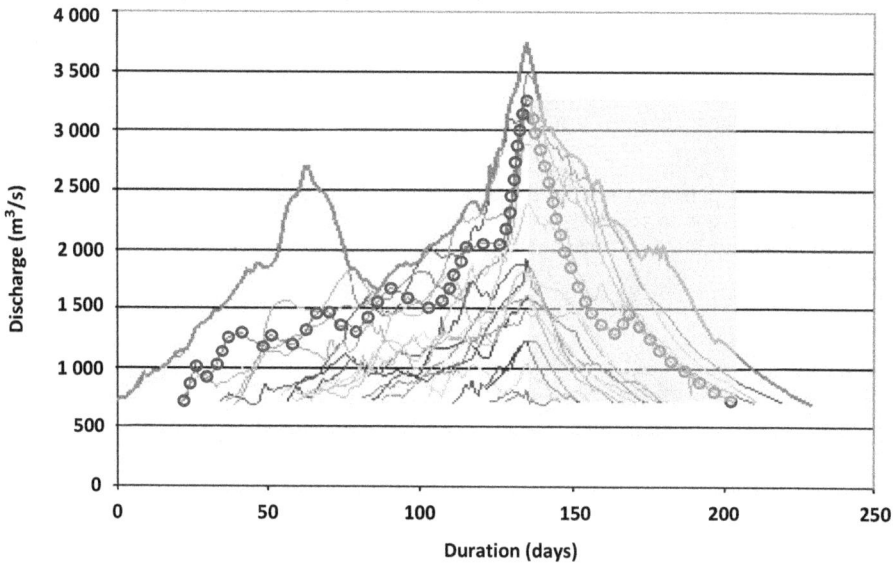

Fig. 2.5
Chiumbe River – Flood Hydrographs and Recession Patterns

Actually, the recession behaviour of the entire watershed is only minimally influenced by the magnitude of the peak flow during the rainfall season. As long as it is not interrupted or perturbed by a late precipitation, the recession is almost identically repeatable. The highlighted line shows that, for the discharge value 1500 m³/s, the slope of the recession curve just before the last precipitation event and the resumed recession just at the end of the storm are virtually identical. It also corresponds almost identically to the recession curve of other floods occurring at other times.

In a sense, this line (offsetting the intermediate precipitation perturbation) can be seen as a signature of the watershed. This signature materializes the overall behaviour and (unknown) inter-relationships of all aquifers and tributaries of a river when the aquifers can aliment the river with their water into the river without being perturbed by new rainfalls. It integrates all the internal (and unknown) processes of the watershed and appears to be largely independent from the history of the flood. Due to the location of this river, snow did not play any role in its hydrograph.

The knowledge of this typical recession pattern provides a fundamental hint to the underground behaviour of a watershed. Of course, the exact description of all spatio-temporal characteristics and behaviours of this inner world is probably bound to remain inaccessible. But its signature is easy to determine; it indicates in an all-integrated way how the entire water catchment would typically behave as soon as its aquifers would be filled with water. This reaction would directly lead to know the evolution of the discharge that can be expected at a point of interest along the river.

2.5.2. Mistassibi River - Canada

In Northern areas, the spring flood (mainly caused by snowmelt) is very often the largest annual flood, at least for its volume and very often also for its peak discharge. This type of flood can extend over several weeks, depending of the depth of the snowpack, the air temperature, the size of the drainage area and the rainfall events during this period.

La Figure 2.6 illustre les hydrogrammes typiques de grandes crues de la rivière Mistassibi (Canada), avec un bassin versant d'environ 9 300 km². Sur cette rivière, la crue printanière se produit durant une période de six à huit semaines; elle peut même atteindre jusqu'à douze semaines du début de la fonte des neiges à la fin de la décrue. Ainsi que visible à la Figure 2.6, la crue la plus importante fut observée en 1976. Selon la séquence de température observée, la date du débit de pointe peut varier de six semaines d'une année à l'autre.

Même si les conditions locales sont très différentes des conditions observées sur la rivière Chiumbe, les hydrogrammes de crues présentent des comportements similaires : l'accroissement du débit jusqu'à ce que la pointe de débit soit atteinte varie nettement d'une année à l'autre. La pente de la courbe de récession est en revanche tout à fait similaire (excepté durant les périodes de précipitations).

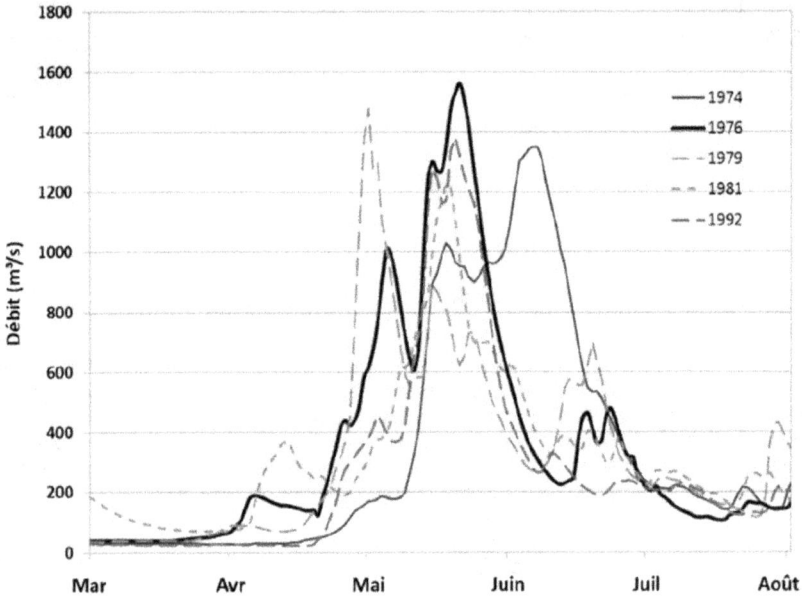

Fig. 2.6
Rivière Mistassibi –Hydrogrammes typiques de crues printanières

Une tentative de capter le comportement de la crue de 1976 avec un simple modèle numérique basé sur la courbe de récession est présentée en section 2.7.

2.6.   VOLUME DE CRUE – ANALYSE STATISTIQUE

Le débit de pointe et le volume de crue pour des durées spécifiées peuvent être estimés au moyen de l'analyse statistique. Ceci est particulièrement vrai lorsque la plupart du volume de crue est générée par la fonte de la neige ("crue printanière "). Comme mentionné ci-dessus, des analyses statistiques de crue peuvent être faites pour différentes durées (par ex. 5, 10, 30, 45, 60, 90 jours) pour permettre de reconstituer un ou plusieurs hydrogrammes pour une fréquence spécifique de crue printanière.

Figure 2.6 illustrates typical large flood hydrographs on the Mistassibi River (Canada), with a drainage area of about 9 300 km². On this river, the spring flood occurs during a period of six to eight weeks; it can even reach twelve weeks from the beginning of the snow melt to the end of the recession. As shown on Figure 2.6, the main flood was observed on 1976. Depending of the sequence of temperature observed, the timing of the peak discharge can vary by six weeks from one year to the other.

Even if the local conditions are quite different from the conditions observed on the Chiumbe River, the flood hydrographs present similar patterns, i.e. the increase of the flow until the peak discharge is reached varies significantly between the floods; however, the slope of the recession pattern is quite similar (except for periods when rainfall is observed).

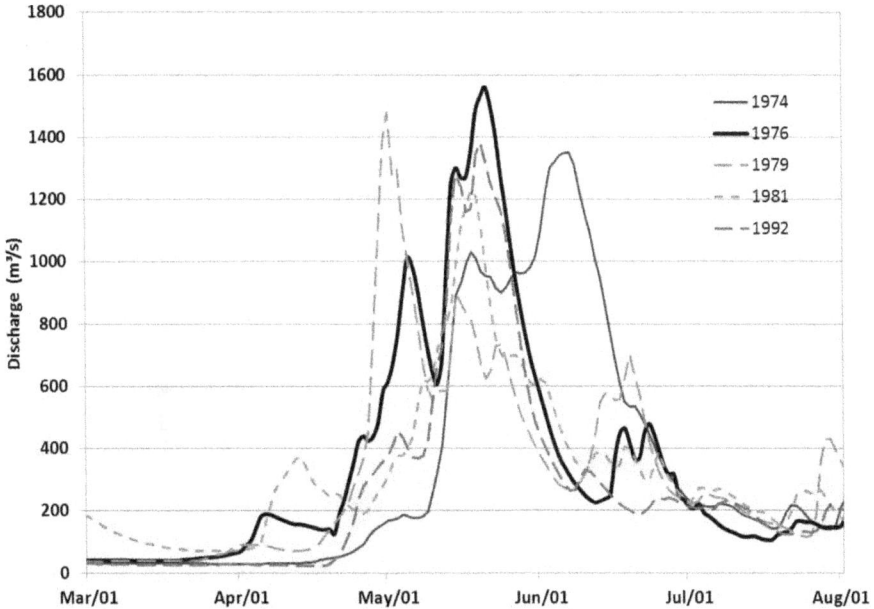

Fig. 2.6
Mistassini River – Typical Spring Flood Hydrographs

An attempt of catching the behaviour of the 1976 flood with a simple numerical model based on the recession curve is presented in section 2.7.

2.6.   FLOOD VOLUME – STATISTICAL ANALYSIS

Peak discharge and flood volume for specified durations can be estimated through statistical analysis. This is particularly true when most of the flood volume is generated by snowmelt (so-called "spring flood"). As mentioned previously, statistical flood analyses can be performed for different durations (e.g. 5, 10, 30, 45, 60, 90 days) to allow for reconstituting one or several hydrographs for a specific frequency of the spring flood.

Des analyses statistiques peuvent être aussi menées sur la durée totale de la crue printanière; toutefois, les critères pour déterminer le début et la fin de la crue ne peuvent pas être déterminés avec certitude si la crue dépend de plus d'un seul événement. Si le commencement de la crue printanière correspond à un accroissement de la température qui déclenche la fonte de la neige, la fin de la crue printanière est souvent difficile à établir, car les événements de pluie et les caractéristiques du bassin versant peuvent avoir un impact sur le processus général. Une autre alternative consiste à évaluer le volume de la crue observée entre deux dates spécifiques (par ex. entre le 15 mars et le 15 juin) et à exécuter l'analyse statistique correspondant à cette situation.

Une analyse statistique du volume de crue fut faite sur le débit observé sur la rivière Mistassibi (Québec, Canada). Cette rivière n'est pas régulée, ce qui donne la possibilité d'observer les caractéristiques de la crue.

La Figure 2.7 présente un exemple d'analyse statistique du volume journalier maximum de la crue printanière pour la rivière Mistassibi. Cette Figure présente les observations disponibles sur cette rivière (51 crues printanières) et la relation log-normale retenue pour estimer le volume journalier maximum.

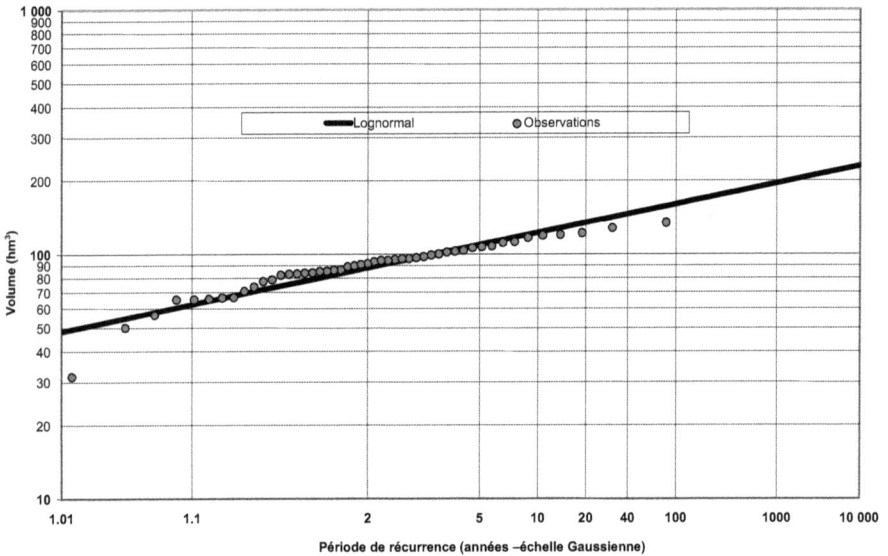

Fig. 2.7
Rivière Mistassibi (1963–2013) –Volume journalier maximal de crues printanières – Analyse statistique

Statistical analyses can also be performed on the total duration of the spring flood; however, the criteria to determine the beginning and the end of the flood cannot be determined with certainty if the flood depends on more than one single event. If the beginning of the spring flood corresponds to an increase of the temperature to start the snowmelt process, the end of the spring flood is often difficult to establish, since rainfall events and the characteristics of the drainage area can have an impact on the overall process. Another alternative consists in evaluating the flood volume observed between two specific dates (e.g. between March 15th and June 15th) and perform the statistical analysis based on this assumption.

A statistical analysis of the flood volume was performed on the discharge observed on the Mistassibi River (Quebec, Canada). This river is unregulated, which gives the possibility to observe the characteristics of the flood.

Figure 2.7 presents an example of a statistical analysis of the spring flood maximum daily volume for the Mistassibi River. This Figure presents the observations available on this river (51 spring floods) and the lognormal relation proposed to estimate the maximum daily volume.

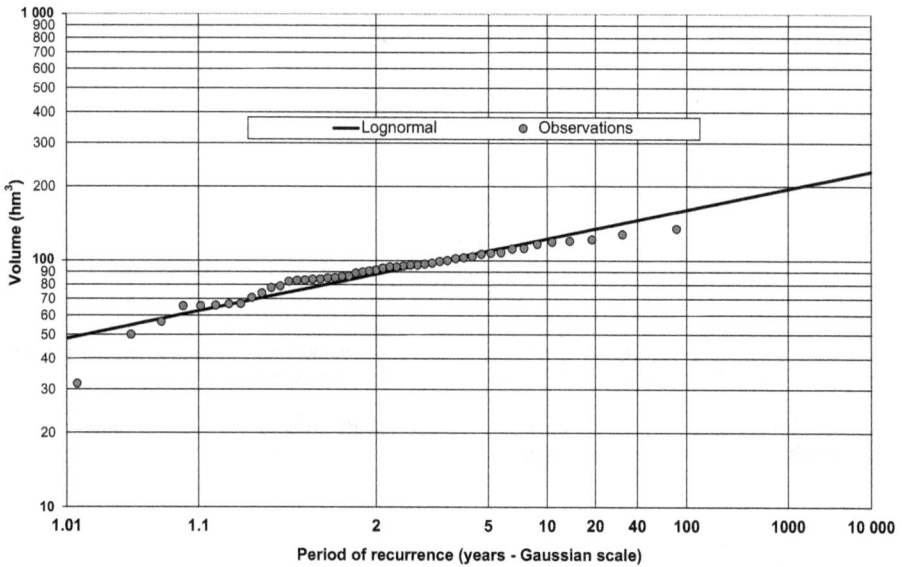

Fig. 2.7
Mistassibi River (1963–2013) – Spring Flood Maximum daily volume – Statistical analysis

Le même exercice peut être répété pour différentes durées; la Figure 2.8 illustre le volume estimé de la crue printanière pour différentes périodes de récurrence et durées[1]. Pour ce cas, les durées varient d'un jour (volume journalier maximum) à 90 jours.

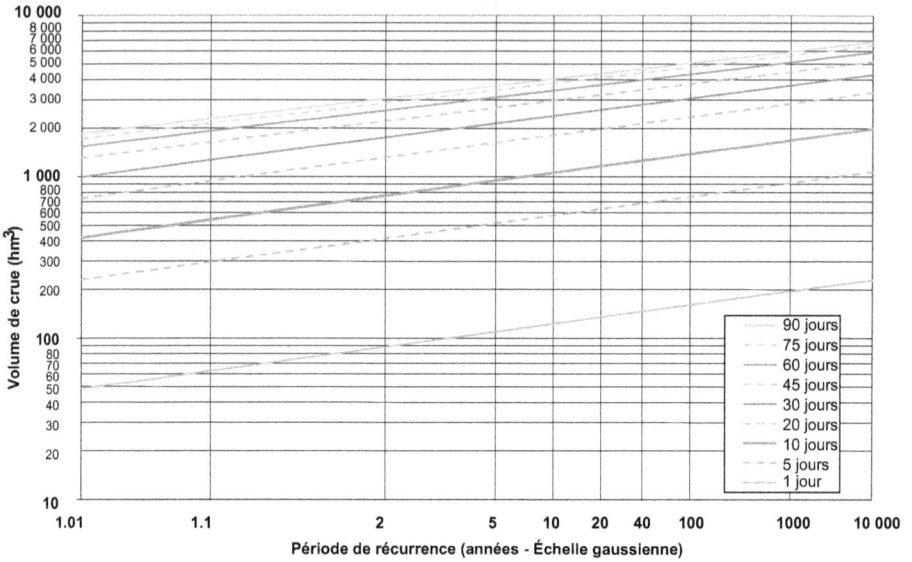

Fig. 2.8
Mistassibi – Volume de crues printanières – Analyse statistique

La Figure 2.9 présente la même information, mais considérant la durée comme abscisse. Cette Figure illustre la variation du volume de crue en fonction du temps.

Sur la base de cette information, il doit être possible de préparer un hydrogramme respectant les caractéristiques de la crue pour une période spécifique de récurrence.

---

[1] Pour cet exercice, une distribution log-normale a été considérée, mais n'importe quelle autre distribution statistique aurait pu être utilisée; les conclusions seraient restées inchangées.

The same exercise can be repeated for different durations; Figure 2.8 illustrates the estimated volume of the spring flood for different periods of recurrence and durations[2]. For this case, the durations vary from one day (daily maximum volume) to 90 days.

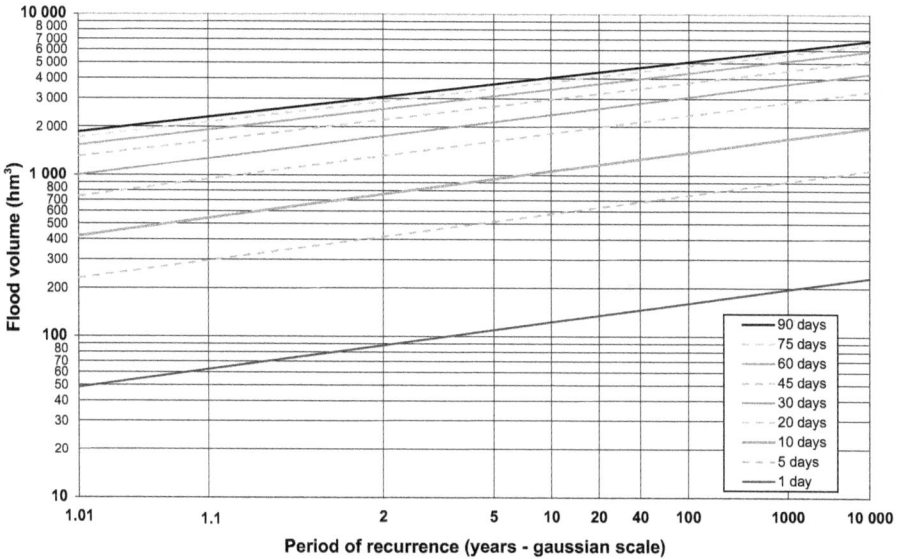

Fig. 2.8
Mistassibi River – Spring Flood Volume – Statistical analysis

Figure 2.9 presents the same information, but considering the duration in the X axis. This Figure illustrates the variation of the flood volume over time.

Based on this information, it should be possible to prepare a hydrograph respecting the characteristics of the flood for a specific period of recurrence.

---

[2] For this exercise, a lognormal distribution was considered, but any other statistical distribution could have been used; the conclusions should remain unchanged.

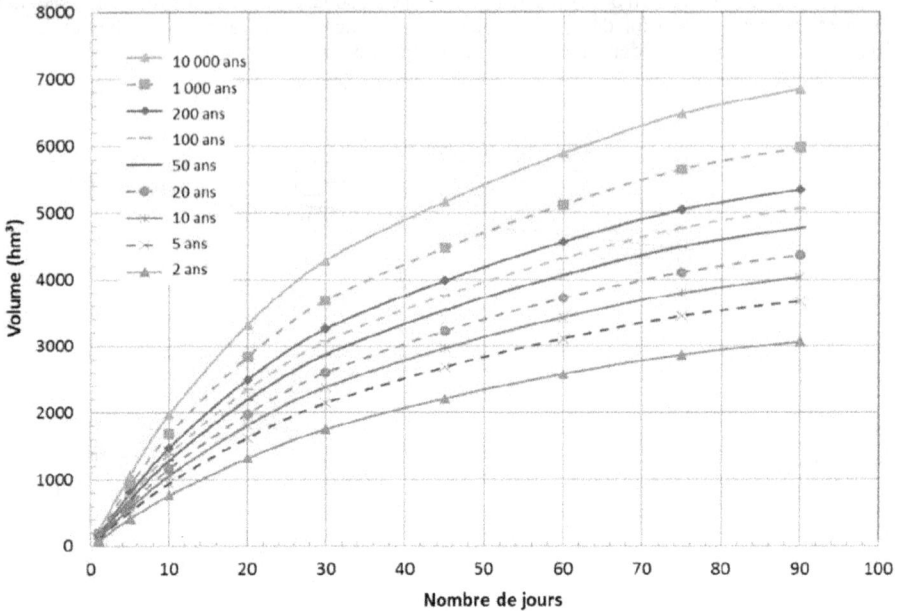

Fig. 2.9
Mistassibi – Crues printanières (relation durée – volume)

2.7. RECONSTITUTION DE L'HYDROGRAMME DE CRUE –PRÉCIPITATION UNIQUE

Une méthode est présentée ici, qui considère le volume de crue comme facteur central de l'estimation de crue. La méthode recherche la réponse de la rivière qui correspond aussi bien au volume net de précipitation qu'à la forme de la récession. Le débit de base initial joue un rôle non négligeable dans l'évolution de la crue.

La méthode se révèle robuste; les exemples ci-dessous illustrent l'influence respective des facteurs-clés (volume de précipitation, forme de la récession, débit de base) sur les caractéristiques de l'hydrogramme. Deux des plus évidents avantages de la méthode sont sa simplicité d'utilisation et la haute cohérence du débit estimé de la rivière, en particulier avec l'intensité des précipitations à l'origine de la crue et avec le comportement observé de la rivière.

L'allure de la crue est communément considérée comme un débit superposé au débit de base. Diverses méthodes permettent d'estimer la forme de l'hydrogramme et l'intensité de la pointe. Conceptuellement, les crues sont ainsi habituellement vues comme reposant au-dessus du débit de base décroissant naturellement, ainsi qu'illustré à la Figure 2.10 (à gauche). Très souvent, le débit de base est même considéré comme constant durant la durée de la crue et au-delà (ou même croissant durant la crue). La durée totale de la crue superposée et son volume ne sont dès lors pas toujours clairement déterminés. De ce fait, le point de jonction entre la fin de la crue et le régime de base de la rivière n'est pas clair.

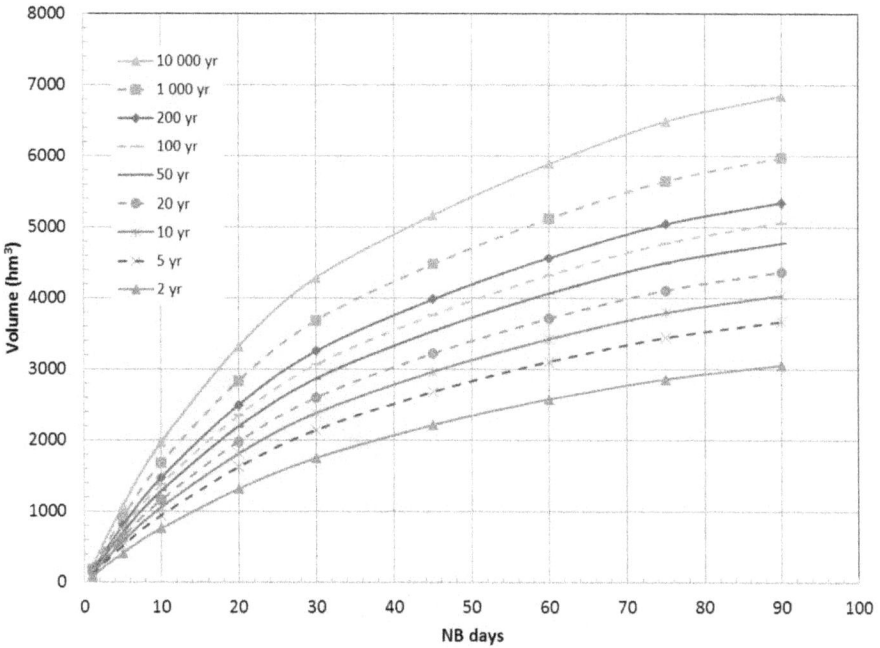

Fig. 2.9
Mistassibi River – Spring Flood –Volume vs Number of days

2.7.   HYDROGRAPH RECONSTITUTION – RAINFALL EVENT(S)

A method is presented here that considers the flood volume as a central factor of the flood estimation. The method seeks the river response that fits both the net precipitation volume and the recession pattern. The initial base flow plays a non-negligible role in the disposition of the flood.

The method reveals to be robust; examples below illustrate the respective influence of the key factors (precipitation volume, recession pattern, base flow) on the shape of the hydrograph. Two of the most conspicuous advantages of the method are its simplicity of use and the high consistency of the estimated river flow, in particular with the magnitude of the storm at the origin of the flood and the observed recurrent river behaviour.

The flood pattern is usually considered as an added discharge over the river base flow. Various methods help estimate the shape and magnitude of the peak. Conceptually, floods are thus commonly seen as superimposed on top of the naturally receding base flow, as illustrated on Figure 2.10 (left). Very often, the base flow is even considered to remain constant over the duration of the flood and beyond (or even to grow during the flood). The total duration of the added flood and its volume are not always clearly determined. In addition, the junction between the end of the flood and the base flow is somewhat unclear.

Une autre approche (*Flood Integration Method* – *FIM*) considère que le volume d'eau apporté par la tempête perturbe la récession naturelle du débit de la rivière en accroissant son débit, comme montré à la Figure 2.10 (à droite). Après avoir atteint une pointe, le débit de la rivière décroît progressivement pour atteindre à nouveau l'intensité qu'il avait au début de la crue. Il est légitime de considérer qu'aussi longtemps qu'aucune précipitation n'advient, la récession se produisant au-delà de ce point correspond à la décrue habituelle du débit de base naturel, comme si aucune précipitation n'était survenue. En ce sens, la crue peut être vue comme l'intercalation temporaire d'eau additionnelle durant le processus général de décrue de la rivière. Le volume de la crue et sa durée peuvent alors être exactement calculés.

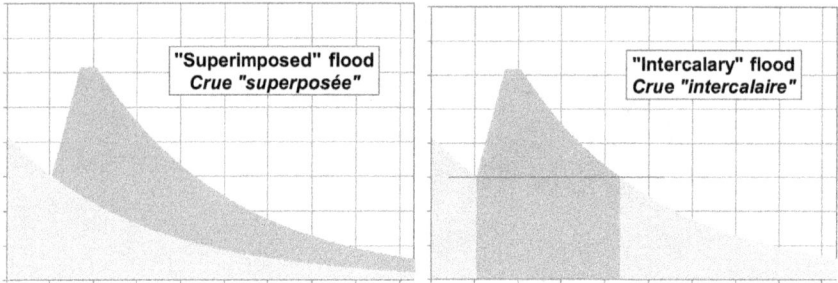

Fig. 2.10
Approches pour considérer une crue – Classique (gauche) et proposée (droite)

La démonstration de l'équivalence quantitative des deux modèles se concentre sur les deux surfaces foncées de la Figure 2.10 (et au-delà pour la crue superposée). Il est admis que la forme de la récession est une réponse invariable du bassin versant et est indépendante de l'histoire de la crue. À la Figure 2.11, la crue superposée est composée des surfaces partielles A, B et C; la crue intercalaire des surfaces A, B et D. Les surfaces A et B faisant parties des deux crues, l'équivalence de C et D reste à prouver.

Le volume du débit de base non perturbé (comme s'il n'y avait eu aucune crue) consiste en les surfaces D et E, du début de la crue jusqu'à ce que le débit de base diminue – théoriquement – à zéro. Le débit de base "décalé" par la durée de la crue est composé des surfaces C et E. Comme le schéma de récession est invariable et admis indépendant du temps, et du fait que les deux récessions débutent à partir du même débit (voir la ligne rouge horizontale), les deux débits de base, décroissant théoriquement indéfiniment, sont de même forme et définissent le même volume d'eau.

Sur la Figure 2.11, C + E est donc égal à D + E; le volume matérialisé par C est par conséquent égal au volume attribué à D. Finalement, A + B + C = A + B + D; les deux hydrogrammes correspondent au même volume. Ce dernier représente le volume d'eau participant à la crue, c'est à dire les précipitations totales moins les pertes.

Another approach considers that the amount of water brought by the storm perturbs the natural recession of the river flow by increasing its discharge, as seen on Figure 2.10. After peaking, the river flow recedes and reaches again the level it had at the beginning of the flood. It is legitimate to consider that, as long as no new precipitation occurs, the recession occurring beyond this point corresponds to the usual natural base flow recession, as if no flood had occurred (Figure 2.10 right). In this sense, the flood can be seen as a temporary intercalation of additional water during the general recession process of the river flow. Flood volume and duration can be exactly calculated.

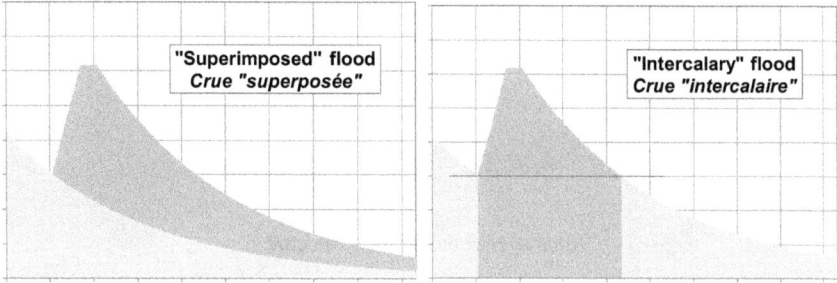

Fig. 2.10
Classical (left) and proposed (right) approach to considering a flood

The demonstration of the quantitative equivalence of both models focuses on the two shaded areas of the Figure above (and beyond for the superimposed flood). It is assumed that the recession pattern is an invariable response of the watershed and is independent from the history of the flood. On Figure 2.11, the superimposed flood is composed of the partial areas A, B and C; the intercalary flood of the areas A, B and D. The areas A and B being part of both floods, the equivalence of C and D must thus be proven.

The volume of the undisturbed base flow (as if there had not been any flood) consists of areas D and E, from the beginning of the flood until the base flow recedes to zero. The base flow "shifted" by the flood duration is made of the areas C and E. As the recession pattern is invariable and assumed independent from time, as both recessions start from the same discharge (by definition, see horizontal red line), the two receding base flows are strictly equal in shape and define the same water volume.

On the Figure, C + E is therefore equal to D + E; the volume materialised by C is hence equal to the volume attributed to D. Finally, A + B + C = A + B + D; both hydrographs correspond to the same volume. This volume represents the net runoff of the flood period, i.e. the total precipitation minus all the losses.

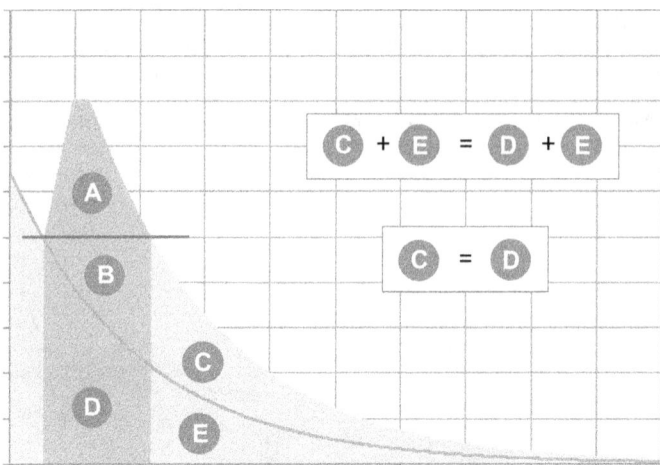

Fig. 2.11
Équivalence des volumes de crue

Un exemple de l'application de cette approche est visible à la Figure 2.12. La crue de la rivière Mistassini en 1976 a été simulée par quatre crues successives, toutes avec un schéma de récession identique. Pour chaque crue, le débit de la rivière et le volume de crue ont été ajustés afin de correspondre à l'observation. La zone bleue représente le volume simulé de la série d'inondations. Les différents pics peuvent être reproduits avec précision, en magnitude et en chronométrage; L'ajustement étroit des courbes de récession confirme qu'elles appartiennent à la même famille. Les périodes de croissance du débit fluvial montrent quelques petits écarts dus à des événements pluvieux non considérés comme de courtes précipitations; De plus, une toute dernière pluie début juillet n'a pas été envisagée.

À moins d'un demi pour cent, l'intégration de la zone bleue indique un volume de 4 000 x 106 m^3. Cela correspond aux estimations officielles.

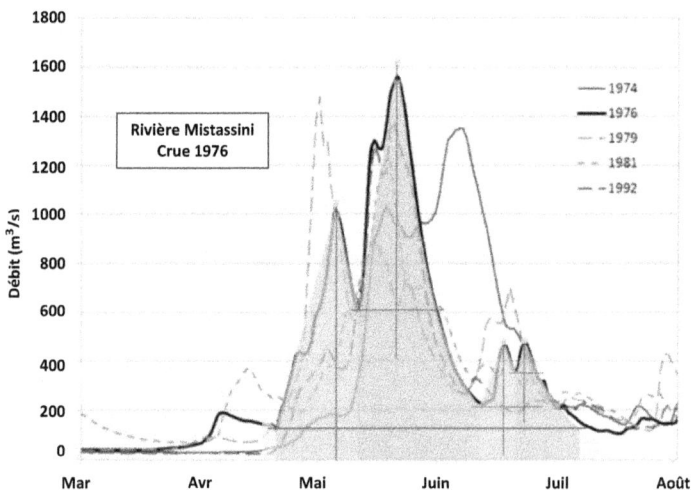

Fig. 2.12
Inondation observée et simulée à Mistassini en 1976

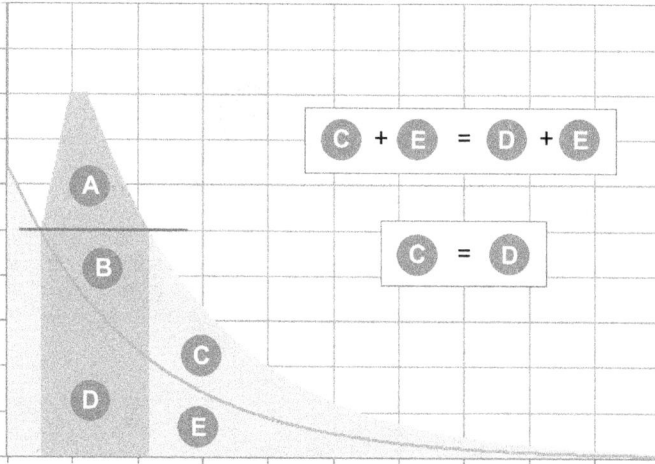

Fig. 2.11
Equivalence of the flood volumes

An example of the application of this approach is visible on Figure 2.12. The 1976 flood of the Mistassini River has been simulated by four successive floods, all with an identical recession pattern. For each flood, the river flow and the flood volume have been adjusted in order to fit the observation. The blue area represents the simulated volume of the flood series. The various peaks can be exactly reproduced, in magnitude and timing; the close fit of the recession curves confirms that they belong to the same family. The periods of growing river flow show some small discrepancies due to not considered short rainfall events; in addition, a very last small rainfall early July has not been considered.

To within half a percent, the integration of the blue area indicates a volume of 4 000 x 10^6 m³. This corresponds to the official estimates.

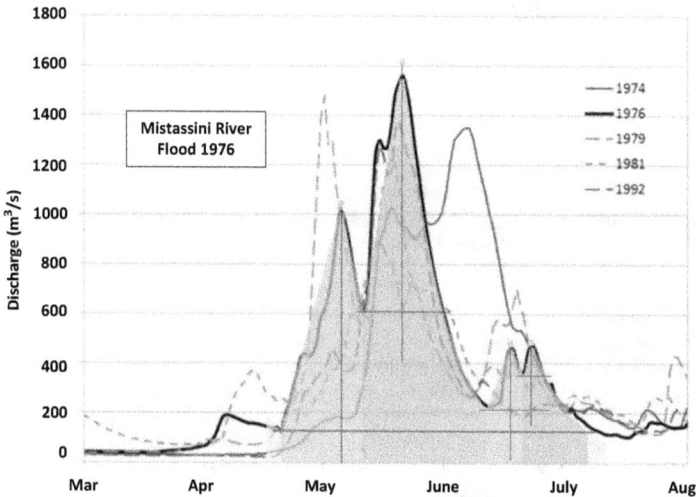

Fig. 2.12
Observed and FIM-simulated Mistassini 1976 flood

2.8. RECONSTITUTION DE HYDRAUGRAPHIQUE – ÉVÉNEMENTS COMPLEXES

La reconstitution d'un hydrogramme de crue pour une fréquence spécifique en tenant compte des résultats de l'analyse statistique du débit de pointe et du volume de crue (pour des durées spécifiques) peut conduire à certaines divergences.

Une approche intuitive consiste à modifier un hydrogramme observé en considérant les résultats de l'analyse statistique, pour reproduire le débit de pointe et le volume de crue pour diverses durées. La Figure 2.13 illustre cette approche, qui se réfère à la plus grande crue printanière observée sur la rivière Mistassibi (1976). Ces hydrogrammes respectent le débit de pointe et le volume estimés par analyse statistique pour différentes durées, Cependant, le schéma de récession ne respecte pas le schéma observé lors des inondations historiques, qui est une caractéristique de l'aire de drainage.

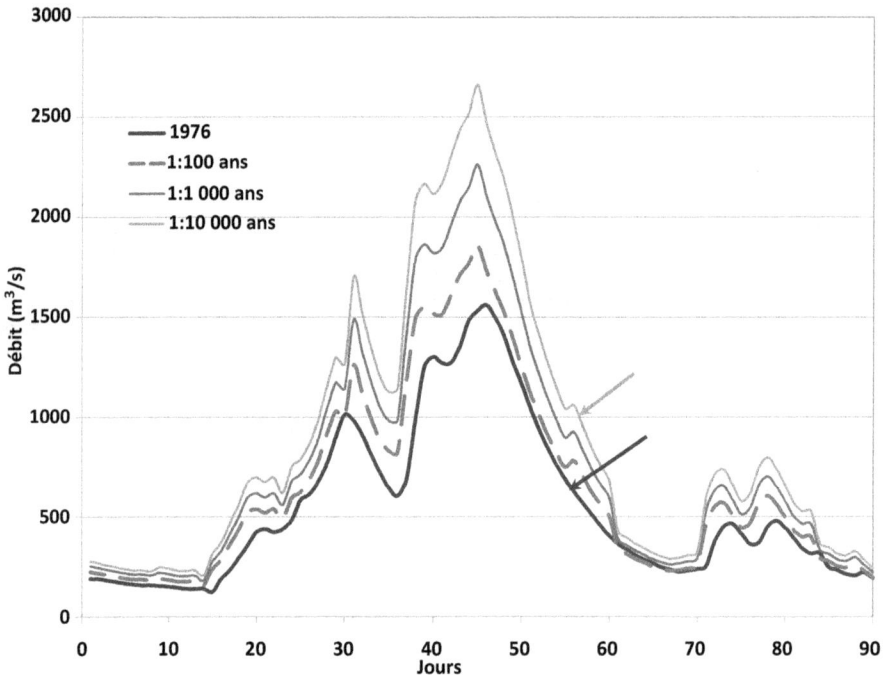

Fig. 2.13
Rivière Mistassibi, hydrogramme de crue printanière –Sans prise en compte des caractéristiques de récession

Ainsi que présenté plus haut dans ce chapitre, la courbe de récession suit une forme spécifique indépendante de l'intensité et de la durée de la crue. Une crue importante doit dès lors prendre plus de temps à retourner à la normale qu'un plus petit événement, ainsi qu'on peut l'observer dans la réalité; ceci aura un impact sur la reconstitution de l'hydrogramme de crue.

La Figure 2.14'illustre la reconstitution des même hydrogrammes de crues, mais cette fois-ci en considérant la forme de récession du bassin versant. La pointe et le volume de crue sont respectés et les résultats apparaissent plus réalistes.

2.8. HYDROGRAPH RECONSTITUTION – COMPLEX EVENTS

The reconstitution of a flood hydrograph for a specific frequency taking into account the results of the statistical analysis of the peak discharge and the flood volume (for specific durations) can lead to some discrepancies.

An intuitive approach consists in modifying an observed hydrograph considering the results of the statistical analysis to reproduce the peak discharge and the volume of the flood for different duration. Figure 2.13 illustrates this approach based on the largest spring flood observed on the Mistassibi River (1976). These hydrographs respect the peak discharge and the volume estimated by statistical analysis for different durations, however the recession pattern does not respect the pattern observed on historical floods, which is a characteristic of the drainage area.

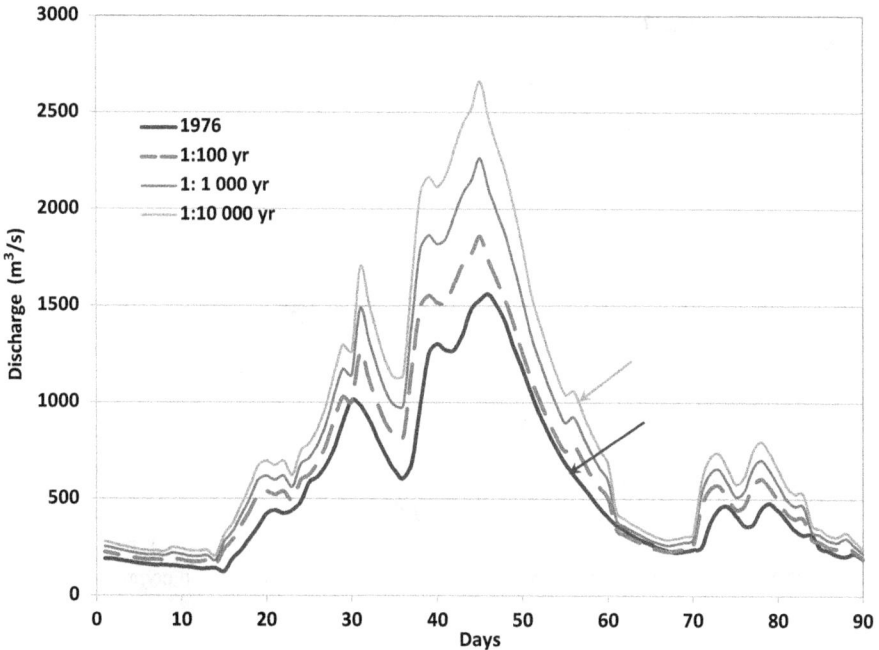

Fig. 2.13
Mistassibi River – Spring Flood Hydrograph – Without consideration of recession characteristics

As shown previously in this chapter, the flood recession follows a specific pattern which is independent of the flood duration. Under this assumption, a large flood should take more time to return to the normal conditions than a smaller flood event; this will have an impact on the reconstitution of the flood hydrograph.

Figure 2.14 illustrates the reconstitution of the same flood hydrographs, but this time considering the recession pattern of the drainage area. The flood peak and volume are respected and the results appear more realistic.

Il faut noter que de tels hydrogrammes sont représentatifs d'une seule forme de récession possible. Des analyses devraient être faites avec différentes courbes de récession (pour la même période de récurrence) pour évaluer les conséquences de crues. Intuitivement, pour des aménagements contenant une retenue relativement grande, plus le débit de pointe se produit tardivement, plus critiques seront les conséquences, car l'eau accumulée dans les retenues sera à un plus haut niveau lors de la survenance du débit de pointe.

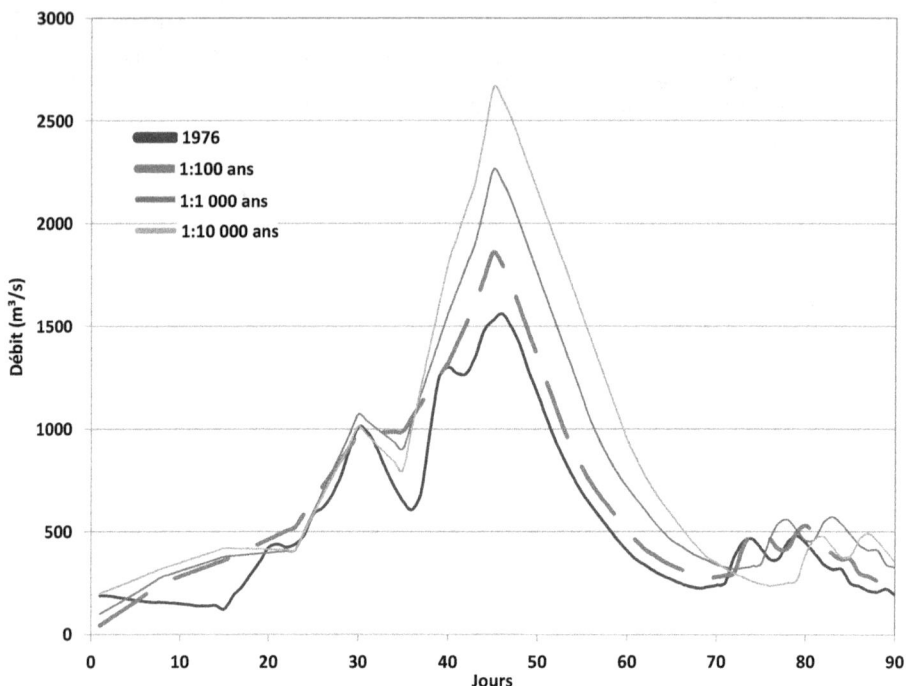

Fig. 2.14
Rivière Mistassibi, hydrogramme de crue printanière –Avec prise en compte des caractéristiques de récession

2.9.   RELATION ENTRE POINTE DE CRUE ET VOLUME

Pour des bassins versants dans lesquels les crues majeures sont causées par un seul événement, le débit de pointe de la crue et le volume de crue peuvent avoir des périodes de récurrence similaires. Toutefois, pour de vastes bassins versants avec des conditions de crue plus complexes, la situation est différente. Plus la durée de la crue se prolonge, plus faible est la corrélation entre le débit de pointe et le volume.

Comme exemple, une analyse a été faite sur des données relatives à la rivière Mistassibi. Ainsi qu'il apparaît sur la Figure 2.15, le coefficient de détermination (R^2) entre le volume de crue journalier maximum (débit journalier de pointe) et le volume maximum de cinq jours se monte à environ 98%. Il décroît fortement pour des périodes de comparaison plus longues (30 jours, 60 jours).

It should be noted that such hydrograph(s) is only representative of one possible pattern for specific period of recurrence. Analyses should be performed with different patterns (for the same period of recurrence) to evaluate the consequences of floods. Intuitively, for systems with relatively large reservoirs, the later the flood peak discharge occurs, the more critical will be the consequences, since the reservoir will be at higher level at the occurrence of the peak discharge.

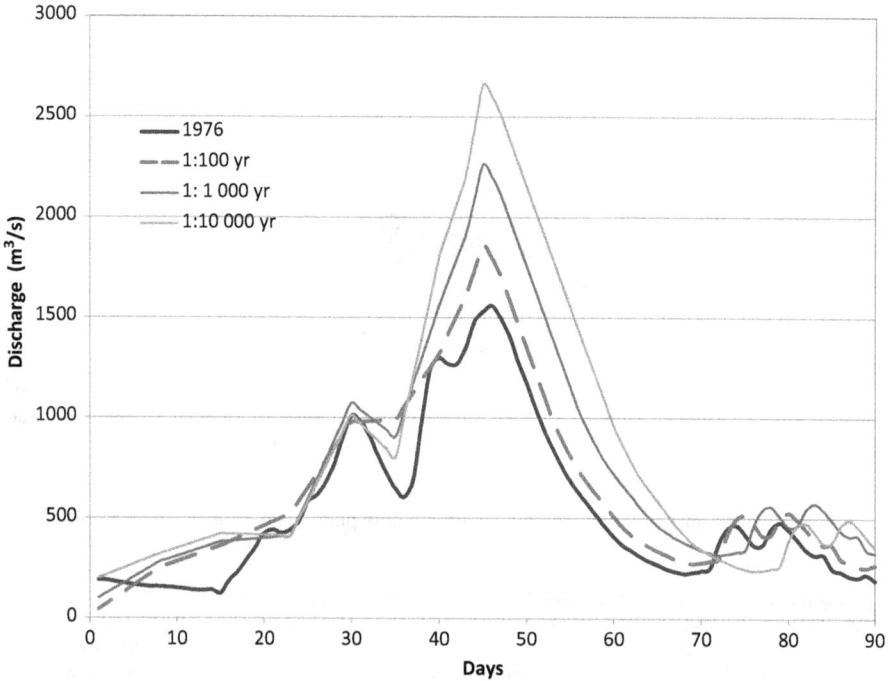

Fig. 2.14
Mistassibi River – Spring Flood Hydrograph –With consideration of recession characteristics

2.9.   RELATION BETWEEN FLOOD PEAK AND VOLUME

For drainage areas where major floods are caused by a single event, the flood peak discharge and the flood volume could have similar periods of recurrence. However, for larger drainage areas with more complex flood conditions, the situation is different. The longer the flood duration will be, lower should be the correlation between the peak discharge and the volume.

As example, an analysis was performed on the Mistassibi River data. As shown on Figure 2.15, the coefficient of determination (R^2) between the maximum daily volume of the flood (daily peak discharge) and the five-day maximum volume is about 98.2%. It decreases significantly for longer comparison periods.

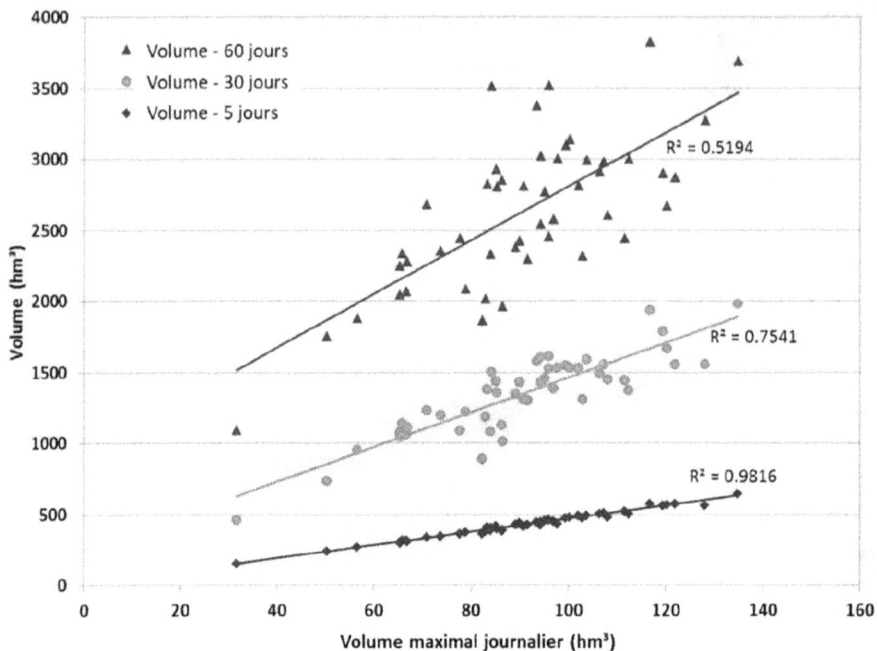

Fig. 2.15
Rivière Mistassibi –Comparaison du volume de crue printanière pour différentes durées

Il n'est pas possible de généraliser des conclusions basées sur ce seul cas; toutefois, ceci montre que des précautions doivent être prises dans la reconstitution de l'hydrogramme de crue, car la relation entre le volume journalier de pointe et le volume global de la crue n'est pas évident. Ceci illustre également le risque de réaliser une analyse en se limitant à un seul hydrogramme, car de nombreuses combinaisons sont possibles.

2.10. APPROCHE DÉTERMINISTE

L'évaluation de crues pour différentes périodes de retour peut être réalisée au moyen d'une approche déterministe, particulièrement pour des endroits où des données de débits observés ne sont pas disponibles ou seulement pour une courte durée. Les résultats des analyses statistiques et déterministes du volume de crue pour des événements de pluie devraient résulter en des estimations similaires; ceci est particulièrement le cas pour les petits bassins versants, pour lesquels un seul événement de pluie est d'habitude considéré.

Une approche déterministe est également utilisée pour évaluer la crue maximale probable (CMP), considérant divers scénarios possibles maximisant les conséquences sur le système.[2]

---

[2] Le scénario de CMP avec débit de pointe maximal n'est pas automatiquement le pire scénario (niveau d'eau maximum) pour un barrage avec capacité de régulation. Il se trouve qu'une CMP de printemps (avec un débit de pointe plus faible, mais un volume plus grand) peut atteindre un niveau d'eau plus élevé dans une retenue qu'une CMP estivale (événement de pluie seul).

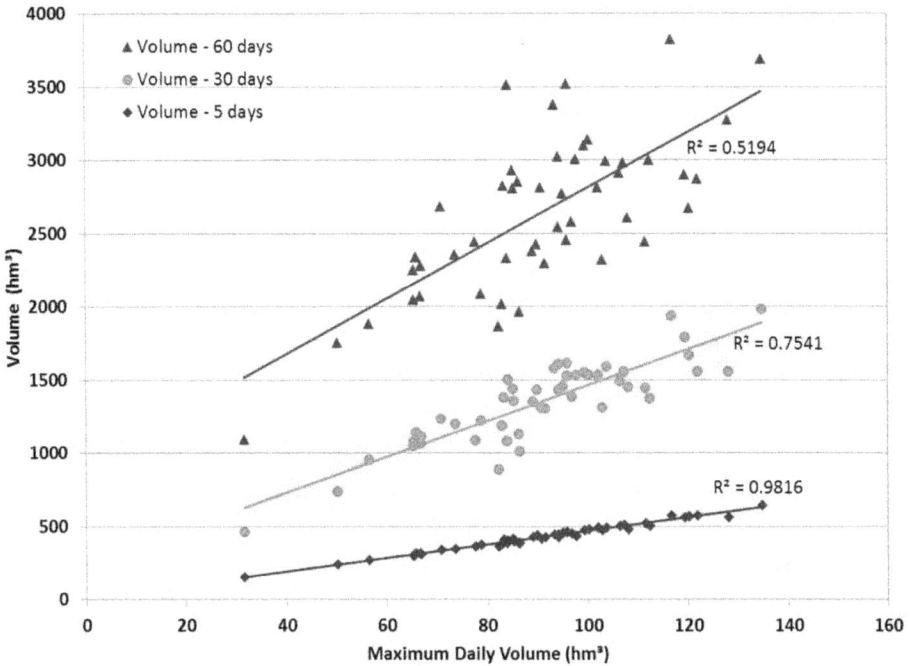

Fig. 2.15
Mistassibi River –Comparison of the spring flood volume for different durations

It is not possible to generalize conclusions based only on this specific case; however, this shows that precautions must be taken in the reconstitution of the flood hydrograph, since the relation between the peak daily volume and the overall flood volume is not straight forward. It also illustrates the risk of performing an analysis with only one hydrograph, since numerous combinations are possible.

2.10. DETERMINISTIC APPROACH

The flood evaluation for different return periods can be performed using a deterministic approach, particularly for locations where observed discharges data are not available or only for a short duration. Results of the statistical and deterministic analyses of the flood volume for rainfall event(s) should lead to results in a similar range; this is particularly the case for small drainage areas, for which a single rainfall event is usually considered.

A deterministic approach is also mainly used to evaluate the Probable Maximum Flood, considering various possible scenarios maximizing the consequences on the system[3].

---

[3] The PMF scenario with the maximum peak discharge is not automatically the worst scenario (maximum water level) for a dam with regulation capability. It happens that a spring PMF (with lower peak discharge, but larger volume) reaches a higher water level in a reservoir than a summer PMF (rainfall event).

Les éléments suivants doivent être considérés pour appliquer des approches similaires :

a. Événement principal de pluie

L'événement de pluie principal causant la crue correspond normalement à la période de retour attendue de crue. Plus haute la probabilité de rencontrer un tel événement, plus élevé sera le nombre de combinaisons pouvant générer un débit de crue ou un volume similaire.

b. Événements antécédents

Les événements antécédents sont particulièrement importants pour établir les conditions régnant avant la survenance de l'événement de pluie principal. Ceci a un impact important sur le débit de la rivière avant l'événement et, encore plus important, sur l'humidité du sol. Plus le sol sera saturé, plus bref sera le temps de réponse du système (accroissant de fait le débit de pointe, mais également le volume pour une durée spécifique). Une situation similaire peut être observée si un événement majeur de pluie se produit lorsque le sol est gelé.

Similairement, le régime de base de la rivière ne représente pas simplement un débit de rivière de référence sur lequel le débit de pointe serait ajouté, mais il est un composant intégral de la structure de la crue. La pointe nette (débit additionnel au-dessus du débit de base) générée par un volume de crue incident n'est pas une constante indépendante de la structure du débit incident.

Pour évaluer la CMP, un grand événement de pluie est souvent considéré peu avant la pluie maximale probable ou PMP (quelques jours ou semaines, selon la taille du bassin versant) pour saturer le sol et assurer un débit de rivière maximum.

c. Neige

Le couvert de neige et la période de fonte ont un impact direct sur le volume de crue et le débit de pointe. Ces deux facteurs sont importants, car la fonte rapide du couvert de neige génèrera très probablement de fortes crues. Lorsque le couvert de neige est une part importante du volume de crue, la crue printanière est très souvent la plus importante de l'année, surtout si elle causée par la combinaison de la fonte de neige et de la pluie. Une couverture épaisse de neige accroît en tous les cas la probabilité de fortes crues.

Avant de fondre, le couvert de neige doit être ramolli par des températures supérieures au point de congélation le menant près de son point de fonte. Une séquence réaliste de température doit être développée sur la base des conditions observées dans le bassin versant.

d. Événements subséquents

Les événements suivant l'événement principal peuvent avoir un impact important sur le volume de la crue et sa durée. L'impact des événements subséquents est particulièrement important jusqu'à ce que la retenue retourne à son niveau maximal d'exploitation (NME). Plus la durée pour retourner au NME est étendue, plus vulnérable est le système en cas de survenance d'une nouvelle crue importante.

Les événements subséquents se produisent souvent à des périodes durant lesquelles de grands débits ont été observés. Ceci est particulièrement vrai lors de l'évaluation de la CMP. Pour des crues avec de basses périodes de retour toutefois, il n'est pas évident de déterminer une séquence d'événements subséquents, car il n'y a en général pas de relation directe entre l'événement de pluie principal et les événements subséquents.

e. Conditions initiales

Comme les objectifs de telles études consistent souvent en la détermination du niveau maximum de l'eau dans une retenue correspondant à une période de retour spécifique, les conditions initiales du système sont un facteur important. Le volume attendu de stockage disponible avant la crue dependra de la période de l'année. Normalement, le NME est considéré pour un événement de crue causé par la pluie.

The following elements must be considered for applying similar approaches:

a. Main rainfall event

The main rainfall event causing the flood normally corresponds to the expected flood return period; higher is the probability to see such event, higher the number of combinations that can generate a similar flood discharge or volume.

b. Antecedents events

Antecedent events are particularly important to establish the conditions prevailing before the occurrence of the main rainfall event. This will have an impact on the river discharge before the event and, even more important, on the soil moisture. The more saturated the soil will be, the faster the response time of the system will be (increasing the peak but also the volume for a specific duration). A similar situation can be observed if a major rainfall event occurs when the soil is frozen.

Similarly, the base flow does not simply represent a reference river discharge on which the peak flow is added but is an integral component of the flood structure. The net peak (additional discharge over the peak flow) generated by an incoming flood volume is not a constant independent from the inflow pattern.

To evaluate the PMF, a large rainfall event is often considered shortly before the PMP (few days or weeks, depending on the size of the watershed) to saturate the soil and ensure a maximum runoff.

c. Snow

The snow cover and the snowmelt period will have a direct impact on the flood volume and the peak discharge. Both factors are important, since a rapid snowmelt of a large snow cover will most likely generate large floods. When the snow cover is an important part of the flood volume, the spring flood is very often the largest one of the year, triggered by the combination of snowmelt and rainfall. Deep snow covers increase the likelihood of large floods.

Before melting, the snow cover must be primed by warm temperatures bringing it close to the melting point. A realistic temperature sequence must be developed based on the observed conditions in the drainage area.

d. Subsequent events

Events following the main event can have a significant impact on the flood volume and its duration. The impact of the subsequent events is particularly significant until the reservoir returns to its maximum operation level (MOL). The longer the duration to return to the MOL, the more vulnerable is the system in case of a new large flood.

The subsequent events often occur in period(s) when large discharges have been observed. This is particularly true for the evaluation of the PMF. For floods with lower return periods however, it is not obvious to determine a subsequent sequence of events, since there is in general no direct relation between the main rainfall event and the subsequent events.

e. Initial conditions

Since oftentimes the objectives of such studies consist in determining the maximum water level in a reservoir corresponding to a specific period of recurrence, the initial conditions of the system are an important factor. The expected volume of storage available before the flood will depend of the period of the year. Normally the MOL is considered for a rainfall flood event.

Cependant, pour une crue printanière (avec une forte proportion du volume de crue générée par la fonte du couvert de neige), le niveau de la retenue et le mode d'exploitation durant la première partie de la crue (jusqu'à ce que l'eau atteigne le NME) dépendra des conditions attendues pour cette période de l'année. Le volume disponible pour le routage de la crue sera plus grand; il est par conséquent peu probable que l'évacuateur de crues soit alors manœuvré à sa pleine capacité au début de la crue. Il se peut même qu'il n'atteigne pas du tout ce débit, en raison de l'incertitude relative au volume final de la crue.

f.   Commentaires

L'évaluation du volume de crue pour des événements pluvieux sur de vastes bassins versants ou pour des crues printanières est complexe, car il implique différents événements ou conditions tels que discutés ci-dessus. S'il est possible d'identifier un ou des scénarios les plus probables générant une CMP, le nombre de scénarios pour déterminer les crues de 1:100, 1:1 000 ou 1:10 000 ans est presque infini, car la combinaison des événements conduisant à des périodes de retour plus basses dépend de trop de combinaisons de paramètres.

Une comparaison des résultats d'analyses statistiques du volume de crue printanière et des analyses déterministes du volume de la CMP peuvent conduire à des incohérences. Par exemple, l'extrapolation du volume de crue pour une période de retour de 10 000 ans peut être plus élevée que le volume de la CMP. Quelques explications peuvent être proposées :

- Les analyses statistiques surestiment le volume de crue. Le nombre de crues enregistrées (usuellement quelques dizaines) considéré dans l'extrapolation d'une crue à une durée de 1 000 ans ou plus ne garantit pas nécessairement une qualité élevée de l'estimation, car les tendances ne sont pas toujours bien définies;

- Quelques-uns des paramètres utilisés dans les analyses déterministes peuvent être sous-estimés (par exemple les événements subséquents). Du fait que la période analysée peut s'étendre sur plusieurs semaines au-delà de la PMP, il est difficile de considérer des événements de pluie réalistes durant cette période;

- Très probablement une combinaison des deux facteurs.

2.11.   MODÉLISATION STOCHASTIQUE

Une modélisation stochastique peut être vue comme une réponse à l'évaluation du volume de crue, dont les résultats peuvent être comparés avec ceux d'une analyse stochastique du débit de pointe et du volume de crue, ou avec l'évaluation déterministique de la CMP. La modélisation stochastique se révèle être particulièrement intéressante pour les crues causées par une séries d'événements (tels que combinaison d'événements de fonte de neige et de pluie) et pour des systèmes de retenues en cascade. Une telle modélisation doit reproduire la succession des précipitations et de la température de l'air au cours de l'année (afin de déterminer si l'événement considéré produira de la pluie ou de la neige). Elle doit également considérer le routage de la crue à travers le bassin versant, incluant les variations d'humidité du sol, l'infiltration, les pertes, la fonte de la neige et l'exploitation de la retenue (exploitation des structures de contrôle), afin de déterminer le niveau d'eau maximal devant être respecté au(x) site(s). Des milliers d'années devront être générées stochastiquement et simulées pour estimer la probabilité relative aux très grosses crues.

However, for a spring flood (with a large percentage of the flood volume generated by the snow cover), the reservoir level and the mode of operation during the first part of the flood (until it reaches the MOL) will depend on the expected conditions at this time of the year. The volume available for flood routing will be larger; it is therefore unlikely that the spillway will be operated at full capacity at the beginning of the flood. It may even not reach this discharge at all, because of the uncertainty related to the final flood volume.

f. Comments

The evaluation of the flood volume for rainfall event(s) on large drainage areas or for spring flood is complex, since it involves different events or conditions as discussed above. If it is possible to identify the most likely scenario(s) to generate a PMF, the number of scenarios to determine the 1:100, 1:1000 or 1:10,000-year flood is almost infinite, since the combination of events leading to lower return periods depends on too many combinations of parameters.

Comparison of the results from flood statistical analyses of spring flood volume and deterministic analyses of the PMF volume can lead to inconsistencies. For example, the extrapolation of the flood volume for a 1:10,000-year return period can be higher than the volume of the PMF. Some explanation can be proposed:

- The statistical analyses overestimate the flood volume. The number of recorded floods (usually a few tens) considered in a flood extrapolation to the range of 1:1,000 years or more does not always guarantee a high-quality estimation, since the trends are not always well defined;

- Some of the parameters used in the deterministic analyses were underestimated (for instance subsequent events). Since a period of analysis of several weeks can follow the PMP, it is difficult to consider realistic rainfall events during this period;

- Most probably a combination of both factors.

2.11. STOCHASTIC MODELING

Stochastic modelling can be seen as an answer to the evaluation of the flood volume, whose results can be compared with those of a stochastic analysis of the flood peak and flood volume or with the deterministic evaluation of the PMF. Stochastic modelling appears to be particularly interesting for floods caused by a set of events (such as the combination of snowmelt and rainfall events) and for systems of reservoirs in cascade. Such modelling will have to reproduce the succession of precipitation and air temperature along the year (to determine if the precipitation will be rain or snow), the flood routing through the drainage area including soil moisture variations, infiltration, losses, snowmelt and the reservoir management (i.e. the operation of the control structures), to determine the maximum water level to be observed at the site(s). Thousands of years will have to be stochastically generated and simulated to estimate the probability related to very large floods.

Un des défis les plus importants dans ce processus consiste en la représentation adéquate de la distribution statistique de chaque paramètre ainsi que les corrélations temporelles entre eux, telles que:

- la relation et la durée entre les événements de précipitation;

- la distribution des précipitations sur de vastes bassins versants;

- la relation entre température de l'air et précipitation (pluie ou neige);

- la variation de la température de l'air et du processus de fonte de la neige (si applicable).

La situation devient encore plus complexe pour de vastes bassins versants, car des corrélations spatiales et parfois des effets orographiques en différents endroits doivent également être considérés. De même, la probabilité de défaillances dans le système et les actions "humaines" peuvent jouer un rôle non négligeable dans l'évolution spatiale et temporelle de la crue.

En raison de limitations de l'information disponible pour calibrer le modèle d'importantes crues, la précision des modèles physiques aptes à représenter ces événements doit aussi être considérée. Habituellement, un grand nombre d'hypothèses (explicites ou implicites) se trouvent à la base d'un tel modèle; ceci est évidemment à l'origine d'incertitudes.

Il est bien connu en effet que l'extrapolation de larges crues fait l'objet d'un degré important d'incertitude[3], en raison des limites imposées par l'échantillon disponible pour le calage de la distribution statistique. Des réflexions similaires doivent également être faites au sujet des paramètres considérés dans le modèle stochastique et des résultats finals des calculs.

L'utilisation d'un modèle stochastique pour évaluer les caractéristiques de crue et le niveau correspondant de la retenue est discutée plus en détails dans le Bulletin CIGB 170 et dans le présent bulletin (chapitre 3).

2.12. VOLUME DE CRUE – VALEURS EXTRÊMES

Des données sur les crues maximales observées dans plusieurs pays du monde remontent à 1984, lorsque l'Association internationale des sciences hydrologiques (AISH) a publié le «Catalogue mondial des crues maximales observées». Pour sa part, le Comité CIGB «Barrages et crues» a publié en 2003 le Bulletin 125 sur les barrages et les crues, qui a présenté des données pertinentes relatives aux crues maximales dans le domaine des barrages et des retenues. Récemment, en 2014, une nouvelle et plus extensive revue des crues maximales a été faite sur des données de débits et de crues maximales.

Pour l'analyse du débit de pointe, la méthode des courbes d'enveloppe avec l'équation de Francou-Rodier (F-R) peut être utilisée. L'équation F-R est la relation entre le débit de pointe et la surface du bassin versant:

$$\frac{Q}{Q_0} = \left(\frac{A}{A_0}\right)^{1-\frac{K}{10}}$$

où:

Q =   débit de pointe (m³/s)

A =   surface du bassin versant (km²)

---

[3] Directives de l'Association canadienne des barrages → "Les statistiques de crues sont sujettes à une large marge d'incertitude, qui doit être considérée dans la prise de décisions."

One of the main challenges in this process consists in representing adequately the statistical distribution of each parameter and the temporal correlations between them, such as:

- The relation and duration between precipitation events;

- The distribution of the precipitation on large drainage areas;

- The relation between air temperature and precipitation (rainfall or snowfall);

- The variation of the air temperature and the snowmelt process (if applicable).

The situation becomes even more complex for large drainage areas, since spatial correlations and sometimes orographic effects at different locations must also be considered. At the same time, the probability of deficiencies in the system and "human" actions can play a significant role in the spatial and temporal evolution of the flood.

The accuracy of the physical model(s) to represent large flood events must also be considered, because of the limitations on the information available to calibrate the model for such large floods. Usually a large number of assumptions (explicit or implicit) are made at the basis of such a model; this of course generates larger uncertainties.

If it is well known that the extrapolation of large floods may be subject to a significant degree of uncertainty[4], because of the limitations of the sample available to fit the statistical distribution. Similar concerns should also be considered about the parameters considered in stochastic modelling and the final results obtained.

The use of stochastic modelling to evaluate flood characteristics and the corresponding flood level is discussed in more details in bulletin 170 and in the present bulletin (chapter 3).

2.12. FLOOD VOLUME – EXTREME VALUES

Data of maximum floods observed in several countries around the world date back to 1984, when the International Association of Hydrological Sciences (IAHS) published the "World Catalogue of Maximum Observed Floods". Also, ICOLD Committee on "Dams and floods "published, in 2003, the Bulletin 125 on Dams and Floods, which contributed with more significant data related to maximum floods, mainly for dams and reservoirs. Recently, in 2014, a new and more extensive review of maximum floods has been carried out on the data of flows and volumes of maximum floods.

For the analysis of the peak discharge, the envelope curves method with the Francou-Rodier (F-R) equation can be used. The F-R equation is the relationship between the peak flow and the catchment area:

$$\frac{Q}{Q_0} = \left(\frac{A}{A_0}\right)^{1-\frac{K}{10}}$$

where:

Q = Peak flow (m³/s)

A = Catchment area (km²)

---

[4] CDA Guidelines →"Flood statistics are subject to a wide margin of uncertainty, which should be taken into account in decision-making."

$Q_0 = 10^6$ m³/s

$A_0 = 10^8$ km²

K = coefficient de Francou-Rodier.

Pour chaque débit de pointe, le coefficient K est calculé par:

$$K = 10 \left(1 - \frac{logQ - logQ_0}{logA - logA_0} \right)$$

La base de données sur le volume de crues provient de relevés faits par la CIGB; elle consiste en 187 valeurs de volume de crues maximales pour des barrages et des retenues des quinze pays les plus significatifs dans ce domaine.

La méthodologie utilisée est similaire à celle utilisée pour l'analyse des débits de pointe. Elle évalue la relation entre le volume de crue et la surface du bassin versant au moyen de l'équation

$$\frac{V}{V_0} = \left(\frac{A}{A_0} \right)^{2 - \frac{K_V}{10}}$$

où:

V = volume de crue (hm³)

A = surface du bassin versant (km²)

V_0 = 50×10^6 hm³

A_0 = 10^8 km²

K_v = coefficient de volume de crue.

De ce fait, pour chaque crue le coefficient K_v est calculé par:

$$K_V = 10 \left(2 - \frac{\log V - \log V_0}{\log A - \log A_0} \right)$$

La Figure 2.16 présente la relation entre le volume de crue et la surface du bassin versant pour les crues analysées avec les données disponibles. Elle définit une courbe enveloppe des volumes de crues extrêmes avec une valeur K_v = 10.5.

$Q_0 = 10^6$ m³/s

$A_0 = 10^8$ km²

K = Francou-Rodier coefficient

For each peak discharge the coefficient K is calculated by:

$$K = 10\left(1 - \frac{logQ - logQ_0}{logA - logA_0}\right)$$

The database on flood volumes comes from the surveys carried out by ICOLD; it consists of 187 records on volume of maximum floods in dams and reservoirs from 15 most significant countries in this field.

The methodology used is similar to that used for the analysis of the peak flows, assessing the relationship between the flood volumes and the catchment area, through the equation:

$$\frac{V}{V_0} = \left(\frac{A}{A_0}\right)^{2 - \frac{K_V}{10}}$$

where:

V = Flood volume (hm³)

$V_0 = 50 \times 10^6$ hm³

$A_0 = 10^8$ km²

K_V = Coefficient of flood volume

Therefore, for each flood the coefficient K_V is calculated by:

$$K_V = 10\left(2 - \frac{logV - log\ V_0}{log\ A - log\ A_0}\right)$$

Figure 2.16 shows the relationship between the flood volume and the catchment area for the floods analysed with the available data. It defines an envelope curve of the extreme flood volumes with a value of $K_V = 10.5$

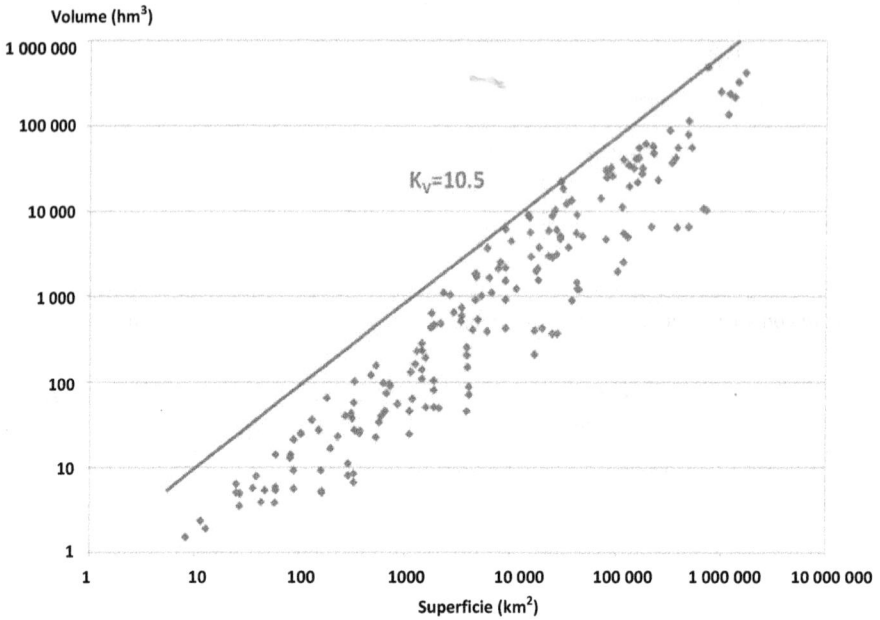

Fig. 2.16
Volumes de crues – Courbe enveloppe des volumes extrêmes de crues – K_v = 10.5

La valeur la plus élevée se trouve au Brésil (retenue de Tocantis), avec un Kv = 10.5 (crue de 1980). La courbe n'est pas spécifique à une région, car les points correspondent à des observations faites dans diverses régions du monde.

La Figure 2.17 présente la relation entre le volume spécifique et la surface du bassin versant. Le volume spécifique correspondant au volume généré par unité de surface du bassin versant; il est exprimé comme

$$V_s = \frac{V}{A}$$

où:

V_s = volume spécifique (mm).

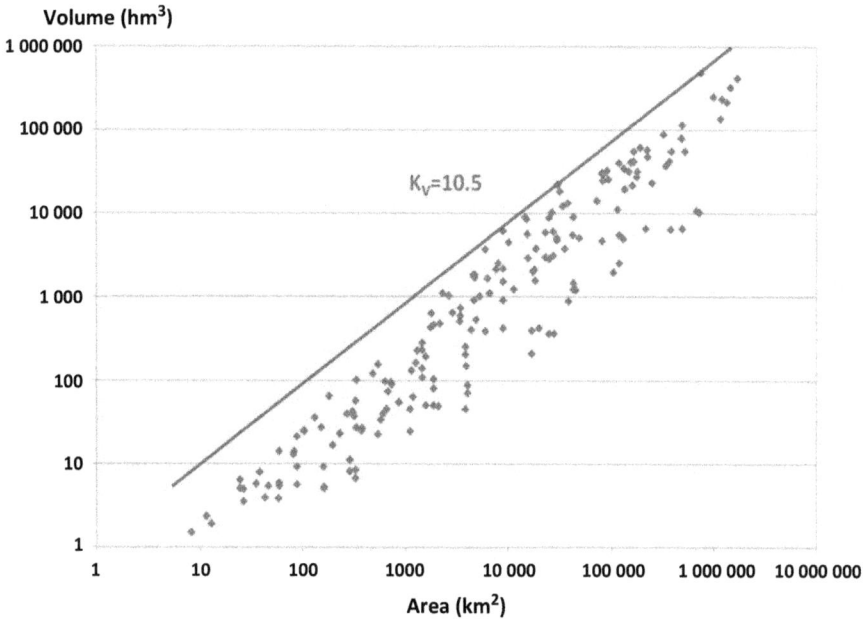

Volume (hm³)

Fig. 2.16
Flood Volumes - Envelope curve of extreme flood volumes – K_v = 10.5

The highest value was in Brazil (Tocantis reservoir) with a K_v= 10.5, in a 1980 flood. The curve is not specific to a specific region, since the dots correspond to observations made in various catchments around the world.

Figure 2.17 shows the relationship between specific volume and the catchment area. The specific volume, a measure of the volume generated per unit of the catchment area, is expressed by :

$$V_s = \frac{V}{A}$$

where:

V_s = Specific volume (mm)

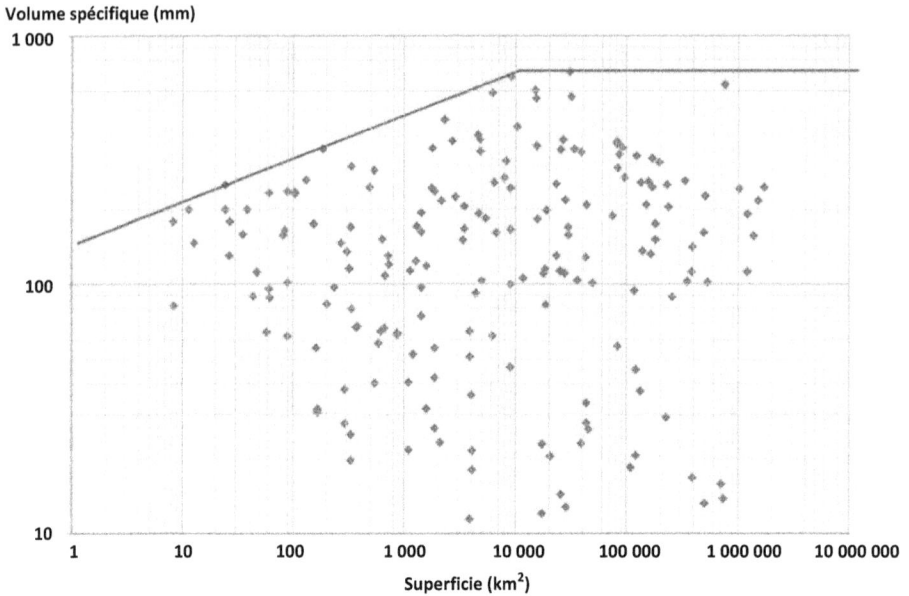

Fig. 2.17
Relation entre volume spécifique (V_s) et surface du bassin versant

Il faut noter qu'il n'y a pas de banque de données systématiques concernant le volume des crues autour du monde. Les résultats présentés proviennent d'une analyse préliminaire, qui doit conduire à la préparation d'une banque de données plus détaillée sur les volumes de crues. Une telle banque de données peut être utilisée pour réaliser une évaluation initiale des volumes de crues sur des bassins présentant des conditions similaires, principalement pour des raisons de validation. Elle continuera à être étendue à l'avenir.

2.13. IMPACT DU CHANGEMENT CLIMATIQUE SUR LE VOLUME DE CRUE

Il est largement reconnu que le changement climatique augmentera la variabilité des événements extrêmes. L'augmentation de la température de l'air aura un impact sur la pluviométrie maximale qui peut être observée dans plusieurs régions du monde; cela aura à son tour un impact direct sur le débit de pointe et le volume des crues.[4]

Dans les contrées nordiques et pour les crues printanières, l'impact sur le volume des crues les plus importantes devrait être généralement moins marqué sur les crues printanières que sur les débits de pointe, car pour un bassin versant, les réductions projetées du volume de neige pourront partiellement compenser l'augmentation attendue des précipitations (Ouranos 2015). Dans ce cas, le volume de la crue pourrait être similaire mais pourrait s'étendre sur une plus courte période, car la saison de fonte de la neige sera peut-être plus courte (ce qui pourrait conduire à un débit plus élevé). Cette conclusion ne peut cependant pas être généralisée, car les conditions régionales peuvent changer fortement dans le monde. Quelques récents événements météorologiques auront probablement des impacts sur notre compréhension de leurs caractéristiques et de leurs conséquences.[5]

---

[4] Voir aussi le Bulletin CIGB 169 (Changement de climat global)

[5] Par exemple, l'ouragan Harvey produisit environ 1300 mm de pluie dans la région de Houston (USA) en 2017. L'ouragan resta stationnaire durant quelques jours, puis s'éloigna de la zone, pour revenir quelques jours plus tard.

Specific Volume (mm)

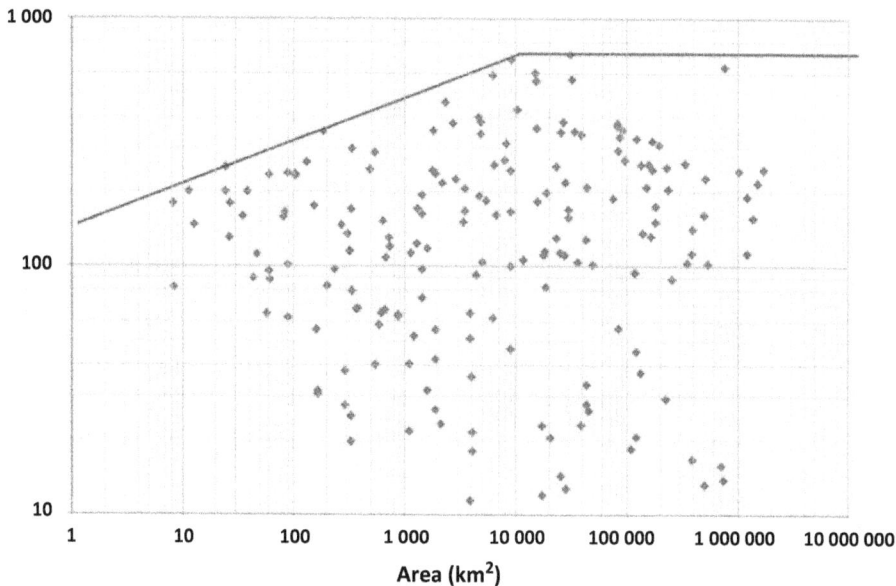

Fig. 2.17
Relationship between specific volume (V_s) and catchment area

It should be noted that there is no systematized database on flood volumes around the world. The results presented are a preliminary analysis, which should lead to prepare a more detailed database of flood volume. Such database can be used to perform initial evaluation of flood volumes on drainage areas presenting similar conditions, mainly for validation purposes. It should be further expanded in the future.

2.13. IMPACT OF CLIMATE CHANGE ON FLOOD VOLUME

It is widely recognized that climate change will increase the variability of extreme events. The increase in air temperature will have an impact on the maximum rainfall that can be observed in several regions of the world; this will in turn have a direct impact on the floods peak discharge and the flood volume [5].

In the northern areas and for spring floods, the impact on the volume of the major floods will be generally less important on the spring flood than the impact on the peak flows, since for a watershed, projected reductions in the snowpack volume may partially offset the expected increases in rainfall (Ouranos 2015). In this case, the volume of the flood could be similar but it may occur over a shorter period, since the snowmelt season will possibly be shorter (which could lead to higher peak discharge). However, this conclusion cannot be generalized because the regional conditions can change significantly over the world. Some recent meteorological events will probably have some impacts on our understanding of their characteristics and of their consequences[6].

---

[5] See also ICOLD Bulletin 169 (Global Climate Change)

[6] For example, Hurricane Harvey released about 1300 mm of rain in the Houston area (USA) in 2017. The hurricane remained stationary for a few days, moved away from the area and came back a few days later.

2.14. RECOMMANDATIONS

- Afin de considérer convenablement l'effet de rétention de la retenue et d'optimiser la taille des structures, il est essentiel de correctement représenter le volume de la crue de projet et de considérer ce volume dans le projet de barrage et de ses structures de contrôle. Quelle que soit l'approche retenue pour évaluer l'hydrogramme de crue, une vérification devrait en tous les cas estimer le volume de cette crue et valider celui-ci par comparaison avec le volume des précipitations de pluie ou de fonte de la neige contenue sur le bassin versant.

- La forme de la récession d'une crue ne dépend pas de son débit de pointe, mais des caractéristiques de la surface de drainage et de la rivière. Il est important de respecter la forme de la courbe de récession dans la reconstitution de l'hydrogramme de crue.

- Pour un même débit de pointe et un même volume de crue, la forme de de l'hydrogramme peut avoir un impact sur le niveau maximal dans une retenue (en fonction des règles d'exploitation de celle-ci). Il est donc important de réaliser une analyse de sensibilité de la forme de l'hydrogramme de crue. Intuitivement, un hydrogramme présentant un débit de pointe tardif peut avoir plus d'impact qu'un hydrogramme avec débit de pointe précoce, car le volume d'eau de la retenue est susceptible alors se trouver à un niveau plus élevé.

- Pour des précipitations relatives à un bassin versant entier, une estimation basée uniquement sur le volume des précipitations et la signature du bassin (forme de la récession) est susceptible d'offrir d'intéressantes indications permettant de vérifier les résultats obtenus par les méthodes d'estimation traditionnelles.

- Il n'y a pas de garantie qu'une relation directe puisse être trouvée entre le débit de pointe et le volume de crue d'une combinaison d'événements (résultant par exemple de la fonte des neiges). Toutefois, sans information complémentaire, une hypothèse acceptable peut considérer que le débit de pointe de période de retour 1:N ans correspond au volume de crue de retour 1:N ans.

- La reconstitution d'un hydrogramme de crue doit respecter les caractéristiques physiques du bassin versant; on peut admettre a priori que la forme de récession de l'hydrogramme de crue suit un schéma indépendant de l'ampleur de la crue.

2.15. REFERENCES

Alberta Transportation - Transportation and Civil Engineering Division - Civil Projects Branch, "Guidelines on Extreme Flood Analysis", November 2004.

Bacchi, B., Brath, A., Kottegoda, N.T., "Analysis of the Relationships Between Flood Peaks and Flood Volumes Based on Crossing Properties of River Flow Processes", Water Resources Research, Vol. 28, No. 10, pp 2773–2782, October 1992

Carter, R.W., Godfrey. R.G., "Storage and Flood Routing", Manual of Hydrology: Part 3. Flood-Flow Techniques, GEOLOGICAL SURVEY WATER-SUPPLY PAPER 1543-B, Methods and practices of the Geological Survey, 1960.

Gaál, L., Szolgay, J., Kohnová, S., Hlavčová, K., Parajka, J., Viglione, A., Merz R., and Blöschl, G., "Dependence Between Flood Peaks and Volumes: A Case Study on Climate and Hydrological Controls", Hydrological Sciences Journal, 60 (6) 2015.

Guillaud, C. "A review of the reliability of extreme flood estimates". In Proceedings of Canadian Dam Safety Conference, Victoria B.C, 2002

Joos B., "Flood Integration Method (FIM)". ICOLD proceedings, Stavanger, 2015

2.14. RECOMMENDATIONS

- Representing adequately the volume of the design flood and considering this volume in the design of the dam and its hydraulic structures is essential to adequately consider the storage effect of the reservoir and to optimize the size of the structures. Whatever the approach selected to evaluate the flood hydrograph, an estimate should in any case check the volume of the resulting flood and validate it comparatively with the precipitation/snowfall volume.

- The recession of the flood is not depending on the peak discharge, but on the characteristics of the drainage area and the river; it is important to respect the recession pattern in the hydrograph reconstitution.

- For a same peak discharge and a same flood volume, the shape of the hydrograph can have an impact on the maximum level in a reservoir (depending of the operation rule of the reservoir). It is important to perform a sensitivity analysis on the shape of the hydrograph. Intuitively, a hydrograph with a late peak discharge could have more impact than a hydrograph with an early peak discharge, since the reservoir could then be at a higher level.

- For precipitations concerning an entire water catchment, an estimate based solely on the precipitation volume and the watershed signature may give worthwhile indications to cross-check the results of traditional estimation methods.

- There is no guarantee that a direct relation can be found between the peak discharge and the flood volume for floods deriving from a combination of events (such as a flood from snowmelt). However, without further information, a conservative assumption will be to consider that the 1:N-year peak discharge is corresponding to the 1:N-year flood volume for any duration.

- Reconstitution of a flood hydrograph must respect the physical characteristics of the drainage area; the recession period of the hydrograph follows a pattern independent from the flood magnitude.

2.15. REFERENCES

Alberta Transportation - Transportation and Civil Engineering Division - Civil Projects Branch, "Guidelines on Extreme Flood Analysis", November 2004.

Bacchi, B., Brath, A., Kottegoda, N.T., "Analysis of the Relationships Between Flood Peaks and Flood Volumes Based on Crossing Properties of River Flow Processes", Water Resources Research, Vol. 28, No. 10, pp 2773–2782, October 1992

Carter, R.W.; Godfrey. R.G., "Storage and Flood Routing", Manual of Hydrology: Part 3. Flood-Flow Techniques, GEOLOGICAL SURVEY WATER-SUPPLY PAPER 1543-B, Methods and practices of the Geological Survey, 1960.

Gaál, L., Szolgay, J., Kohnová, S., Hlavčová, K., Parajka, J., Viglione, A., Merz R., and Blöschl, G., "Dependence Between Flood Peaks and Volumes: A Case Study on Climate and Hydrological Controls", Hydrological Sciences Journal, 60 (6) 2015.

Guillaud, C. "A review of the reliability of extreme flood estimates". In Proceedings of Canadian Dam Safety Conference, Victoria B.C, 2002

Joos B., "Flood Integration Method (FIM)". ICOLD proceedings, Stavanger, 2015

International Commission on Large Dams, "Dams and Floods – Guidelines and Case Histories". Bulletin 125, ICOLD, Paris, 2003

International Commission on Large Dams, "Flood Evaluation and Dam Safety". Bulletin 170, ICOLD, Paris, 2016

Louie, P.Y.T. and Hogg, W.D. "Extreme Value Estimates of Snowmelt", Canadian Hydrology Symposium, pp 64–76, 1980

Berga, L. Personal Communication, 2018.

Micovic, Z. "An Overview of Three Hydrologic Flood Hazard Estimation Methods Used by BC Hydro", ICOLD 2013 International Symposium, Seattle, USA.

Molini, A., Katul, G.G., and Porporato, A., "Maximum Discharge from Snowmelt in a Changing Climate", Geophysical Research Letters, VOL. 38, L05402, 2011

Newton, D.W. "Realistic assessment of maximum flood potentials" Journal of Hydraulics Div., Amer. Soc. of Civ. Engrs., v.109 no.6 pp. 905–918, 1983.

Ouranos, "Probable Maximum Floods and Dam Safety in the 21st Century Climate". Report submitted to Climate Change Impacts and Adaptation Division, Natural Resources Canada, 39 p, 2015.

Pramanik, N., Panda, R.K., Sen, D., "Development of Design Flood Hydrographs Using Probability Density Functions", Hydrological Processes, Hydrol. Process. 24. 415–428 (2010).

SNC-Lavalin Inc., "Gestion du réservoir Gouin – Étude complémentaire", Juin 2001

Wang, Cheng, "A joint probability approach for the confluence flood frequency analysis", Retrospective Theses and Dissertations. Iowa State University, Paper 14865 The Gumbel mixed model for flood frequency analysis, S Yuea, T.B.M.J Ouarda, B Bobée, P Legendre1, b, 1, P Bruneau1, b, 1, Journal of Hydrology Volume 226, Issues 1–2, 20 December 1999, Pages 88–100, 2007

Sheng Yue; Taha B. M. J. Ouarda; Bernard Bobée; Pierre Legendre; and Pierre Bruneau, "Approach for Describing Statistical Properties of Flood Hydrograph"

International Commission on Large Dams, "Dams and Floods – Guidelines and Case Histories". Bulletin 125, ICOLD, Paris, 2003

International Commission on Large Dams, "Flood Evaluation and Dam Safety". Bulletin 170, ICOLD, Paris, 2016

Louie, P.Y.T. and Hogg, W.D. "Extreme Value Estimates of Snowmelt", Canadian Hydrology Symposium, pp 64–76, 1980

Berga, L. Personal Communication, 2018.

Micovic, Z. "An Overview of Three Hydrologic Flood Hazard Estimation Methods Used by BC Hydro", ICOLD 2013 International Symposium, Seattle, USA.

Molini, A., Katul, G.G., and Porporato, A., "Maximum Discharge from Snowmelt in a Changing Climate", Geophysical Research Letters, VOL. 38, L05402, 2011

Newton, D.W. "Realistic assessment of maximum flood potentials" Journal of Hydraulics Div., Amer. Soc. of Civ. Engrs., v.109 no.6 pp. 905–918, 1983.

Ouranos, "Probable Maximum Floods and Dam Safety in the 21st Century Climate". Report submitted to Climate Change Impacts and Adaptation Division, Natural Resources Canada, 39 p, 2015.

Pramanik, N., Panda, R.K., Sen, D., "Development of Design Flood Hydrographs Using Probability Density Functions", Hydrological Processes, Hydrol. Process. 24. 415–428 (2010).

SNC-Lavalin Inc., "Gestion du réservoir Gouin – Étude complémentaire", Juin 2001

Wang, Cheng, "A joint probability approach for the confluence flood frequency analysis", Retrospective Theses and Dissertations. Iowa State University, Paper 14865 The Gumbel mixed model for flood frequency analysis, S Yuea, T.B.M.J Ouarda, B Bobée, P Legendre1, b, 1, P Bruneau1, b, 1, Journal of Hydrology Volume 226, Issues 1–2, 20 December 1999, Pages 88–100, 2007

Sheng Yue; Taha B. M. J. Ouarda; Bernard Bobée; Pierre Legendre; and Pierre Bruneau, "Approach for Describing Statistical Properties of Flood Hydrograph"

3. APPROCHE STOCHASTIQUE POUR LA DÉTERMINATION DES RISQUES DE CRUES

3.1. INTRODUCTION

Le concept traditionnel de crue de projet a été et est toujours utilisé pour dimensionner le barrage et ses ouvrages de contrôle (c.-à-d. déversoir, vidange de fond) afin que le barrage puisse passer en toute sécurité soit une crue de probabilité de dépassement prédéterminée ou la crue maximale probable (CMP). La crue de conception est directement liée à la classification des risques des barrages, de sorte que les barrages à faible risque sont conçus en utilisant des crue de conception plus petites que les barrages à risque élevé. Pour les barrages à risque élevé (ou extrême), deux tendances générales se sont développées dans le monde (ICOLD, 2003):

1. Les États-Unis, le Royaume-Uni, le Canada, l'Australie et les pays sous leur influence (économique et/ou technologique) ont proposé l'approche de la CMP. La CMP est définie comme la combinaison «raisonnablement possible» de précipitations, d'accumulation de neige, de températures de l'air et de conditions initiales du bassin versant donnant la crue la plus sévère sur le bassin. La CMP est un concept déterministe et sa probabilité d'occurrence ne peut être déterminée. Théoriquement, elle représente la limite supérieure de la crue en tenant compte des caractéristiques du bassin durant une saison donnée. En réalité, les estimations de la CMP sont généralement inférieures à la limite supérieure théorique d'une certaine quantité variable qui dépend des données disponibles, de la méthodologie choisie et de l'approche de l'analyste pour dériver l'estimation (Micovic et coll., 2015).

2. La plupart des pays européens utilisent des méthodes probabilistes pour dériver une caractéristique de crue d'entrée (généralement un débit de pointe d'une certaine durée) avec des périodes de retour allant de 1 000 à 10 000 ans.

Pour les barrages à moindre risque, les critères de sélection de la crue de conception varient, mais incluent généralement soit un pourcentage de la CMP, soit des périodes de retour inférieures à 1 000 ans (ICOLD, 2003).

Ces dernières années, un nombre croissant de propriétaires de barrages ont commencé à appliquer diverses formes de processus de prises de décision tenant compte des risques dans leurs évaluations de sécurité des barrages concernant les dangers de crues. Par exemple, les lignes directrices de sélection de la crue de conception publiées par l'Agence fédérale de gestion des urgences des États-Unis (FEMA, 2013) suggèrent qu'en plus de l'approche traditionnelle de sélection de la crue de conception, une analyse des risques hydrologiques tenant compte des dangers devrait être effectuée à la discrétion et au jugement des régulateurs de sécurité des barrages et des propriétaires «pour les barrages pour lesquels il existe des compromis importants entre les conséquences potentielles d'une défaillance et le coût de conception selon la norme recommandée». Les lignes directrices suggèrent qu'une partie intégrante de l'analyse des risques hydrologiques tenant compte des dangers est le développement de caractéristiques hydrologiques qui peuvent être constituées de débits de pointe, d'hydrogrammes ou de niveaux de réservoir et de leurs probabilités de dépassement annuelles (PDA). Un autre exemple consiste dans les dernières directives du Comité national australien des grands barrages sur la sélection de la capacité de crues acceptable pour les barrages (ANCOLD, 2017). Les lignes directrices sont basées sur le concept de la CMP dans le cadre d'une approche de risque simplifiée pour les barrages à risques extrêmes, toutefois l'accent est mis sur l'évaluation des risques même dans les cas où la CMP doit être évaluée. Il est recommandé que son «caractère raisonnable» soit pris en compte et évalué à l'aide de la procédure décrite dans Nathan et coll. (2011) afin que le conservatisme implicite de la CMP soit justifié et correctement aligné sur les décisions de sécurité des barrages concernant les coûts potentiels de mise à niveau des barrages.

3. STOCHASTIC APPROACH TO FLOOD HAZARD DETERMINATION

3.1. INTRODUCTION

The traditional concept of the Inflow Design Flood (IDF) has been and is still being used to size the dam and its designated flood discharge facilities (i.e. spillway, low level outlets) so that the dam could safely pass either a flood of pre-determined probability of exceedance or the Probable Maximum Flood (PMF). The IDF standard is directly linked to the dam hazard classification so that low hazard dams are designed using smaller IDF than high hazard dams. For high (or extreme) hazard dams, two general world trends have developed (ICOLD, 2003):

1. USA, UK, Canada, Australia and countries under their economic and technological influence proposed the PMF methodology. The PMF is defined as the most severe "reasonably possible" combination of rainfall, snow accumulation, air temperatures, and initial watershed conditions. The PMF is a deterministic concept and its probability of occurrence cannot be determined. Theoretically, it represents the upper physical flood limit for a given watershed at a given season. In reality, PMF estimates are typically lower than the theoretical upper limit by some variable amount that depends on the available data, the chosen methodology and the analyst's approach to deriving the estimate (Micovic et al., 2015).

2. Most European countries use probabilistic methods to derive an inflow flood characteristic (typically peak flow of certain duration) with return periods ranging from 1,000 to 10,000 years.

For lower-hazard dams, the IDF selections criteria vary but typically include either a percentage of the PMF or return periods shorter than 1,000-years (ICOLD, 2003).

In recent years, an increasing number of dam owners have started to apply various forms of risk informed decision making process in their dam safety assessments regarding flood hazard. For example, the IDF selection guidelines published by US Federal Emergency Management Agency (FEMA, 2013) suggests that besides the traditional prescriptive approach to IDF selection, a risk-informed hydrologic hazard analysis should be carried out at the discretion and judgment of dam safety regulators and owners "for dams for which there are significant trade-offs between the potential consequences of failure and the cost of designing to the recommended prescriptive standard". The guidelines suggest that an integral part of risk-informed hydrologic hazard analysis is the development of hydrologic loads that can consist of peak flows, hydrographs, or reservoir levels and their annual exceedance probabilities (AEP). Another example is the latest guidelines by Australian National Committee on Large Dams on selection of acceptable flood capacity for dams (ANCOLD, 2017). While the guidelines retained the PMF concept as part of a simplified risk procedure for extreme hazard dams, there is a clear emphasis on risk assessment even for the cases when the PMF needs to be derived. It is recommended that its "reasonableness" be considered and assessed using the procedure outlined in Nathan et al. (2011) so that the degree of conservatism implicit in the PMF is justified and properly aligned with dam safety decisions regarding potential dam upgrade costs.

Il convient de noter qu'une approche tenant compte des risques de crues pour la sécurité des barrages implique de connaître la probabilité de déversement en crête du barrage lors de crues. Cela signifie pratiquement que la distribution de probabilité complète des niveaux de réservoir doit être évaluée afin que la probabilité de dépassement du niveau de réservoir correspondant à la crête du barrage soit connue. La crue de conception est nécessaire pour dimensionner la réserve supplémentaire, la hauteur du barrage et les ouvrages de restitution, et pourrait être utile pour évaluer la sécurité des barrages avec un niveau de réservoir pratiquement constant (où une hypothèse de réservoir au niveau maximal n'est pas déraisonnable) et sans système de contrôle actifs d'évacuation tels que des évacuateurs vannés ou des pertuis de fond. Cependant, en ce qui concerne les barrages individuels ou les systèmes de barrages dont le niveau du réservoir et les systèmes de contrôle actif d'évacuation varient, le concept de crue de conception est inadéquat pour les analyses de risques de crues.

Pour ces barrages et systèmes de barrages, la crue de conception, en caractérisant les apports vers le réservoir, ne fournit pas les informations nécessaires (c'est-à-dire l'ordre de grandeur et la probabilité) du risque de crues en termes de forces exercées sur le barrage (niveau maximal du réservoir). La solution couramment utilisée pour ce problème consiste à laminer (router) la crue de conception dans le réservoir et à déterminer le niveau maximal du réservoir atteint, et ainsi obtenir au moins certaines informations (ordre de grandeur mais pas la probabilité) sur le risque de crues sur le barrage. En outre, le concept de crue de conception suppose généralement que, lors d'une crue extrême, tout fonctionne tel que prévu, c'est-à-dire des mesures précises du niveau du réservoir, des vannes de déversoir ouvertes au bon moment, le personnel est disponible sur le site, les lignes de communication sont fonctionnelles. En d'autres termes, le concept de crue de conception n'aborde pas la possibilité d'une «crue opérationnelle» dans laquelle la rupture du barrage pourrait être causée par la combinaison d'une crue beaucoup plus petite que la crue de conception et d'une ou plusieurs défaillances opérationnelles.

Le nombre de combinaisons possibles d'événements défavorables à l'origine d'une telle rupture est très important et augmente avec la complexité du barrage ou du système. Par conséquent, la probabilité de rupture de barrage due à une combinaison inhabituelle d'événements défavorables relativement habituels, qui individuellement ne sont pas critiques pour la sécurité, est plus grande que la probabilité de rupture de barrage uniquement due à une crue extrême. Baecher et coll. (2013) ont déclaré que, pour un système complexe tel que le contrôle du débit à un barrage, le nombre de combinaisons possibles d'événements défavorables est d'autant plus grand que les probabilités de toute combinaison se produisant sont faibles. En conséquence, la probabilité qu'au moins une telle combinaison se produise peut être grande. Il existe de nombreux exemples de défaillances de «crue opérationnelle»; deux exemples nord-américains sont décrits ci-dessous:

- Le barrage de Canyon Lake sur « Rapid Creek » dans le Dakota du Sud a cédé le 9 juin 1972, faisant 238 morts. La raison de la rupture du barrage n'était pas le manque de capacité de d'évacuation, mais l'incapacité d'utiliser l'évacuateur de crues qui était obstrué par des débris.

- Le barrage de Taum Sauk dans le Missouri a été submergé et a cédé le 14 décembre 2005. Le dépassement en crête n'a pas été causé par des apports trop élevés mais par une erreur dans la mesure du niveau du réservoir (les transducteurs de pression qui mesuraient les niveaux des réservoirs se sont détachés de leurs supports, provoquant des lectures de niveau d'eau erronées, c'est-à-dire que les niveaux des réservoirs mesurés étaient inférieurs aux niveaux réels). De plus, les capteurs d'urgence de niveau du réservoir ont été installés trop haut, permettant ainsi un dépassement avant que les capteurs puissent enregistrer un niveau de réservoir élevé.

De toute évidence, une prise de décision éclairée des risques liés à la sécurité des barrages requiert plus que le concept de crue de conception. Afin d'avoir une idée scientifiquement fondée de la probabilité de dépassement d'un barrage causée des crues, il est nécessaire de se concentrer sur l'estimation des probabilités du niveau maximal du réservoir. Le processus peut être décrit comme suit:

- L'Hydrogramme des apports au réservoir, d'une certaine probabilité de dépassement, n'est que la valeur de départ des analyses et doit tenir compte de l'interaction complexe entre le niveau de départ du réservoir, les règles et les décisions d'exploitation du réservoir et de la fiabilité des ouvrages d'évacuation, du personnel et des équipements de mesure.

Note that risk informed approach to flood hazard for dam safety implies knowing the probability of dam overtopping due to flood. This practically means that the full probability distribution of reservoir levels needs to be derived so that the exceedance probability of the reservoir level corresponding to the dam crest could be quantified. The IDF standard is necessary for sizing the surcharge storage, height of a dam and outlet works, and could be useful in assessing safety of dams with fairly steady reservoir level (where a full pool assumption is not unreasonable) and without active discharge control systems such as gated spillways or low-level outlets. However, in regard to individual dams or dam systems with fluctuating reservoir elevation and active discharge control systems, the IDF concept is inadequate for use in flood hazard risk assessment analyses.

For those types of dams and dam systems, the IDF, by characterizing inflow to the reservoir, does not provide the necessary information (i.e. magnitude and probability) on the flood hazard in terms of hydraulic forces acting on the dam itself (peak reservoir level). The commonly used solution for this problem is to route the IDF through the reservoir and determine the resulting peak reservoir level, and thereby obtain at least some information (magnitude but not probability) on the flood hazard acting on the dam. In addition, the IDF concept typically assumes that, during an extreme flood, everything operates according to the plan, i.e. accurate reservoir level measurements, spillway gates open as required, necessary personnel available on site, communication lines fully functioning. In other words, the IDF concept does not address possibility of "operational flood" in which a dam could fail due to a combination of a flood that is much smaller than the IDF and one or more operational faults.

The number of possible combinations of unfavourable events causing such a failure is very large and increases with the complexity of the dam or system of dams. Consequently, the probability of dam failure due to an unusual combination of relatively usual unfavourable events, which individually are not safety critical, is larger than the probability of dam failure solely due to an extremely rare flood. Baecher et al. (2013) stated that, for a complex system such as flow control at a dam, the number of possible combinations of unfavorable events is correspondingly as large as the probabilities of any one combination occurring is small. As a result, the chance of at least one pernicious combination occurring can be large. There are many examples of "operational flood" failures; two North American examples are illustrated below:

- Canyon Lake Dam on Rapid Creek in South Dakota failed on June 9th, 1972, resulting in 238 fatalities. The reason for the dam failure was not the lack of flood passing capacity but the inability to use the spillway which was clogged by debris.

- Taum Sauk Dam in Missouri overtopped and failed on December 14th, 2005. The reason for the overtopping was not high inflow but the error in reservoir level measurement (the pressure transducers that monitored reservoir levels became unattached from their supports causing erroneous water level readings, i.e. reported reservoir levels that were lower than actual levels). In addition, the emergency backup reservoir level sensors were installed too high, thereby enabling overtopping to occur before the sensors could register high reservoir level.

Clearly, risk informed decision making for dam safety requires more than the IDF concept. In order to have any scientifically-based idea of the probability of dam overtopping due to floods, it is necessary to focus on estimating probabilities of peak reservoir level. The process can be described as follows:

- The reservoir inflow of a certain probability of exceedance is only the starting value that gets modified by a complex interplay of starting reservoir level, reservoir operating rules and decisions, and reliability of discharge facilities, personnel and measuring equipment on demand.

- À la fin du processus, le débit évacué et le niveau maximal associé du réservoir ont une probabilité de dépassement différente de celle des apports au réservoir.

- La probabilité de dépassement du niveau maximal du réservoir est ce qui détermine la probabilité de rupture du barrage en raison du risque de crue; la probabilité des apports au réservoir n'est plus le paramètre principal, mais seulement l'une des données nécessaires pour calculer la probabilité du niveau maximal du réservoir.

Il faut noter que le niveau maximal du réservoir, contrairement aux apports du réservoir, n'est pas un phénomène naturel et aléatoire et sa distribution de probabilité ne peut pas être calculée analytiquement (par exemple en utilisant des méthodes d'analyse statistique de fréquence). La probabilité du niveau maximal du réservoir est la combinaison des probabilités de tous les facteurs qui l'influencent, y compris les apports au réservoir, le niveau initial du réservoir, les règles d'exploitation du réservoir, la défaillance des composantes du système, l'erreur humaine, l'erreur de mesure, ainsi que les circonstances imprévues. Ainsi, l'approche pour estimer la distribution de probabilité complète du niveau maximal du réservoir consiste en une sorte de simulation stochastique qui inclut autant de ces facteurs et scénarios que possible. Il s'agit d'une analyse multidisciplinaire complexe qui dépasse actuellement les capacités techniques de certains propriétaires de barrages. Cependant, sans cela, une gestion appropriée de la sécurité des barrages en tenant compte des risques n'est pas possible. Le principal objectif de l'approche de simulation stochastique du risque de crue est de réaliser une analyse probabiliste de diverses caractéristiques de crues (apports, débit sortant, niveau maximal du réservoir) résultant de crues sur un système de barrage et de dériver les distributions de probabilités qui peuvent être utilisées pour évaluer la probabilité de dépassement des différents niveaux de réservoir dont le niveau correspondant à la crête du barrage (niveau de déversement du barrage) ainsi que le niveau résultant de la CMP. De cette façon, différents critères de conception pourraient être considérés et évalués à divers niveaux de fréquence des crues, s'écartant ainsi des critères de conception déterministes stricts «réussite/échec » largement utilisés.

3.2.   PRINCIPES DE BASE DE L'APPROCHE STOCHASTIQUE DE RISQUES DE CRUES

Dans les approches déterministes, une caractéristique de crue (par exemple, apports, débit sortant, niveau du réservoir) est le résultat d'une combinaison spécifique de données météorologiques, hydrologiques et de laminage de la crue dans les réservoirs. Par exemple, le niveau maximal du réservoir résultant de la CMP est calculé à l'aide d'une combinaison spécifique des données suivantes:

- Précipitations et distributions spatiales et temporelles sur le bassin versant (généralement fournies sous forme de précipitations maximales probables);

- Épaisseur initiale du couvert de neige dans le bassin versant;

- Séquence de température de l'air lors de la CMP;

- Teneur initiale en humidité du sol du bassin versant;

- Niveau initial du réservoir;

- Disponibilité et séquence d'opération des ouvrages de contrôle.

D'un autre côté, les approches stochastiques traitent ces données comme des variables au lieu de valeurs fixes considérant le fait que toute caractéristique de crue pourrait être causée par un nombre infini de combinaisons différentes de données. La variation des différentes données liées aux crues est obtenue par échantillonnage stochastique soit à partir de distributions empiriques, soit de distributions de probabilité théoriques ajustées aux données observées. La plupart des analyses de crues stochastiques supposent la stationnarité du processus, c'est-à-dire que les distributions de probabilité des données ne changent pas avec le temps. Par conséquent, ils ne saisissent pas les changements potentiels des paramètres hydrométéorologiques et leurs interrelations qui pourraient résulter d'un changement climatique à long terme.

- At the end of the process, the reservoir outflow and associated peak reservoir level have different exceedance probability than the reservoir inflow that started the process.

- The exceedance probability of the peak reservoir level is what determines the probability of dam failure due to flood hazard; the probability of the reservoir inflow is no longer the major driving parameter, but only one of the inputs needed to calculate the probability of the peak reservoir level.

Note that the peak reservoir level, unlike the reservoir inflow, is not a natural and random phenomenon and its probability distribution cannot be computed analytically (e.g. by using statistical frequency analysis methods). The probability of the peak reservoir level is the combination of probabilities of all factors that influence it, including reservoir inflows, initial reservoir level, reservoir operating rules, system components failure, human error, measurement error, as well as unforeseen circumstances. Thus, the approach to estimating the full probability distribution of the peak reservoir level consists of some kind of stochastic simulation that includes as many of these factors and scenarios as possible. It is a complex multi-disciplinary analysis which is currently beyond technical capabilities of some dam owners. However, without it, the proper risk-informed dam safety management is not possible. The main goal of stochastic simulation approach to flood hazard is to carry out probabilistic analysis of various flood characteristics (inflow, outflow, peak reservoir level) resulting from floods on a dam system and derive the continuous probability distributions which could then be used to evaluate exceedance probabilities of various reservoir levels including the level corresponding to the dam crest (dam overtopping level) as well as the level resulting from the PMF. That way, different design criteria could be considered and evaluated at various flood frequency levels, thereby departing from widely used strict "pass/fail" deterministic design criteria.

3.2.   BASIC PRINCIPLES OF STOCHASTIC APPROACH TO FLOOD HAZARD

In deterministic approaches, a particular flood characteristic (e.g. inflow, outflow, routed reservoir level) is the result of a fixed combination of meteorological, hydrological and reservoir routing-related inputs. For instance, the peak reservoir level resulting from the PMF is derived using a fixed combination of the following inputs:

- Rainfall magnitude and its spatial and temporal distributions over the watershed (typically provided in form of Probable Maximum Precipitation)

- Initial snowpack accumulation within the watershed

- Air temperature sequence during the PMF event

- Initial soil moisture content of the watershed

- Initial reservoir level

- Availability and operating sequence of discharge

On the other hand, stochastic approaches treat those inputs as variables instead of fixed values considering the fact that any flood characteristic could be caused by an infinite number of different combinations of inputs. The variation of the flood-producing input parameters is achieved by stochastic sampling either from empirical distributions or from theoretical probability distributions fitted to observed data. Note that most stochastic flood analyses assume process stationarity, i.e. probability distributions of input parameters are not changing over time. Consequently, they do not capture potential changes in hydrometeorological parameters and their inter-relationships that could result from long-term climate change.

Toutes les approches stochastiques pour évaluer le risque de crues ont en commun l'utilisation d'un modèle de bassin versant déterministe (c'est-à-dire un modèle pluie/ruissellement) pour convertir les précipitations et la fonte de la neige/glaciers en ruissellement du bassin versant, qui devient finalement l'apport au réservoir. En termes de simulation de modèle de bassin versant, les méthodes d'analyse stochastique de crue pourraient être basées sur:

- La simulation d'un événement où un modèle de bassin versant est utilisé pour convertir un événement de tempête de pluie[6] d'une certaine probabilité en un hydrogramme de crue (généralement d'une durée de 3 à 7 jours). Les conditions initiales du bassin versant telles que la teneur en humidité du sol et le couvert de neige doivent être estimées et décrites par une approche stochastique.

- Une simulation continue où le modèle de bassin versant est utilisé pour convertir des séries chronologiques de précipitations historiques ou synthétiques en un enregistrement continu des données de réservoirs à partir duquel les fortes crues peuvent être directement extraites. Dans ce cas, les conditions initiales du bassin versant sont continuellement prises en compte par le modèle de bassin versant, ce qui est un avantage évident par rapport aux approches de simulation basées sur les événements.

Boughton et Droop (2003) ont présenté une analyse de la simulation continue pour l'estimation des crues de conception. Malgré les avantages théoriques, il convient de noter que les modèles de simulation continue sont confrontés au défi de la complexité des modèles nécessaires pour représenter avec précision la gamme complète des eaux de ruissellement des bassins versants, des sécheresses et des faibles débits aux très grandes crues généralement nécessaires pour les applications de sécurité des barrages. Nathan (2017) a fourni une excellente discussion sur des questions particulières qui devraient être soigneusement examinées avant d'utiliser des modèles de simulation continue pour dériver des courbes de fréquence des crues sur une plage de probabilité pertinente pour la sécurité des barrages (c'est-à-dire des périodes de retour de 1 000 ans et plus). Un exemple de simulation continue utilisé pour l'estimation des crues de projet est la méthode GRADE (Hegnauer et coll., 2014) développée aux Pays-Bas et utilisée pour calculer les débits de conception pour le Rhin et la Meuse ayant des bassins versants respectifs de 165 000 et 21 000 km^2. Un générateur de conditions météorologiques stochastique basé sur le rééchantillonnage « du plus proche voisin » est utilisé pour produire des séries de précipitations et de températures qui préservent les propriétés statistiques des données originales observées historiquement. Des données synthétiques de précipitations et de température sont générées simultanément à plusieurs endroits afin de préserver la distribution spatiale sur le bassin versant, sans faire d'hypothèses sur les distributions conjointes sous-jacentes. L'enregistrement continu de 50 000 ans de données météorologiques quotidiennes est simulé à l'aide d'une simple technique de rééchantillonnage non paramétrique où les précipitations quotidiennes sont rééchantillonnées à partir des données historiques (56 ans pour le bassin du Rhin; 73 ans pour le bassin de la Meuse).

Cette approche ne génère pas des quantités de précipitations quotidiennes supérieures à celles observées historiquement; cependant, la technique de rééchantillonnage avec remplacement crée des modèles temporels différents, ce qui entraîne des quantités de pluie sur plusieurs jours supérieures à celles observées dans les données historiques. Un modèle de bassin versant est utilisé pour calculer le ruissellement à partir de cette série synthétique de précipitations et de températures; le ruissellement est ensuite acheminé à l'aide d'un modèle hydrodynamique pour tenir compte des complexités associées aux crues le long des tronçons de rivière. Cette procédure permet d'obtenir une séquence continue de 50 000 ans de débits journaliers aux points d'entrée aux Pays-Bas (ou à proximité) des fleuves Rhin et Meuse. Enfin, les crues pour les différentes périodes de retour sont obtenues en classant, par ordre croissant, les débits annuels maximums dans la séquence de 50 000 ans, où le rang dans cet ensemble ordonné détermine la période de retour. La principale source d'incertitude de la méthode GRADE est la longueur relativement courte des séries historiques de précipitations et de températures utilisées dans le générateur stochastique. L'utilisation de moins de 100 ans de données historiques pour générer 50 000 ans de données synthétiques affecte la capacité de capturer avec précision la variabilité d'une année à l'autre sur de longues périodes.

---

[6] Événement de précipitation

Another thing that all stochastic approaches to flood hazard for dam safety have in common is the use of a deterministic watershed model (i.e. rainfall-runoff model) to convert rainfall and snow/glacier melt into watershed runoff, which ultimately becomes the reservoir inflow. In terms of watershed model simulation, the stochastic flood hazard methods could employ:

- Event-based simulation where a watershed model is used to convert rainfall storm event[7] of certain probability into a flood hydrograph (typically 3-7 days duration). Initial watershed conditions such as soil moisture content and snowpack accumulation have to be assumed and described stochastically.

- Continuous simulation where watershed model is used to convert historical or synthetic rainfall time series into a continuous reservoir inflow record from which flood events of interest can be directly extracted. In this case, initial watershed conditions are continuously accounted for by the watershed model, which is an obvious advantage over event-based simulation approaches.

Boughton and Droop (2003) presented a review of continuous simulation for design flood estimation. Despite their theoretical advantages, it should be noted that continuous simulation models face the challenge of model complexity needed to accurately represent the full range of watershed runoff, from droughts and low flows to very large floods typically needed for dam safety applications. Nathan (2017) provided an excellent discussion on some particular issues that should be carefully considered prior to using continuous simulation models to derive flood frequency curves over a probability range of relevance to dam safety (i.e. return periods of 1,000-years and beyond). An example of continuous simulation used for design flood estimation is the GRADE method (Hegnauer et al., 2014) developed in the Netherlands and used to derive design discharges for the rivers Rhine and Meuse with drainage areas of 165,000 and 21,000 km^2, respectively. Stochastic weather generator based on the nearest-neighbour resampling is used to produce rainfall and temperature series that preserve statistical properties of the original, historically observed data. Synthetic rainfall and temperature data are generated at multiple locations simultaneously in order to preserve their spatial distribution over the watershed, without making assumptions about the underlying joint distributions. The continuous record of 50,000 years of daily weather data is simulated using a simple nonparametric resampling technique where daily rainfall amounts are resampled from the historical record (56-year for the Rhine basin; 73-year for the Meuse basin) with replacement.

Note that this approach does not generate daily rainfall amounts greater than those observed in the historical record; however, the technique of resampling with replacement creates different temporal patterns resulting in multi-day rainfall amounts higher than those observed in the historical record. A watershed model is used to calculate runoff from this synthetic rainfall and temperature series, and the runoff is then routed using a hydrodynamic model to account for complexities associated with retention and flooding along particular river stretches. This procedure yields the continuous record of 50,000 years of daily discharges at or near the points where rivers Rhine and Meuse enter the Netherlands. Finally, the flood values for the various return periods are obtained by ranking the annual maximum discharges in the generated 50,000-year sequence in the ascending order, where the rank in this ordered set determines the return period. The main source of uncertainty in the GRADE method is the relatively short length of the historical precipitation and temperature series used in the stochastic weather generator. Using less than 100 years of historical data to generate 50,000 years of synthetic data affects the ability to accurately capture year-to-year variability over the long periods of time.

---

[7] Precipitation event

Par exemple, le rééchantillonnage à partir d'une série de référence relativement humide entraînera des séries synthétiques de longue durée relativement humides, ce qui à son tour augmentera l'incertitude associée aux valeurs de débit de crue dérivées, en particulier pour les périodes de retour plus élevées. Cette incertitude est reflétée dans les résultats de fréquence de crue pour la Meuse; la meilleure estimation de la crue de 10 000 ans est de 4 400 m³/s avec une plage d'incertitude à 95% variant de 3 250 à 5 550 m³/s.

Enfin, il existe des approches stochastiques qui s'inscrivent quelque part entre la simulation événementielle et la simulation continue - elles pourraient être appelées approches semi-continues ou hybrides. Elles utilisent un modèle de bassin versant calibré pour représenter de manière adéquate le comportement du système hydrologique sur une longue période continue pour laquelle une série de données climatiques historiques est disponible. Cette base de données continue des conditions initiales des bassins versants peut être échantillonnée stochastiquement à tout moment/saison. Elle peut être combinée avec un événement pluviométrique d'une certaine durée et probabilité, déterminé à partir de la relation intensité-fréquence des précipitations. Le résultat final consiste en des milliers d'hydrogrammes de crues couvrant les conditions normales à extrême. L'avantage de cette approche, par rapport à l'approche de simulation basée sur les événements, consiste dans le fait que les distributions statistiques des conditions initiales du bassin versant (avant la tempête) sont probablement plus réalistes puisqu'elles n'ont pas à être déterminées arbitrairement. L'avantage par rapport à l'approche de simulation continue est qu'il n'est pas nécessaire d'effectuer la tâche difficile de générer des milliers d'années de précipitations synthétiques continues et des séquences de température d'une précision douteuse. SEFM (Schaefer et Barker, 2002) et SCHADEX (Paquet et coll., 2013) sont des exemples de modèles de crues stochastiques semi-continus ou hybrides.

En ce qui concerne la complexité globale de l'approche de modélisation stochastique des risques de crues, il convient de mentionner qu'il pourrait y avoir divers niveaux de complexité allant d'approches stochastiques relativement simples à extrêmement complexes. Par exemple, il est possible de préparer un modèle stochastique relativement simple dans lequel seuls un ou deux paramètres importants sont définis comme des variables et doivent être générés de manière stochastique, tandis que toutes les autres données peuvent être traitées comme des valeurs fixes. Un modèle très complexe peut avoir de nombreux paramètres et données de modèle définis comme des variables et également prendre en compte l'incertitude de chacun d'eux. Les paramètres les plus importants dépendent du système de barrage/réservoir, mais aussi des paramètres de sortie qui doivent être calculés. Par exemple, un ensemble de variables stochastiques pour le chargement et la résistance d'un barrage peut être suffisant pour calculer la probabilité de rupture, mais pas pour calculer le risque de rupture car dans ce cas, des variables stochastiques supplémentaires associées aux conséquences de la rupture d'un barrage peuvent être requises.

3.3. PRINCIPAUX ASPECTS DE LA MODÉLISATION STOCHASTIQUE DU RISQUE DE CRUE POUR LA SÉCURITÉ DES BARRAGES

Il existe trois aspects distincts de simulation stochastique des crues pour un système hydrique constitué d'un ou de plusieurs barrages et réservoirs.

1. Simulation du ruissellement naturel du bassin versant local et des apports dans le réservoir.

2. Simulation des règles d'exploitation des réservoirs (le cas échéant), c'est-à-dire le laminage des crues pour un seul réservoir ou un système de plusieurs barrages et réservoirs.

3. Simulation de la disponibilité, lorsqu'applicable, de divers aspects du système tels que la défaillance de différents ouvrages de contrôle, les erreurs de télémétrie, les erreurs humaines d'opération ou une combinaison de ces aspects.

For instance, resampling from a relatively wet baseline series will result in relatively wet long-duration synthetic series, which in turn will increase uncertainty associated with derived flood discharge values, especially for higher return periods. This large uncertainty is reflected in the GRADE flood frequency results for the Meuse River, where the best estimate of 10,000-yr flood of 4,400 m³/s is given with the 95% uncertainty range of 3,250 to 5,550 m³/s.

Finally, there are stochastic approaches that fit somewhere in between event-based simulation and continuous simulation – they could be called semi-continuous or hybrid approaches. They utilize a watershed model that has been calibrated to satisfactorily represent hydrological behaviour of the watershed over a long continuous period for which historical record of climate input data is available. This creates a continuous database of watershed initial conditions which can be stochastically sampled at any time/season of the year and combined with a rainfall event of a certain duration and probability, sampled from rainfall magnitude-frequency curve. The end result is thousands of flood hydrographs ranging in magnitudes from common to extreme. The advantage over event-based simulation approach is that statistical distributions of initial (pre-storm) watershed conditions are likely more realistic since they do not have to be arbitrarily assumed. The advantage over continuous simulation approach is that there is no need to carry out the difficult task of generating thousands of years of continuous synthetic rainfall and temperature sequences of questionable accuracy. Examples of semi-continuous or hybrid stochastic flood models are SEFM (Schaefer and Barker, 2002) and SCHADEX (Paquet et al., 2013).

With regard to overall complexity of stochastic modelling approach to flood hazard, it should be mentioned that there could be different levels of complexity ranging from relatively simple to extremely complex stochastic frameworks. For instance, we can set up a relatively simple stochastic model in which only one or two most important parameters are defined as variables and need to be stochastically generated, while all other inputs can be treated as fixed values. A very complex model can have many inputs and model parameters defined as variables and also consider uncertainty of each of them. What the most important parameters are, depends on the dam/reservoir system, but also on the output parameters that need to be calculated. For example, a set of stochastic variables for loading and strength of a dam may be enough to calculate the failure probability, but not to calculate the flood risk because in that case, one may also need additional stochastic variables associated with the consequences of dam failure.

3.3.   MAIN ASPECTS OF STOCHASTIC FLOOD HAZARD MODELLING FOR DAM SAFETY

There are three distinct aspects of stochastic flood simulation for a hydroelectric system consisting of a single or multiple dams and reservoirs.

1. Simulation of natural runoff from the local watershed and inflow into the reservoir.

2. Simulation of reservoir operating rules (if any), i.e. flood routing for a single reservoir or a system of multiple dams and reservoirs.

3. Simulation of on-demand availability of various system components such as failure of different discharge facilities, telemetry errors, human operator errors, or some combination of those.

Idéalement, les trois aspects sont combinés dans le cadre de simulation stochastique, et plusieurs milliers d'années de valeurs maximales annuelles de tempêtes et de crues extrêmes sont générées par simulation informatique. La simulation de chaque année comprend un ensemble de paramètres climatiques et de tempête qui sont échantillonnés selon des procédures de Monte Carlo basées sur les données historiques et préservant les dépendances entre les différentes données hydrométéorologiques. L'utilisation d'un modèle de ruissellement combiné au laminage des crues à travers le système de réservoirs et la défaillance/disponibilité modélisée de manière stochastique de divers composants du système permet de calculer une série de plusieurs milliers d'années de maxima annuels de crue. Les caractéristiques des crues simulées telles que le débit de pointe entrant, le débit maximal sortant du réservoir, le volume d'apports et le niveau maximal du réservoir sont les principaux résultats recherchés.

Il est extrêmement difficile, voire impossible, de couvrir avec précision ces trois aspects de la simulation stochastique des crues en raison de la complexité du système barrage/réservoir et de toutes les interactions possibles entre ses composants. C'est pourquoi, dans les applications pratiques, tous les paramètres considérés pour générer les crues ne sont pas modélisés avec autant de précision - certains sont traités comme des variables stochastiques, et certains sont fixes ou pas du tout modélisés. Par exemple, le troisième aspect de la simulation des risques de crues mentionné ci-dessus (simulation stochastique de la disponibilité de divers composants du système) est rarement modélisé en raison de la complexité et des difficultés de représentation des distributions de probabilité des variables telles que la défaillance du déversoir ou l'erreur humaine. Une étude de Micovic et coll. (2016) couvre ces trois aspects de simulation stochastique des risques de crues sur un système de trois barrages et réservoirs avec des niveaux de réservoir fluctuant de manière saisonnière et des ouvrages de contrôle actifs. Le but de l'étude consistait à examiner comment la prise en compte des fonctions de probabilité de défaillance des vannes d'évacuateurs dans le cadre de modélisation stochastique des crues affecte la probabilité de dépassement en crête du barrage. Les résultats indiquent que le niveau en crête des barrages est beaucoup plus susceptible d'être dépassé suite à une combinaison inhabituelle d'événements individuels relativement courants qu'en raison d'un seul événement de crue extrême. Ces trois aspects du cadre de simulation stochastique sont abordés dans les sections suivantes.

3.3.1. *Simulation stochastique des apports*

Un exemple de données hydrométéorologiques utilisées dans un modèle de crue stochastique et leurs relations entre-elles sont présentées au Tableau 3.1. Les relations naturelles entre les variables sont courantes lors de la collecte des variables hydrométéorologiques. Les relations/corrélations naturelles sont préservées dans les procédures d'échantillonnage en mettant un accent particulier sur les relations saisonnières. Par exemple, l'échantillonnage des niveaux de congélation dépend à la fois du mois d'occurrence et de la hauteur des précipitations sur 24 heures. L'humidité du sol du bassin versant, le couvert de neige et le niveau initial du réservoir sont tous interdépendants et intrinsèquement corrélés à l'intensité et au patron des précipitations quotidiennes, hebdomadaires et mensuelles. Ces interrelations sont établies par calibration des séries de débits historiques dans la modélisation continue à long terme des bassins versants et les variables d'état sont enregistrées pour chaque jour de la période de calibration (généralement 25 ans ou plus). Ces interrelations sont préservées pour chaque simulation de crue grâce à une procédure de rééchantillonnage

Ideally, all three aspects are combined within the stochastic simulation framework, and multi-thousand years of extreme storm and flood annual maxima are generated by computer simulation. The simulation for each year contains a set of climatic and storm parameters that are sampled through Monte Carlo procedures based on the historical record and collectively preserved dependencies among different hydrometeorological inputs. Execution of a rainfall- runoff model combined with reservoir routing of the inflow floods through the system and stochastically modelled failure/availability of various system components provides the computation of a corresponding multi-thousand year series of annual flood maxima. Simulated flood characteristics such as peak inflow, maximum reservoir release, inflow volume, and maximum reservoir level are the parameters of interest.

However, it is extremely difficult if not impossible to accurately cover all three aspects of stochastic flood simulation due to the enormous complexity of a dam/reservoir system and all possible interactions among its components. That is why in practical applications not all flood producing factors are modelled to the same extent - some are treated as stochastic variables, and some are fixed or not modelled at all. For instance, the third aspect of flood hazard simulation mentioned above (stochastic simulation of on-demand availability of various system components) is rarely carried out due to complexities and difficulties in describing probability distributions of variables such as spillway gate failure or human error. A recent study by Micovic et al. (2016) attempted to cover all three aspects of stochastic flood hazard simulation on a system of three dams and reservoirs with seasonally fluctuating reservoir levels and active discharge control systems. The aim of the study was to examine how the inclusion of spillway gate failures likelihood functions in the stochastic flood modelling framework affects the probability of dam overtopping. The results indicated that dams are much more likely to be overtopped due to an unusual combination of relatively common individual events than due to a single extreme flood event. The all three aspects of stochastic simulation framework are discussed in the following sections.

3.3.1. Stochastic simulation of reservoir inflows

An example of hydrometeorological inputs to stochastic flood model and the dependencies that exist in the stochastic simulation of a particular input are listed in Table 3.1. Note that natural dependencies are prevalent throughout the collection of hydrometeorological variables. The natural dependencies/correlations are preserved in the sampling procedures with a particular emphasis on seasonal dependencies. For instance, the sampling of freezing levels is conditioned on both month of occurrence and 24-hour precipitation magnitude. The watershed conditions for soil moisture, snowpack, and initial reservoir level are all inter-related and inherently correlated with the magnitude and sequencing of daily, weekly and monthly precipitation. These inter-relationships are established through calibration to historical streamflow records in long-term continuous watershed modelling and the state variables are stored for each day of the calibration period (typically 25-years or more). The inter-dependencies are preserved for each flood simulation through a resampling procedure.

Table 3.1
Apports hydrométéorologiques pour le réseau de la rivière Campbell (BC Hydro)

Données du modèle	Relation	Modèle de probabilité	Commentaires
Aspects saisonniers des tempêtes	Indépendant	Distribution normale	Occurrences de tempête à la fin du mois
Précipitations sur 72 heures	Indépendant	Distribution Kappa à 4 paramètres	Développé à partir d'analyses régionales des précipitations et d'analyses spatiales des tempêtes
Distribution temporelle / spatiale des tempêtes	Indépendant	Rééchantillonnage à partir de tempêtes historiques de probabilité similaire	15 prototypes de tempêtes. Séries chronologiques de 72 à 144 heures
Modèles temporels de température de l'air et de niveau de congélation	Les modèles temporels sont ajustés aux tempêtes prototypes	Rééchantillonnage à partir des tempêtes historiques	Modèle indexé. Température pour 1000 mb et niveau de congélation pour une journée de pluie max. de 24 heures
Température de l'air pour 1000 mb	Intensité de la tempête	Modèle stochastique basé sur les caractéristiques physiques	Jours de tempête pour des précipitations maximales sur 24 heures
Taux de décroissance de la température de l'air	Indépendant	Distribution normale	Jours de tempête pour des précipitations maximales sur 24 heures
Niveau de congélation	Température pour 1000 mb, taux de décroissance de la température et intensité de la tempête	Modèle stochastique basé sur les caractéristiques physiques	Lors de tempête pour les jours de précipitations maximales sur 24 heures
Conditions antécédentes du modèle de bassin versant (couvert de neige, humidité du sol)	Saisonnalité de la tempête	Rééchantillonnage des conditions historiques d'octobre 1983 à aujourd'hui	Échantillonné à partir des fichiers de conditions antécédentes. Année échantillonnée est indépendante. Mois échantillonné correspond au mois échantillonné en tenant compte de la saisonnalité des tempêtes
Niveau initial du réservoir	Saisonnalité des conditions antécédentes du modèle de tempête et de bassin versant	Rééchantillonnage des conditions historiques avec les règles d'exploitation actuelles du réservoir (1998- maintenant)	Échantillonné à partir des niveaux d'eau enregistrés. Précipitations antérieures similaires à l'année échantillonnée pour les conditions antérieures du modèle de bassin versant.

Table 3.1
Hydrometeorological Inputs to SEFM for BC Hydro's Campbell River System

Model input	Dependencies	Probability model	Comments
Storm seasonality	Independent	Normal distribution	End-of-month storm occurrences
72-hour precipitation magnitude	Independent	4-parameter Kappa distribution	Developed from regional precipitation analyses and isopercental spatial storm analyses
Temporal/spatial distribution of storms	Independent	Resampling from equally-likely historical storms	15 prototype storms, 72-hour to 144-hour long time-series
Air temperature and freezing level temporal patterns	Temporal patterns are matched one-to-one to prototype storms	Resampling from historical storms	Pattern indexed to 1,000 mb temperature and freezing level for day of max. 24hr precipitation
Air temperature at 1,000 mb	Storm magnitude	Physically-based stochastic model	For day of maximum 24-hour precipitation in storm
Air temperature lapse-rate	Independent	Normal distribution	For day of maximum 24-hour precipitation in storm
Freezing level	1,000-mb temperature, temperature lapse-rate and storm magnitude	Physically-based stochastic model	For day of maximum 24-hour precipitation in storm
Watershed model antecedent conditions (snowpack, soil moisture)	Seasonality of storm	Resampling of historical conditions Oct 1983 – present	Sampled from antecedent condition files. Sampled year is independent, sampled month corresponds to month sampled from seasonality of storm occurrence.
Initial reservoir level	Seasonality of storm and watershed model antecedent conditions	Resampling of historical conditions with the same reservoir operating rules as the current ones (1998 – now)	Sampled from recorded reservoir level data. Sampled year has similar antecedent precipitation as year sampled for watershed model antecedent conditions.

3.3.1.1. Aspects saisonniers des tempêtes

L'occurrence saisonnière des tempêtes est définie par la distribution mensuelle d'occurrence historique de tempêtes ayant une couverture de surface étendue et qui se sont produites sur la zone d'étude. Ces informations permettent de sélectionner la date d'occurrence de la tempête pour une simulation stochastique donnée. Le concept de base implique que les caractéristiques saisonnières des tempêtes extraordinaires utilisées dans les simulations stochastiques devraient être les mêmes que la saisonnalité de toutes les tempêtes importantes dans les données historiques. Le terme «important» est quelque peu subjectif, mais il se réfère généralement aux événements de tempête où les précipitations maximales pour une durée de tempête donnée dépassent une période de retour de 10 ans à au moins trois jauges de mesures dans la zone d'étude. Ce critère garantit que seules les tempêtes ayant à la fois des quantités de précipitations inhabituelles et une large couverture de surface seront prises en compte dans l'analyse.

La Figure 3.1 montre un exemple de cette procédure appliquée au bassin hydrographique de la rivière Campbell (1 463 km²) sur l'île de Vancouver, en Colombie-Britannique (Canada), en considérant des tempêtes de 72 heures. La procédure a abouti à l'identification de 69 tempêtes importantes au cours de la période 1896-2009. Un diagramme de probabilité a été développé en utilisant des dates de tempête numériques (9,0 correspond au 1er septembre, 9,5 au 15 septembre, 10,0 au 1er octobre, etc.); il a été validé que les données de saisonnalité pouvaient être bien représentées par une distribution normale. Un histogramme de fréquence a ensuite été construit sur la base de la distribution normale ajustée pour illustrer la distribution bimensuelle des dates des tempêtes significatives dans un cadre de simulation stochastique.

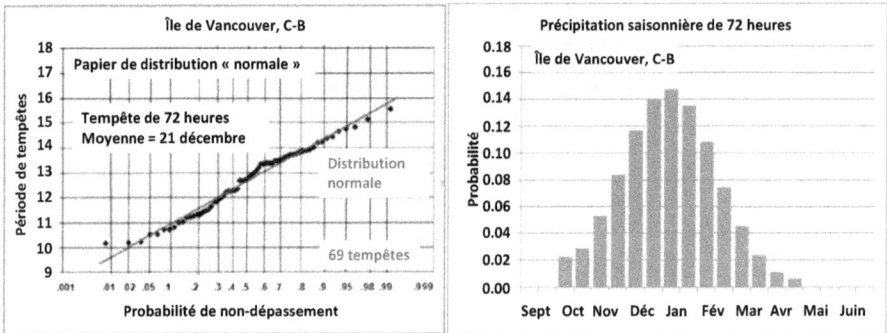

Fig. 3.1
Diagramme de probabilité et histogramme de fréquence de la saisonnalité des tempêtes pour le bassin versant de la rivière Campbell, Canada

La Figure 3.1 montre que d'importantes tempêtes se sont produites entre le début d'octobre et la mi-mars, avec une date moyenne du 21 décembre. La probabilité d'occurrence d'une tempête pour un milieu ou une fin de mois donné peut être déterminée à partir de l'histogramme des fréquences bimensuelles incrémentielles présentées à la Figure 3.1 (par exemple, probabilité nulle pour la mi-septembre et 0.0228 pour la fin septembre).

3.3.1.2. Relation intensité-fréquence des précipitations

De manière générale, les crues peuvent résulter de tempêtes de durées différentes. Cela est particulièrement vrai pour les très grands bassins versants (par exemple supérieurs à 10 000 km²), où des crues importantes pourraient provenir de tempêtes intenses de courte durée ne couvrant qu'une partie du bassin versant, ou d'une tempête synoptique générale de plus longue durée couvrant l'ensemble du bassin versant.

3.3.1.1. Storm seasonality

The seasonality of storm occurrence is defined by the monthly distribution of the historical occurrences of storms with widespread areal coverage that have occurred over studied area. This information is used to select the date of occurrence of the storm for a given stochastic simulation. The basic concept is that the seasonality characteristics of extraordinary storms used in stochastic flood simulations should be the same as the seasonality of all significant storms in the historical record. The term "significant" is somewhat subjective, but it usually refers to storm events where precipitation maxima for a given storm duration exceeds a 10- year return period at three or more precipitation gauges within the studied area. This criterion assures that only storms with both unusual precipitation amounts and broad areal coverage would be considered in the analysis.

Figure 3.1 shows an example of this procedure applied to the 1,463 km² Campbell River watershed on Vancouver Island, BC, Canada and using the 72-hr storm duration. The procedure resulted in identification of 69 significant storms within the 1896-2009 period. A probability- plot was developed using numeric storm dates (9.0 is September 1st, 9.5 is September 15th, 10.0 is October 1st, etc.) and it was determined that the seasonality data could be well described by a Normal distribution. A frequency histogram was then constructed based on the fitted Normal distribution to depict the twice-monthly distribution of the dates of significant storms for input into a stochastic simulation framework.

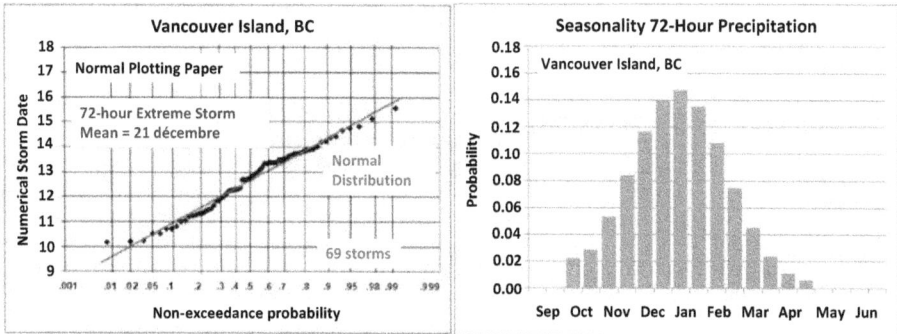

Fig. 3.1
Probability plot and frequency histogram of storm seasonality for the
Campbell R. watershed in Canada

Figure 3.1 shows that significant historical storms have occurred in the period from early October through about mid-March with a mean date of December 21st. The probability of occurrence of a storm for any given mid-month or end-of-month can be determined from the incremental bi-monthly frequencies depicted in the Figure 3.1 histogram (e.g. zero probability for September mid-month, and probability of 0.0228 for September end-month).

3.3.1.2. Precipitation magnitude-frequency relationship

Generally speaking, floods could result from storms of various durations. This is especially true for very large watersheds (e.g. > 10,000 km²), where significant floods could originate from intense short-duration storms covering only a part of the watershed, or from a wide-spread general synoptic storm of longer duration that cover the entire watershed area.

La direction de la tempête et sa vitesse de déplacement sur le bassin versant sont également des facteurs importants. Par conséquent, un processus de modélisation stochastique approprié des crues devrait consister à échantillonner des tempêtes de différentes durées, à partir de leurs distributions de fréquences respectives et de l'intensité des crues, en fonction de la fréquence observée des tempêtes de différentes durées utilisées pour produire lesdites crues.

Cette approche implique l'existence d'une relation précipitation-fréquence distincte pour toutes les durées de tempête considérées. Cependant, la modélisation stochastique est souvent simplifiée en choisissant la «durée critique des tempêtes» pour un bassin versant particulier et en dérivant une relation précipitation-fréquence uniquement pour cette durée. Cette simplification est particulièrement efficace pour les bassins versants dont la taille est inférieure à environ 5 000 km² où il est relativement facile de déterminer la durée typique des tempêtes à partir des jauges de précipitations dans la région, et où l'exclusion d'autres durées de tempête dans la simulation de crues stochastiques aurait un effet relativement mineur sur la précision globale.

La grande majorité des stations de précipitations enregistrent sur une base journalière, ce qui se traduit par des choix logiques de durée pour l'analyse de la fréquence des précipitations de 1 jour, 2 jours, 3 jours ou 4 jours. Par exemple, l'expérience de BC Hydro montre que pour les bassins versants de la zone côtière de la Colombie-Britannique, la durée de 72 heures (3 jours) est la plus représentative de la durée typique des tempêtes, alors que pour certains bassins versants de l'intérieur de la Colombie-Britannique, une durée de 48 heures est plus représentative. De même, Électricité de France utilise généralement une durée de 3 jours dans son modèle stochastique SCHADEX pour la plupart des bassins versants français, certains petits bassins versants sujets aux crues soudaines étant traités avec des durées de tempêtes plus courtes.

La période de retour des précipitations pertinentes pour les analyses de sécurité des barrages est généralement de plusieurs ordres de grandeur plus élevés que la période de retour des précipitations historiquement observées. En tant que telle, l'estimation de cette gamme de précipitations présente des difficultés particulières et nécessite l'extrapolation de séries de données historiques relativement courtes. Cette extrapolation est difficile, d'autant plus que les données de précipitations sont généralement le plus important facteur permettant de dériver des hydrogrammes de crues de manière stochastique. Il existe différentes façons d'effectuer une telle extrapolation et d'obtenir la relation intensité-fréquence des précipitations sur l'ensemble du domaine de probabilité d'intérêt, y compris les périodes de retour de 10 000 ans et au-delà. Quelques exemples sont décrits ci-après:

1. Dans le modèle SEFM (Schaefer et Barker, 2002), l'analyse intensité-fréquence des précipitations est effectuée en effectuant une analyse régionale du moment L (Hosking et Wallis, 1997). En effectuant une analyse régionale de la fréquence des précipitations, il est possible de compenser la courte période d'enregistrements hydrométéorologiques disponibles en considérant une plus grande zone d'étude. Cette approche tire parti du fait que la taille de la zone d'étude est beaucoup plus grande que la couverture surfacique typique des tempêtes pour la durée recherchée; il y aura de nombreuses tempêtes dans l'ensemble de données régionales ayant des périodes de retour plus élevées que celles indiquées par la durée des séries historiques.

L'application de cette approche au bassin hydrographique de la rivière Campbell en amont du barrage de Strathcona sur l'île de Vancouver, en Colombie-Britannique (Canada), comprenait la collecte de données de toutes les tempêtes à des endroits qui étaient climatologiquement similaires à la région de la rivière Campbell. Les données de la série de valeurs maximales annuelles de précipitations ont été rassemblées pour la durée critique (72 heures dans ce cas) à partir de toutes les stations de l'île de Vancouver et des stations situées entre 47° et 52° de latitude N de la côte du Pacifique vers l'est jusqu'à la crête de la chaîne côtière (Canada) et de la chaîne des Cascades (États-Unis). Ceci totalise 143 stations ayant 25 ans ou plus d'enregistrement et 6 609 stations-années d'enregistrement. La relation intensité-fréquence (Figure 3.2) a été développée au moyen d'analyses régionales du moment L des précipitations ponctuelles et d'analyses spatiales des tempêtes historiques pour développer des relations « point à zone » et déterminer les précipitations moyennes sur le bassin versant en utilisant une distribution Kappa à 4 paramètres. Les limites de confiance ont été développées au moyen de la méthode d'échantillonnage de « l'hypercube latin » (McKay et coll., 1979; Wyss et Jorgenson, 1998) où les rapports régionaux des moments L et les paramètres de distribution Kappa ont été modifiés pour assembler 150 ensembles de paramètres et effectuer une simulation de Monte Carlo en utilisant différentes distributions de probabilités pour les paramètres individuels.

The direction of the storm and its speed of movement over the watershed is also an important factor. Consequently, proper stochastic flood modelling process should be sampling rainfall storms of different duration from their respective frequency distributions and weight modelled floods according to the observed frequency of different duration rainfall storms used to produce said floods.

This approach implies the existence of separate rainfall-frequency relationship for all considered storm durations. However, the stochastic modelling is often simplified by choosing so called "critical storm duration" for a particular watershed and deriving a rainfall-frequency relationship only for that duration. This simplification is particularly effective in watersheds with drainage area sizes under approximately 5,000 km^2 where it was relatively easy to determine the typical storm duration from precipitation gauges in the area, and where exclusion of other storm durations in stochastic flood simulation would have relatively minor effect on overall accuracy.

The vast majority of precipitation stations record on a daily basis which results in logical choices of the 1-day, 2-day, 3-day or 4-day duration for the precipitation-frequency analysis. For instance, BC Hydro experience shows that for watersheds in Pacific Coastal zone of British Columbia the 72-hr duration (3-day) is the most representative of the typical storm duration, whereas for some watersheds in Interior British Columbia it is the 48-hr duration. Similarly, Électricité de France generally uses the 3-day duration in their SCHADEX stochastic model for most French watersheds, with some small and flash-flood prone watersheds being treated with shorter storm durations.

The return period of precipitation relevant to dam safety analyses is typically several orders of magnitude more extreme than the return period of historically observed precipitation. As such, the estimation of this range of rainfall presents special difficulties and requires the extrapolation of relatively short historical data records. This extrapolation is challenging, especially considering that rainfall input is generally the most significant contributor to resulting stochastically derived flood hydrographs. There are different ways to do this extrapolation and obtain precipitation magnitude-frequency relationship over the entire probability domain of interest, including return periods of 10,000 years and beyond. A couple of examples are described here:

1. In the SEFM model (Schaefer and Barker, 2002), the precipitation magnitude-frequency analysis is done by utilizing the regional L-moment analysis (Hosking and Wallis, 1997). By employing the regional precipitation-frequency analysis we can compensate for the short length of available hydrometeorological record by considering a larger study area. This approach takes advantage of the situation that the size of the study area is much larger than the typical areal coverage of storms for the duration of interest, and there will be many storms in the regional dataset with return periods higher than indicated by the chronological length of the historical record.

Applying this approach to the Campbell River watershed above Strathcona Dam on Vancouver Island, BC, Canada included assembling storm data from all locations that were climatologically similar to the Campbell River region. Precipitation annual maxima series data were assembled for the critical duration (72-hour in this case) from all stations on Vancouver Island and stations between latitude 47° and 52° N from the Pacific Coast eastward to the crest of the Coastal Mountains (Canada) and Cascade Mountains (USA). This totaled 143 stations and 6,609 station-years of record for stations with 25-years or more of record. The precipitation-frequency relationship (Figure 3.2) was developed through regional L- moment analyses of point precipitation and spatial analyses of historical storms to develop point-to-area relationships and determine basin-average precipitation for the watershed using the 4-parameter Kappa distribution. The uncertainty bounds were developed through Latin-hypercube sampling method (McKay et al., 1979; Wyss and Jorgenson, 1998) where regional L-moment ratios and Kappa distribution parameters were varied to assemble 150 parameter sets and perform Monte Carlo simulation using different probability distributions for individual parameters.

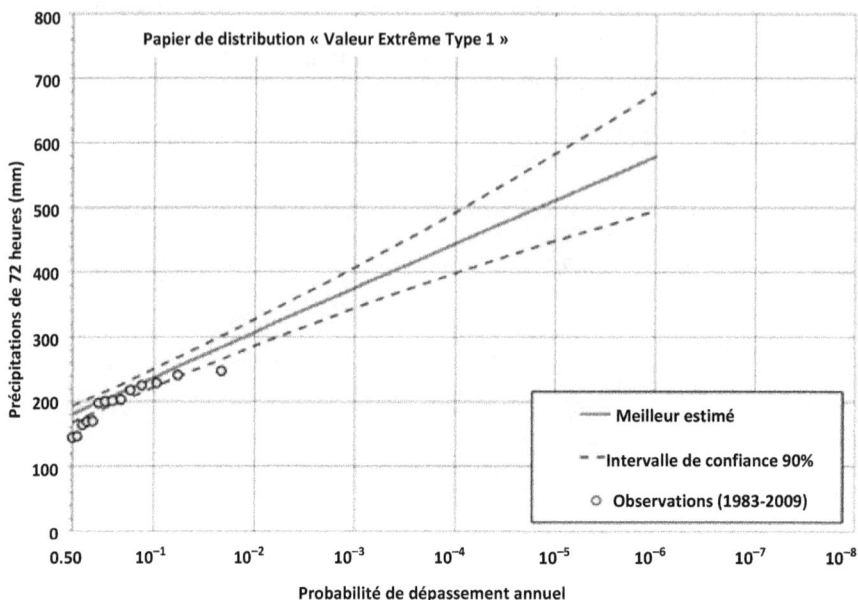

Fig. 3.2
Courbe de fréquence des précipitations calculée sur 72 heures et limites de confiance à 90% pour le
bassin versant du barrage Strathcona (1193 km²)

2. Dans le modèle SCHADEX (Paquet et coll., 2013), l'analyse intensité-fréquence des
précipitations était spécifique au bassin (une approche régionale est utilisée si les
données locales font défaut) en utilisant la classification des modèles météorologiques
et la distribution multi-exponentielle liée à des modèles météorologiques spécifiques
(Garavaglia et coll., 2010). L'hypothèse sous-jacente est qu'un échantillonnage des
précipitations basé sur des jours ayant des modèles de circulation atmosphérique
similaires fournira des sous-échantillons plus homogènes, ce qui réduira à son tour
l'incertitude associée à l'extrapolation d'un échantillon de petite taille. Le générateur
stochastique des précipitations de SCHADEX est basé sur le concept d'un événement
de 3 jours dit «événement pluviométrique centré». Par conséquent, SCHADEX
développe uniquement une relation intensité-fréquence des précipitations pour les
précipitations quotidiennes centrales (bleu foncé à la Figure 3.3), et les quantiles
de précipitations du jour avant et du jour suivant (précipitations adjacentes, bleu
clair à la Figure 3.3) sont estimés en utilisant les probabilités des ratios «Pa-/Pc» et
«Pa+/Pc», calculés à partir des événements pluviométriques identifiés dans la série
historique. Notez que Pa-, Pc et Pa+ représentent les quantités de précipitations
quotidiennes pour la veille du jour central, le jour central et le jour après le jour central,
respectivement.

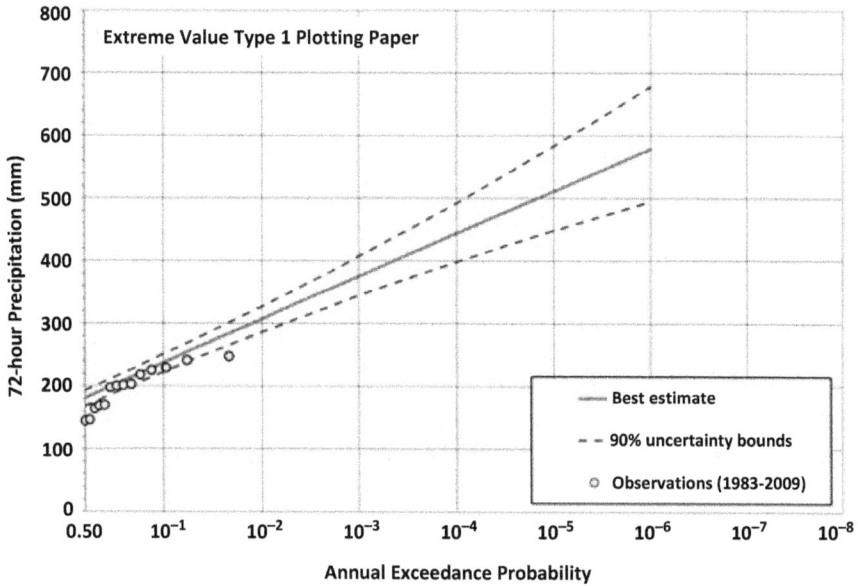

Fig. 3.2
Computed 72-hour precipitation-frequency curve and 90% uncertainty bounds for the 1193 km² Strathcona Dam watershed

2. In the SCHADEX model (Paquet et al., 2013), the precipitation magnitude-frequency analysis was catchment-specific (a regional approach is used if local data are lacking) utilizing weather patterns classification and Multi-exponential distribution linked to specific weather patterns (Garavaglia et al., 2010). The underlying hypothesis is that a rainfall sampling based on days having similar atmospheric circulation patterns will provide more homogeneous sub-samples which will in turn reduce uncertainty associated with extrapolation of short sample size. The rainfall stochastic generator of SCHADEX is based on the concept of a 3-day event so-called "centered rainfall event". Therefore, SCHADEX only develops precipitation magnitude-frequency for the central daily rainfall (dark blue in Figure 3.3 below), and precipitation quantiles of the day before and the day after (adjacent rainfalls, light blue in Figure 3.3) are estimated using the probabilities of the ratios "Pa-/Pc" and "Pa+/Pc", computed from rainfall events identified in the historical record. Note that Pa-, Pc and Pa+ represent daily rainfall amounts for the day before the central day, the central day and the day after the central day, respectively.

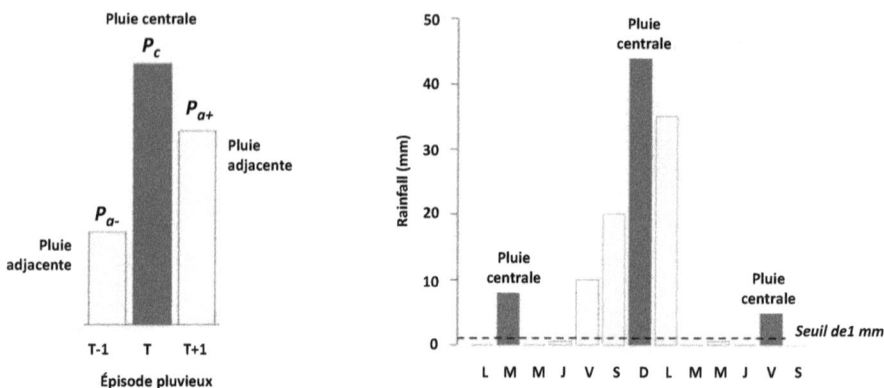

Fig. 3.3
SCHADEX - Concept d'événement pluviométrique centré (avec des pluies centrales et adjacentes)

3.3.1.3. Distribution temporelle et spatiale des tempêtes

Le processus de génération de tempêtes stochastiques nécessite des modèles de tempête spatiaux et temporels évolutifs. Les modèles de tempête spatiaux et temporels sont mis à l'échelle linéairement par le rapport entre les précipitations moyennes du bassin d'une certaine durée et les précipitations moyennes du bassin de même durée observées dans un modèle de tempête sélectionné (c'est-à-dire un prototype de tempête). Ces modèles de tempête doivent être préparés à partir d'autant de tempêtes observées que possible afin de capturer la diversité parmi les tempêtes en termes de distribution spatiale et temporelle des précipitations. En règle générale, 10 à 20 modèles de tempête devraient être suffisants pour capturer la diversité des tempêtes sur un bassin versant spécifique, pour des bassins versants d'environ 5 000 km² ou moins. Les grands bassins versants doivent être divisés en zones d'une taille appropriée pour décrire la variabilité spatiale et temporelle des types de tempêtes qui peuvent affecter le bassin versant un jour donné, avec des analyses de tempête séparées effectuées pour chaque zone d'un bassin versant.

Ces types de décisions sont généralement spécifiques au site et dépendent d'une analyse météorologique détaillée de la zone donnée, y compris l'utilisation de paramètres mesurables tels que des cartes de contour de hauteur géopotentielle pour différentes hauteurs de pression, de l'eau précipitable, de l'énergie potentielle convective disponible et de l'échelle de l'empreinte des précipitations. (tempêtes de convection synoptiques, méso-échelles ou locales) déterminé par le pourcentage de jauges dans la zone dépassant un seuil de précipitations quotidiennes spécifié. Par exemple, il pourrait y avoir de grandes zones ayant une climatologie assez simple, alors que certains bassins versants relativement petits pourraient avoir une climatologie complexe avec plusieurs types de tempêtes et des caractéristiques spatiales, temporelles et saisonnières différentes, résultant en une population mixte de tempêtes et de crues.

Dans l'exemple du bassin hydrographique de la rivière Campbell de 1 463 km² situé dans la zone côtière de la Colombie-Britannique (section 3.1.2), il était assez simple de déterminer la durée typique des tempêtes à partir des jauges de précipitations dans la région, ce qui signifie que l'exclusion d'autres durées/types de tempêtes dans la simulation de crues stochastiques auraient un effet relativement mineur sur la précision globale.

Des modèles de tempête spatiale pour une tempête donnée sont développés en analysant les données de précipitations et en utilisant des analyses SIG pour calculer les précipitations moyennes du bassin d'une certaine durée (par exemple 24, 48 ou 72 heures). Les données pluviométriques analysées peuvent être horaires ou journalières, ainsi que des mesures ponctuelles ou de radars, selon le type de données pluviométriques nécessaires dans un modèle pluie-ruissellement utilisé pour la simulation stochastique de crues. Un exemple de modèle de tempête spatiale (précipitation de 72 heures pour la tempête d'octobre 1984 sur le bassin du barrage de Strathcona) est présenté à la Figure 3.4.

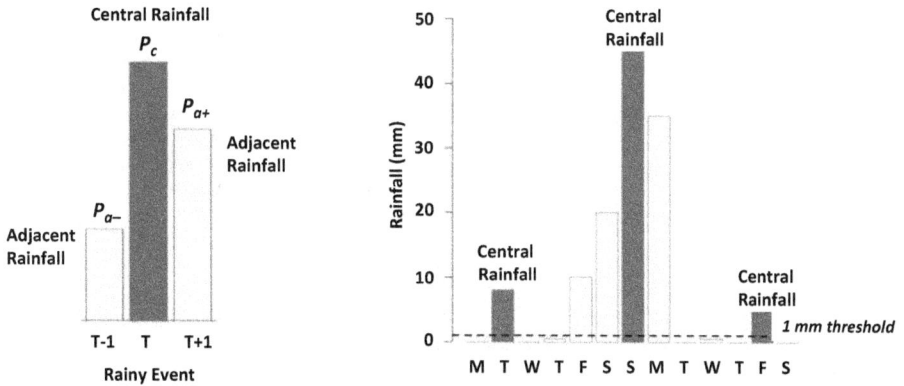

Fig. 3.3
SCHADEX concept of centered rainfall event (with central and adjacent rainfalls)

3.3.1.3. Temporal and spatial distribution of storms

The process of stochastic storm generation requires both spatial and temporal storm templates that are scalable. The spatial and temporal storm templates are linearly scaled by the ratio of the desired basin-average precipitation of certain duration to the basin-average precipitation of the same duration observed in a selected storm template (i.e. prototype storm). These storm templates should be prepared from as many historically observed storms as possible in order to capture diversity among storms in terms of spatial and temporal distribution of precipitation. Typically, 10 to 20 storm templates should be enough to capture storm diversity over a given watershed, for watersheds sizes up to about 5,000 km^2. Larger watersheds should be divided into zones of a size suitable for describing the spatial and temporal variability of storm types that may affect the watershed on a given day, with separate storm analyses carried out for each zone within a watershed.

These kinds of decisions are typically site-specific and depend of detailed meteorological analysis of the given area, including use of measurable parameters such as geopotential height contour maps for different pressure heights, precipitable water, convective available potential energy and the scale of the precipitation footprint (synoptic, mesoscale, or local convective storms) determined by the percentage of gauges in the area exceeding a specified daily precipitation threshold. For instance, there could be large areas with fairly simple climatology, whereas some relatively small watersheds could have complex climatology with multiple storm types with different spatial, temporal and seasonal characteristics, resulting in a mixed population of storms and floods.

In the presented example of the 1,463 km^2 Campbell River watershed located in Pacific Coastal zone of British Columbia, as mentioned earlier in Section 3.1.2, it was fairly straightforward to determine the typical storm duration from precipitation gauges in the area, meaning that exclusion of other storm durations/types in stochastic flood simulation would have relatively minor effect on overall accuracy.

Spatial storm templates for a given storm are developed analyzing rainfall data and using GIS analyses to compute basin-average precipitation of certain duration (e.g. 24, 48, 72-hr). The analyzed rainfall data could be hourly or daily as well as from point measurements or from radar, depending on what type of rainfall data is required as an input into a rainfall-runoff model used in stochastic flood simulation. An example of spatial storm template (a 72-hour precipitation for the October 1984 storm over the Strathcona Dam basin) is shown in Figure 3.4.

Des modèles de tempête temporelle pourraient être développés sous forme de modèle de 3 jours avec les précipitations principales centrées et les précipitations adjacentes, selon la méthodologie SCHADEX décrit à la section précédente (Figure 3.3). La méthode SEFM utilise une manière plus élaborée de développer des modèles de tempêtes temporelles; les données de précipitations horaires de nombreuses stations de mesures ponctuelles dans un bassin versant spécifique sont utilisées pour déterminer la précipitation moyenne d'une durée spécifiée sur le bassin (par exemple, jusqu'à 72 heures). Ceci est suivi par l'examen de la période de 10 jours de précipitations englobant la période maximale de précipitations de 72 heures à l'aide de cartes météorologiques synoptiques quotidiennes, de données de radiosondes et de modèles temporels de température de l'air.

Cette procédure conduit à l'identification de l'intervalle de temps pendant lequel il y a eu un apport continu d'humidité atmosphérique provenant de la même masse d'air où les précipitations ont été produites dans des conditions synoptiques similaires. L'intervalle de temps identifié fournit les heures de début et de fin du segment des précipitations qui sont indépendantes des précipitations environnantes et évolutives pour la génération stochastique de tempêtes. Un exemple de ce type de modèle de tempête temporelle est présenté à la Figure 3.5 qui illustre la période observée de 10 jours de précipitations moyennes du bassin pour la tempête du 14 au 23 octobre 2003 sur le bassin du barrage de Strathcona, avec la partie de l'hyétographe (en bleu) qui a été identifié comme le segment évolutif indépendant de la tempête et donc adopté pour être utilisé comme un prototype de tempête pour la génération de tempêtes stochastiques.

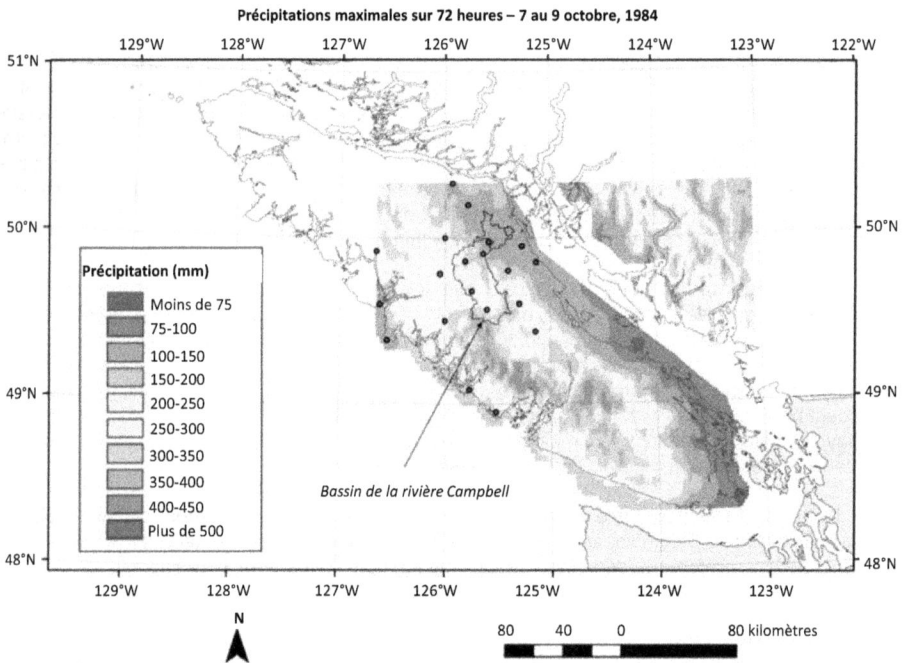

Fig. 3.4
Modèle spatial de tempête (octobre 1984)

Temporal storm templates could be developed as a 3-day template with the centered main rainfall and adjacent rainfalls as assumed in SCHADEX methodology and described in the previous section (Figure 3.3). A more elaborate way to develop temporal storm templates is utilized by the SEFM method where hourly rainfall data from many point-measurements station within a given watershed are used to obtain the basin-average rainfall of specified duration (e.g. max.72-hr). This is followed by the examination of the 10-day period of precipitation encompassing the max. 72-hour precipitation using daily synoptic weather maps, radiosonde data and air temperature temporal patterns.

This procedure leads to the identification of the time span during which there was a continuous influx of atmospheric moisture from the same air mass where precipitation was produced under similar synoptic conditions. The identified time span provides the starting and ending times for the precipitation segment that is independent of surrounding precipitation and scalable for stochastic storm generation. An example of this type of temporal storm template is shown in Figure 3.5 which depicts the observed 10-day period of basin-average precipitation for the storm of October 14-23, 2003 for the Strathcona Dam basin, with the portion of the hyetograph (in blue) that was identified as the independent scalable segment of the storm and therefore adopted for use as a prototype storm for stochastic storm generation.

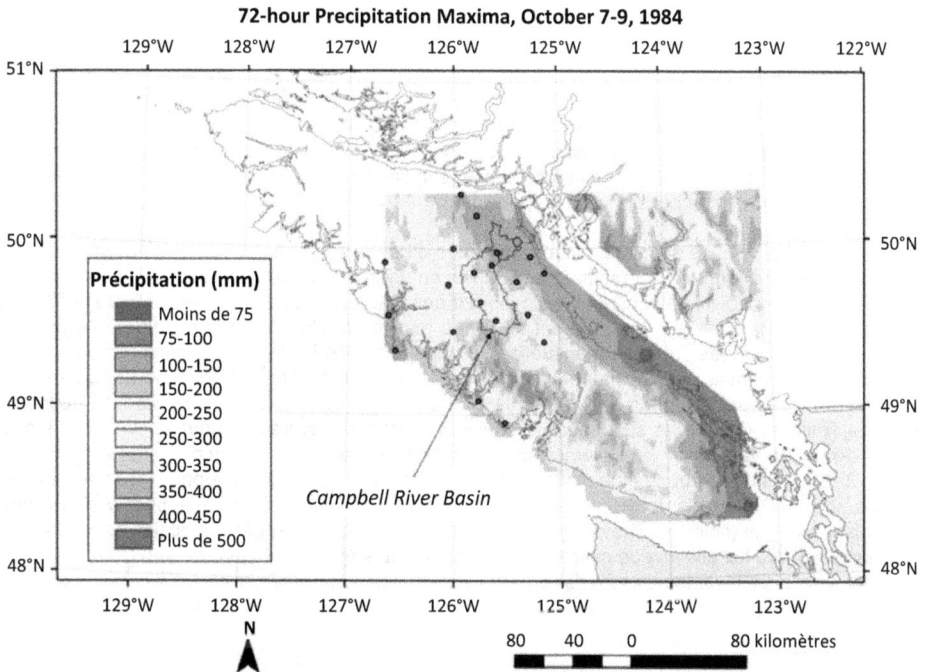

Fig. 3.4
Spatial storm template (October 1984 storm)

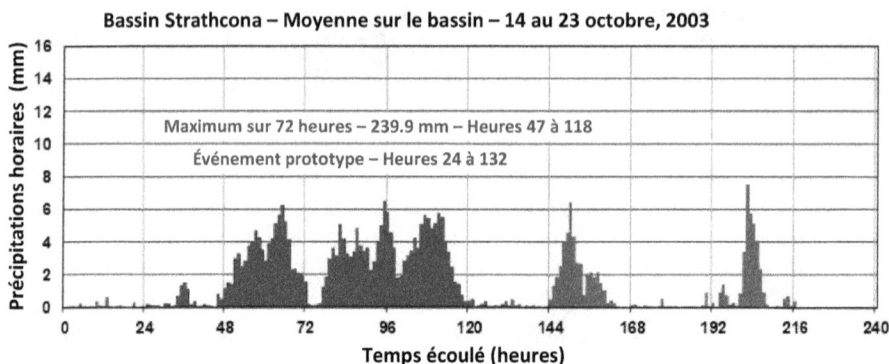

Bassin Strathcona – Moyenne sur le bassin – 14 au 23 octobre, 2003

Maximum sur 72 heures – 239.9 mm – Heures 47 à 118

Événement prototype – Heures 24 à 132

Fig. 3.5
Modèle temporel de tempête (octobre 2003)

3.3.1.4. Modèles temporels de température de l'air et niveau de congélation

L'approche habituelle consiste d'abord à effectuer des simulations stochastiques de la température de l'air pour 1000 mb (c'est-à-dire la température au niveau ou près du niveau de la mer), suivie d'une simulation stochastique des taux de décroissance de la température de l'air qui sont nécessaires pour calculer les niveaux de congélation et les valeurs de température de l'air pour toutes les élévations d'un bassin versant spécifique.

Dans le cadre de simulation stochastique de crues, les températures de l'air pour 1 000 mb lors de tempêtes extrêmes pourraient être simulées en utilisant diverses approches. Un exemple est un modèle de probabilité basé sur la physique pour des températures de point de rosée de 1 000 mb dérivé des données mensuelles du point de rosée maximum (Hansen et coll., 1994). Ce modèle de probabilité utilise les données mensuelles du point de rosée limite supérieure et les valeurs de précipitations maximales sur 24 heures pendant la tempête par rapport à la PMP de 24 heures. Les températures de point de rosée de 1000 mb sont tirées d'une distribution bêta symétrique délimitée par des limites inférieure et supérieure, comme le montre la Figure 3.6 pour décembre dans la région de l'île de Vancouver, en Colombie-Britannique (Canada). Une relation distincte, similaire à la Figure 3.6, est utilisée pour chaque mois, car la climatologie du point de rosée pour 1 000 mb change avec la saison. Des points de rosée maximaux plus élevés (pour 1 000 mb) sont possibles pendant les mois d'automne (octobre et novembre) que pendant les mois d'hiver plus froids (janvier et février). Ceci implique que les niveaux de congélation ont tendance à être un peu plus bas pour les tempêtes pendant les mois d'hiver les plus froids.

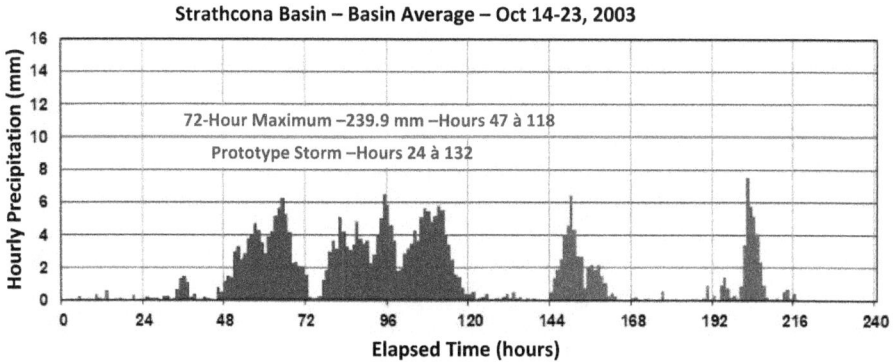

Fig. 3.5
Temporal storm template (October 2003 storm)

3.3.1.4. Air temperature and freezing level temporal patterns

The usual approach is to first stochastically simulate 1,000 mb air temperature (i.e. temperature at or near the sea level), followed by stochastic simulation of air temperature lapse-rates that are required for computing both freezing levels and air temperature values within the full elevation range of a given watershed.

Within the stochastic flood simulation framework, 1,000 mb air temperatures during extreme storms could be simulated using a variety of approaches. One example is a physically-based probability model for 1,000 mb dewpoint temperatures derived from monthly maximum dewpoint data (Hansen et al., 1994). This probability model utilizes monthly upper limit dewpoint data and the magnitude of the maximum 24-hour precipitation within the storm relative to 24-hour PMP. The 1,000 mb dewpoint temperatures are drawn from a symmetrical Beta Distribution bounded by lower and upper bounds as shown in Figure 3.6 for December in the Vancouver Island region, BC, Canada. A separate relationship, similar to Figure 3.6, is used for each month because 1,000 mb dewpoint climatology changes with season. Higher maximum 1,000 mb dewpoints are possible in the fall months of October and November than in the colder winter months of January and February, which implies that freezing levels tend to be somewhat lower for storms in the colder winter months.

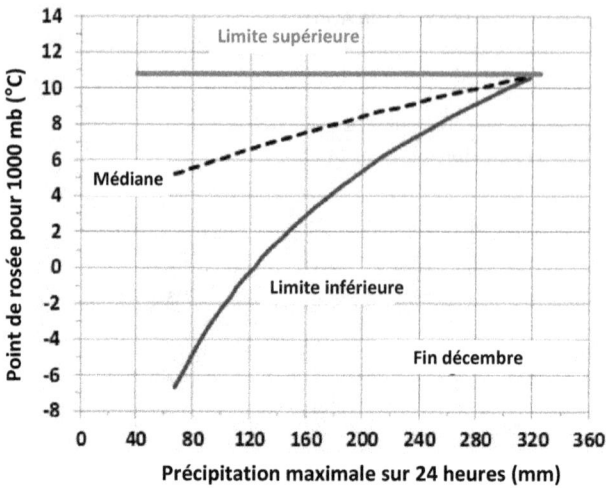

Fig. 3.6
Plage de températures du point de rosée persistante de 1000 mb pendant 12 heures,
utilisée par le modèle de probabilité de température du point de rosée (décembre)

La prochaine étape consiste à générer stochastiquement les taux de décroissance de la température de l'air. Par exemple, les analyses des données en altitude des stations du nord-ouest de l'État de Washington et du centre de la Californie révèlent que les taux de décroissance de la température de l'air, le jour des précipitations maximales sur 24 heures pour des tempêtes importantes, sont bien décrits par une distribution normale (Figure 3.7). La valeur moyenne est de l'ordre de 5,1°C/1000 m, ce qui est proche du taux de décroissance pseudo-adiabatique saturé. Des résultats similaires ont été obtenus en examinant séparément les données de Washington ou de Californie, de sorte que les données des deux régions ont été combinées pour fournir un échantillon plus large pour le calcul des paramètres de distribution. Les températures de l'air et le taux de décroissance de la température générés de manière stochastique décrits ci-dessus sont utilisés pour calculer les niveaux de congélation résultants pour chaque tempête.

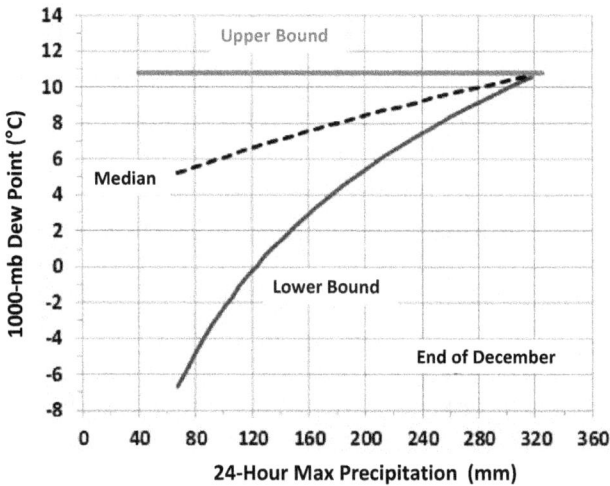

Fig. 3.6
Range of 12-hour persisting 1,000 mb dewpoint temperatures utilized by dewpoint
temperature probability model (December example)

The next step is to stochastically generate air temperature lapse-rates. For example, analyses of upper air sounding data from Northwestern Washington and Central California stations reveal that air temperature lapse-rates on the day of maximum 24-hour precipitation for noteworthy storms are well described by the Normal Distribution (Figure 3.7). The mean value was found to be 5.1°C/1000 m, which is near the saturated pseudo-adiabatic lapse-rate. Similar results were found if examining the data from Washington or California separately, so the data from the two regions were combined to provide a larger sample for computing the distribution parameters. Stochastically generated 1,000 mb air temperatures and temperature lapse-rate described above are used in computing resulting freezing levels for each storm.

Taux de décroissance de la température de l'air

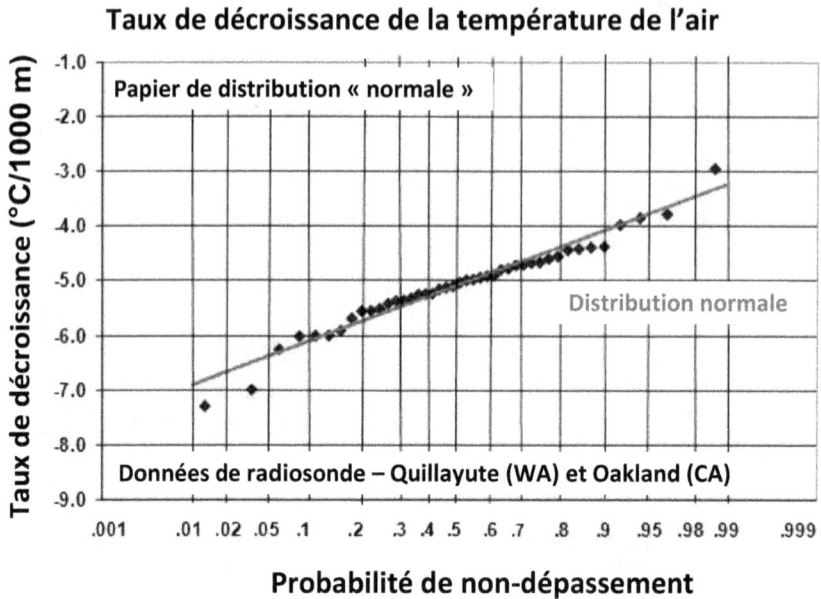

Fig. 3.7
Précipitations maximales sur 24 heures - Taux de décroissance de la température de l'air pour les tempêtes dans le nord-ouest de l'État de Washington et en Californie centrale

Une fois que les températures de l'air et les niveaux de congélation ont été générés de manière stochastique, nous pourrions commencer à dériver leurs modèles temporels qui sont utilisés pour calculer le ruissellement de la fonte des neiges. Les modèles temporels de la température de l'air et du niveau de congélation sont comparés un à un avec chaque tempête prototype. Ces modèles temporels sont développés de manière à pouvoir être redimensionnés par des valeurs tirées de manière stochastique de la température de l'air et du niveau de congélation. Des modèles temporels évolutifs de température de l'air et de niveau de congélation de 1000 mb sont construits en soustrayant les valeurs d'indice (les moyennes les plus élevées sur 6 heures observées le jour de précipitations maximales sur 24 heures) des données observées.

Un exemple de modèles temporels de température et de niveau de congélation indexés pour 1000 mb construits pour la tempête d'octobre 2003 sur le bassin du barrage de Strathcona est présenté à la Figure 3.8. Au cours de la simulation de crue stochastique, les valeurs indexées pour une température correspondant à 1000 mb et un niveau de congélation sont simulées de manière stochastique pour chaque tempête prototype, puis utilisées pour redimensionner les modèles temporels indexés (par exemple, la Figure 3.8) en ajoutant les valeurs indexées simulées. Cette procédure donne des séries temporelles horaires simulées de température pour 1000 mb et de niveau de congélation similaires à celles observées historiquement et donc physiquement plausibles.

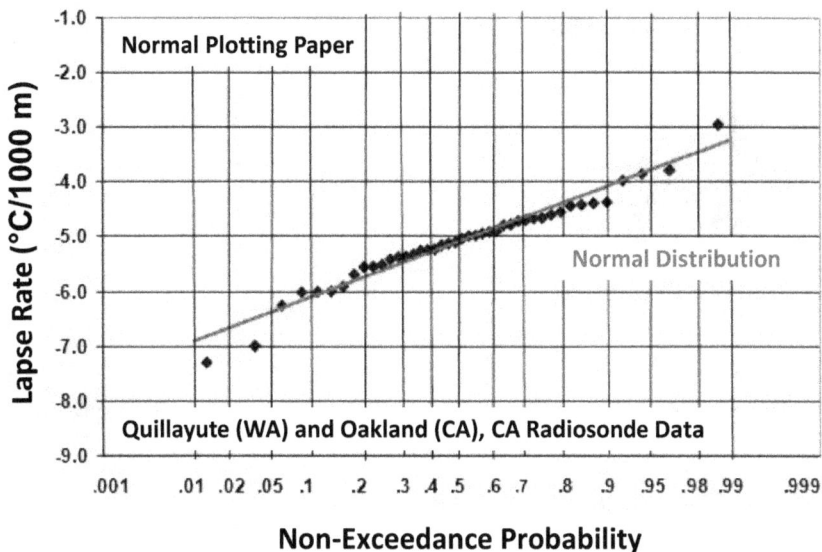

Air Temperature Lapse Rates

Non-Exceedance Probability

Fig. 3.7
Air temperature lapse-rates for day of maximum 24-hour precipitation for storms in
Northwestern Washington and Central California

Once air temperatures and freezing levels have been stochastically generated, we could start deriving their temporal patterns that are used in computing snowmelt runoff. Temporal patterns for air temperature and freezing level are matched one-to-one with each prototype storm. These temporal patterns are developed so that they could be rescaled by stochastically drawn values of air temperature and freezing level. Scalable 1,000 mb air temperature and freezing level temporal patterns are constructed by subtracting index values (the highest 6-hour averages observed during the day of maximum 24-hour precipitation) from observed data.

An example of indexed 1,000 mb temperature and freezing level temporal patterns constructed for the Oct. 2003 storm over the Strathcona Dam basin is shown in Figure 3.8. During stochastic flood simulation, index values for 1,000 mb temperature and freezing level are stochastically simulated for each prototype storm and then used to rescale the indexed temporal patterns (e.g. Figure 3.8) by adding the simulated index values. This procedure yields simulated 1,000 mb temperature and freezing level hourly time-series similar to those historically observed and therefore physically plausible.

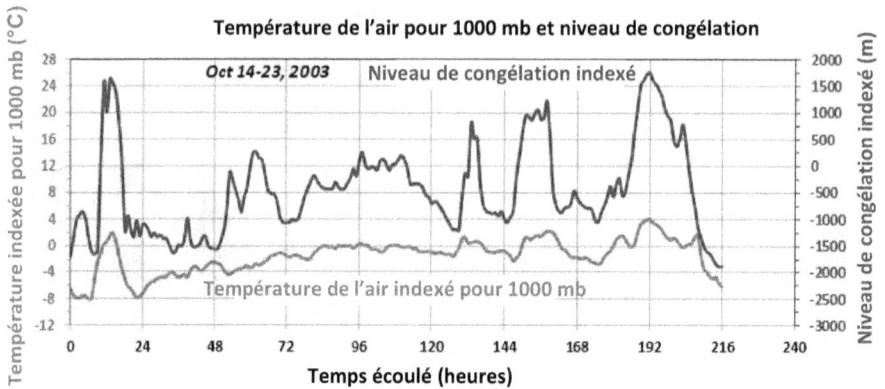

Fig. 3.8
Modèles temporels de température indexée à 1000 mb et de niveau de congélation
pour la tempête d'octobre 2003

3.3.1.5. Échantillonnage des conditions initiales du modèle de bassin versant

Tel que mentionné précédemment, un modèle de bassin versant continu (modèle pluie-ruissellement) est calibré pour simuler de manière réaliste le comportement hydrologique du bassin versant sur une période continue de plusieurs années, généralement en fonction de la disponibilité des données climatiques. Les variables d'état du modèle (accumulation du couvert de neige, conditions d'humidité du sol, bilan de masse des glaciers, débit de base des approvisionnements d'aquifères variant selon les saisons, etc.) sont calculées en continu par le modèle sur la longue période de simulation. Cela crée une base de données continue des conditions initiales des bassins versants qui pourraient être échantillonnées de manière stochastique à tout moment/saison de l'année et supposées se produire au début d'un événement de tempête généré de manière stochastique. En utilisant cette approche, nous nous assurons que la gamme complète des événements de tempête synthétiques est simulée avec la gamme complète des états internes historiquement observés du bassin versant (par exemple, précipitations extrêmes sur un bassin versant sec, événements de pluie sur neige, précipitations moyennes sur un bassin versant saturé, etc..).

3.3.1.6. Niveau initial du réservoir

Une approche de rééchantillonnage est généralement utilisée pour déterminer le niveau du réservoir au début de la simulation de crue stochastique. Les règles d'opération des réservoirs, en particulier dans les systèmes complexes de deux ou plusieurs réservoirs, changent généralement avec le temps pour diverses raisons. Les règles d'opération des réservoirs représentent un compromis entre les besoins des différentes parties prenantes. En conséquence, la production d'énergie hydroélectrique, la protection contre les crues, les contraintes environnementales et les exigences récréatives limitent la plage d'opération du réservoir. Il est donc important de rééchantillonner les données au niveau des réservoirs uniquement à partir de la période d'enregistrement historique reflétant les règles d'exploitation actuelles du système/réservoir. Cela peut conduire à une longueur d'enregistrement assez courte pour les données sur le niveau des réservoirs, en particulier si les modifications des règles d'opération des réservoirs ont été mises en œuvre relativement récemment. Dans ces cas, il peut être prudent d'utiliser un modèle de simulation de réservoir et de combiner les données historiques sur les apports avec les nouvelles règles d'opération des réservoirs, ce qui donnerait un enregistrement plus long des niveaux de réservoir synthétiques reflétant l'opération actuelle.

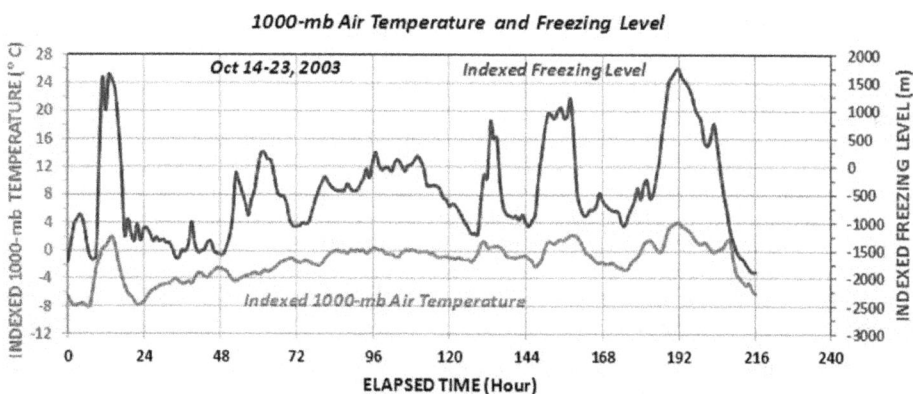

1000-mb Air Temperature and Freezing Level

Fig. 3.8
Indexed 1,000 mb temperature and freezing level temporal patterns for the Oct. 2003 storm

3.3.1.5. Watershed model antecedent conditions sampling

As mentioned earlier, a continuous watershed model (rainfall-runoff model) is calibrated to realistically simulate hydrological behaviour of the watershed over a continuous period of many years, typically dependent on the availability of climate input data. The model state variables (snowpack accumulation, soil moisture conditions, glacier mass balance, base flow from seasonally-varying aquifer supplies, etc.) are computed continuously by the model over the long simulation period. This creates a continuous database of watershed initial conditions which could be stochastically sampled at any time/season of the year and assumed to occur at the onset of a stochastically generated storm event. Using this approach, we ensure that the full range of synthetic storm events is simulated with the full range of watershed's historically observed internal states (e.g. extreme rainfall on a dry watershed, rain-on-snow events, average rainfall on a saturated watershed, etc.).

3.3.1.6. Initial reservoir level

A resampling approach is typically used to determine the reservoir elevation at the beginning of the stochastic flood simulation. Reservoir operating rules, especially in complex systems of two or more reservoirs usually change over time due to various reasons. Reservoir operating rules represent a compromise among the needs of various stakeholders. As a result, hydropower operation, flood protection, environmental constraints and recreational demands limit the reservoir operating range. It is therefore important to resample reservoir level data only from the period in historic record that reflects current system/reservoir operating rules. This may lead to a fairly short record length for reservoir level data, especially if the changes in reservoir operating rules were implemented relatively recently. In these cases, it may be prudent to use a reservoir simulation model and combine historical inflow data with the new reservoir operating rules, which would yield a longer record of synthetic reservoir levels reflecting the current operation.

3.3.2. Simulation de l'opération du réservoir - laminage des crues

Une fois que des milliers (ou des millions) d'hydrogrammes d'apports ont été calculés stochastiquement et couplés aux niveaux initiaux du réservoir, ils doivent être laminés à travers un réservoir pour obtenir le niveau maximal du réservoir et les hydrogrammes de sortie qui vont vers l'aval. Des simulations de laminage des crues sont effectuées dans le but de capturer de manière réaliste la façon dont un réservoir (ou un système de réservoirs) peut être exploité lors d'événements de crue dont les probabilités de dépassement annuel vont de 1 :2 ans à plus de 1 :10 000 ans. En réalité, il s'agit d'un processus de prise de décision assez complexe impliquant divers facteurs tels que la prévision des apports, l'ampleur de la crue, les conditions environnementales en aval existant au moment de la crue, les pressions des entreprises et d'autres conditions spécifiques au site et à la saison.

De manière générale, pour de très fortes crues, la procédure de laminage devient assez simple (c'est-à-dire moins de variantes à considérer), car le but principal est d'empêcher le dépassement de la crête du barrage (ou si le dépassement est tolérable, d'empêcher le réservoir d'atteindre un niveau qui met en danger la stabilité du barrage) et utiliser autant que possible la capacité d'évacuation (c.-à-d. vannes d'évacuateur complètement ouvertes, pertuis de fond, etc.). Dans de tels cas, la sécurité du barrage prévaut sur les contraintes opérationnelles quotidiennes telles que, par exemple, les limites de débit déversé en aval relatives aux inondations résidentielles, aux exigences environnementales et récréatives. Les choses sont plus compliquées lors du laminage de crues plus faibles (par exemple, des périodes de retour entre 10 et 50 ans), car il pourrait y avoir des façons de passer en toute sécurité la crue tout en satisfaisant d'autres contraintes, en particulier si les prévisions des apports sont raisonnablement fiables.

Ainsi, un exploitant de barrage peut décider de commencer à déverser des débits modérées (en respectant les contraintes en aval) pendant plusieurs jours avant l'arrivée prévue des apports afin qu'il y ait suffisamment de stockage dans le réservoir pour emmagasiner la crue entrante tout en maintenant les débits sortants sous les limites en aval. Cette stratégie dépend de la précision de la prévision des apports et de l'importance des crues - lorsque l'ampleur des crues dépasse un certain niveau, les options de laminage des crues diminuent et la seule stratégie consiste à utiliser pleinement les ouvrages de contrôle disponibles afin d'éviter le dépassement de la crête du barrage.

La stratégie de pré-déversement mentionnée et le processus décisionnel de l'exploitant de barrage pourraient être modélisés en utilisant l'approche suivante en deux étapes:

1. La première étape des simulations de laminage des crues consiste à acheminer les hydrogrammes de apports entrants générés de manière stochastique à travers le réservoir (ou système de réservoirs) en utilisant les procédures standard de laminage des crues.

2. Dans la seconde étape, les résultats du laminage standard des crues effectué à la première étape sont traités comme une «prévision»; les apports sont laminés à l'aide de modifications reflétant la stratégie avant le déversement ou toute autre stratégie de l'exploitant du barrage qui s'écarte de la procédure de laminage standard. Bien que la deuxième étape soit réalisée avec l'avantage d'une connaissance des apports, la modification du laminage et les décisions de l'opérateur du barrage pourraient être élaborées en sachant que la prévision réelle des apports entrants est incertaine.

L'approche en deux étapes ci-dessus, lorsque incorporée dans la simulation stochastique des crues, fournit une composante «opérationnelle» supplémentaire à l'ensemble du processus et aboutit à une modélisation plus réaliste des crues petites à modérées, où il pourrait y avoir une certaine flexibilité dans la procédure de laminage. Cette approche peut toutefois être insuffisante pour certains systèmes de barrages en cascade où une procédure itérative plus complexe est nécessaire.

3.3.2. Simulation of reservoir operation – flood routing

After thousands (or millions) of inflow hydrographs have been stochastically derived and coupled with initial reservoir levels, they have to be routed through a reservoir to obtain peak reservoir level and outflow hydrographs that enter any downstream reservoir(s). Flood routing simulations are carried out with the aim to realistically capture the way a reservoir (or a system of reservoirs) may be operated during flood events ranging in annual exceedance probabilities from 1/2 to beyond 1/10,000. In reality this is a rather complex decision-making process involving various factors such as the inflow forecast, flood magnitude, downstream environmental conditions existing at the time of the inflow, corporate pressures, and other site- specific and season-specific conditions.

Generally speaking, for very large floods the routing procedure becomes fairly simple (i.e. less alternatives to considered), because the main goal is to save the dam from overtopping (or if overtopping is tolerable, to prevent the reservoir reaching an elevation that endangers the stability of the dam) and utilize as much discharge capacity as possible (i.e. fully open spillway gates, low level outlet gates, etc.). In such cases the safety of the dam takes precedence over every-day operational constraints such as, for example, downstream discharge limits pertaining to residential flooding, environmental and recreational requirements. Things are more complicated when routing smaller floods (e.g. return periods between 10 and 50 years or so) because there could be ways to safely pass the flood and still satisfy other constraints, especially if the inflow forecast is reasonably reliable.

For example, a dam operator may decide to start spilling moderate amounts of water (within downstream discharge limits) for several days before forecasted inflow arrives so that there is enough storage in the reservoir to absorb the incoming flood while keeping spill below downstream discharge limits. Note that this strategy depends on the accuracy of the inflow forecast and flood magnitude – when flood magnitude exceeds certain level, the flood routing options diminish and the only strategy becomes fully utilizing available discharge facilities and avoid dam overtopping.

The mentioned pre-spilling strategy and a dam operator decision making process could be modelled using the following two-step approach:

1. The first step in flood routing simulations is to route the stochastically-generated inflow hydrographs through the reservoir (or system of reservoirs) using the standard flood routing procedures

2. In the second step, the results from the standard flood routing performed in the first step are treated as a "forecast", and the inflows are then routed using modifications reflecting the pre-spill or any other dam operator's strategy that deviates from the standard routing procedure. Although the second step is performed with the benefit of complete foresight, the routing modification and the dam operator's decisions could be developed recognizing that the real inflow forecast is uncertain.

The two-step approach above, when incorporated in stochastic flood simulation, provides an additional "operational" component to the whole process and results in more realistic modelling of small to moderate floods, where there could be some flexibility in the routing procedure. Note that the approach may be insufficient for some dam cascade systems where a more complex iterative procedure may be necessary.

3.3.3. Simulation stochastique de la disponibilité des ouvrages de contrôle

En règle générale, le laminage d'une crue extrême dans un réservoir lors d'analyses déterministes de sécurité des barrages (c.-à-d. la crue maximale probable) est réalisée en supposant un niveau initial du réservoir généralement élevé et prudent, généralement combiné à l'hypothèse que toutes les vannes du déversoir s'ouvrent au besoin pour évacuer le débit d'inondation. Certaines analyses supposent la règle «n-i» où «n» est le nombre de vannes de déversoir et «i» est le nombre de vannes de déversoir supposé non-disponibles. Cependant, selon les valeurs de «n» et «i», cette approche peut être trop prudente pour certaines configurations de déversoir.

Lors du passage d'une crue, une ou plusieurs vannes de déversoir peuvent être indisponibles pour diverses raisons, notamment des blocages par des débris, une erreur humaine et des dysfonctionnements mécaniques ou électriques. En raison des nombreux composants interconnectés d'un système de vanne d'évacuation et par conséquent du nombre infini de causes de défaillance, il est impossible de calculer directement la probabilité de défaillance d'une vanne. Cette probabilité doit être estimée par une analyse qui devrait inclure autant de modes de défaillance que possible, en tenant compte des connaissances spécifiques au site de l'état des divers composants du système de vannes ainsi que de la fréquence et de la rigueur des tests de vanne.

Un exemple d'une telle analyse a été effectué lors des évaluations de la fiabilité des vannes de cinq barrages du district de Huntington du U.S. Army Corps of Engineers (Lewin et coll., 2003). Les tests sur les vannes et sur l'équipement de ces cinq barrages, 3 à 4 fois par an, ont été considérés comme relativement peu fréquents. De plus, de nombreux composants, tels que des relais ou des interrupteurs de fin de course, ont été testés uniquement lorsque le test de vanne utilisait ces composants particuliers. Au cours de 18 tests de vanne, il y a eu trois cas où une vanne n'a pas fonctionné correctement. Une analyse par arbre de défaillances des modes de défaillance de la vanne a indiqué que pour une ouverture de vanne dans des conditions idéales, similaires à celles pour lesquelles les tests de vannes ont été effectués, la probabilité de défaillance a été estimée à environ 1 sur 10. La probabilité de pannes multiples de vannes lors d'une crue extrême ont été estimées à au moins 1 sur 100 en raison d'une cause commune, quel que soit le nombre de vannes dans une installation.

La disponibilité de la centrale pendant les crues est également incertaine. Les pluies provoquant des crues pourraient être très violentes et provoquer une érosion ou des glissements de terrain susceptibles d'entraîner des pannes de lignes de transport, rendant la production impossible. De fortes pluies pourraient également causer d'autres dommages, tels que des inondations de la centrale électrique ou des dommages à la conduite forcée. Le moyen le plus réaliste de simulation serait peut-être de lier d'une manière ou d'une autre la disponibilité de la centrale à l'ampleur de la tempête (par exemple, si les précipitations moyennes du bassin simulées sur 72 heures ont une probabilité de dépassement annuelle de 1 :1 000 ans et plus, la centrale est considéré hors-service).

L'importance de la fiabilité des ouvrages de contrôle peut être très élevée et elle augmente généralement à mesure que la taille du stockage supplémentaire du réservoir diminue. Par exemple, Micovic et coll. (2016) ont montré que pour un barrage avec un très petit stockage supplémentaire, la possibilité de défaillances aléatoires des vannes de déversoir pendant les crues augmentait la probabilité annuelle résultante de déversement au-dessus du barrage de cinq ordres de grandeur par rapport au cas où toutes les vannes de déversoir sont opérationnelles.

3.3.4. Procédure de simulation

Un exemple de schéma de simulation stochastique des crues impliquant les étapes décrites dans la section 3 de ce chapitre est présenté à la Figure 3.9. La conversion des précipitations en ruissellement dans cet exemple a été effectuée par le modèle UBC Watershed (Quick, 1995; Micovic et Quick, 2009).

3.3.3. Stochastic simulation of the availability of discharge facilities

Generally, the reservoir routing of an extreme flood in deterministic dam safety analyses (i.e. the PMF) is performed by assuming a conservatively high initial reservoir level typically combined with the assumption that all spillway gates open as required to pass flood discharge. Some analyses assume the "n-i" rule where "n" is the number of spillway gates and "i" is the number of spillway gates assumed unavailable. However, depending on values for "n" and "i", this approach may be too conservative for some spillway configurations.

During the passage of a flood, one or more of spillway gates may be unavailable for various reasons including debris jams, human error and mechanical or electrical malfunctions. Due to numerous interconnected components of a spillway gate system and consequently the infinite number of reasons for failure, it is impossible to directly compute the probability of gate failure on demand. This probability has to be estimated through some kind of analysis which should include as many failure modes as possible, with consideration of site-specific knowledge of the state of various gate system components as well as frequency and thoroughness of gate testing.

One example of such analysis was carried out during gate reliability assessments of five US Army Corps of Engineers Huntington District dams (Lewin et al., 2003). Gate and equipment testing for these five dams of 3-4 times per year was considered relatively infrequent. In addition, many components, such as relays or limit switches were tested only when the gate test used those particular components. During 18 gate tests, there were three instances when a gate failed to operate correctly. A fault tree analysis of gate failure modes indicated that for a gate opening in ideal conditions, similar to those under which gate tests were carried out, a probability of failure on demand was assessed to be of the order of 1 in 10. The probability of multiple failures of gates during an extreme flood was estimated to be at least 1 in 100 per demand due to a common cause failure regardless of the number of gates in an installation.

The availability of powerhouse discharge during flood is also uncertain. Flood-inducing rainfall could be very severe and could conceivably cause erosion or landslides that might result in transmission line failures, making generation impossible. Severe rainfall could also cause other powerhouse-disabling damage such as powerhouse flooding or penstock damage. Perhaps the most realistic way of simulation would be to somehow tie the availability of the powerhouse to the storm magnitude (e.g. if the simulated 72-hour basin-average precipitation has the annual exceedance probability of 1/1,000 and greater, the powerhouse discharge is disabled).

The importance of spillway gate reliability could be very high and typically increases as the size of reservoir surcharge storage decreases. For example, Micovic et al. (2016) showed that for a dam with very small reservoir surcharge storage, simulating possibility of random spillway gate failures during the flood increased the resulting annual probability of dam overtopping by five orders of magnitude over the case in which all spillway gates are assumed operable.

3.3.4. Simulation procedure

An example schematic of stochastic flood simulation involving the steps described in Section 3 of this chapter is shown in Figure 3.9. Precipitation to runoff conversion in this example was done by the UBC Watershed Model (Quick, 1995; Micovic and Quick, 2009).

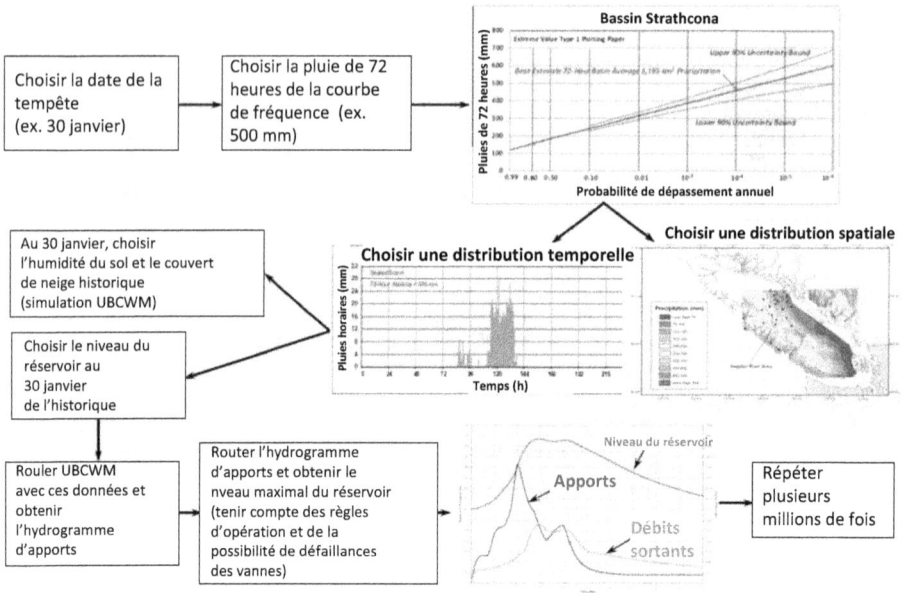

Fig. 3.9
Bassin versant du barrage Strathcona (1193 km²) - Colombie-Britannique, Canada.
Organigramme de simulation stochastique de crue

3.4. ESTIMATION DE L'INCERTITUDE DANS LA MODÉLISATION STOCHASTIQUE DES CRUES

La modélisation stochastique des crues est techniquement valable dans son principe puisqu'elle tente de dériver les probabilités de crues extrêmes à partir du cadre de modélisation physiquement plausible (compte tenu des données historiques disponibles et des outils de modélisation hydrométéorologiques de pointe). Cependant, il convient de préciser qu'il est impossible d'estimer avec certitude la fin de la distribution statistique pour un paramètre de crue tel que le débit de pointe des apports ou le niveau maximal du réservoir. Dans son analyse de la modélisation stochastique des crues du barrage Mica de BC Hydro, Vit Klemes (2000) a déclaré que:

«... les informations factuelles nécessaires (données + connaissance des processus impliqués) auxquelles ces technologies pourraient être appliquées n'existent tout simplement pas et ne peuvent pas être fabriquées simplement parce qu'elles sont nécessaires à l'analyse des risques. En ce sens, les incertitudes sont irréductibles et le mieux que nous puissions espérer est d'arriver à des estimations quantitatives approximatives et, sur la base de celles-ci, définir des fenêtres ou des bandes de crédibilité plausibles... »

En général, un modèle de bassin versant calibré et des données hydrométéorologiques élaborées à partir de données historiques permettent une description plausible du comportement d'un bassin versant. Il faut reconnaître que des incertitudes existent dans l'estimation des intrants hydrométéorologiques et des paramètres du modèle de bassin versant pour des raisons à la fois aléatoires et épistémiques. Par conséquent, il existe de nombreuses combinaisons alternatives de modèles probabilistes et déterministes et de paramètres de modèle qui pourraient décrire de manière plausible le «véritable état de la nature». Par exemple, l'extrapolation de modèles météorologiques plausibles est basée sur un précédent historique. Par conséquent, le potentiel de changement climatique futur est l'une des incertitudes de cette approche qui doit être gérée via l'adoption d'un niveau approprié de prudence dans la sélection des paramètres de conception, combiné à une analyse approfondie de l'incertitude.

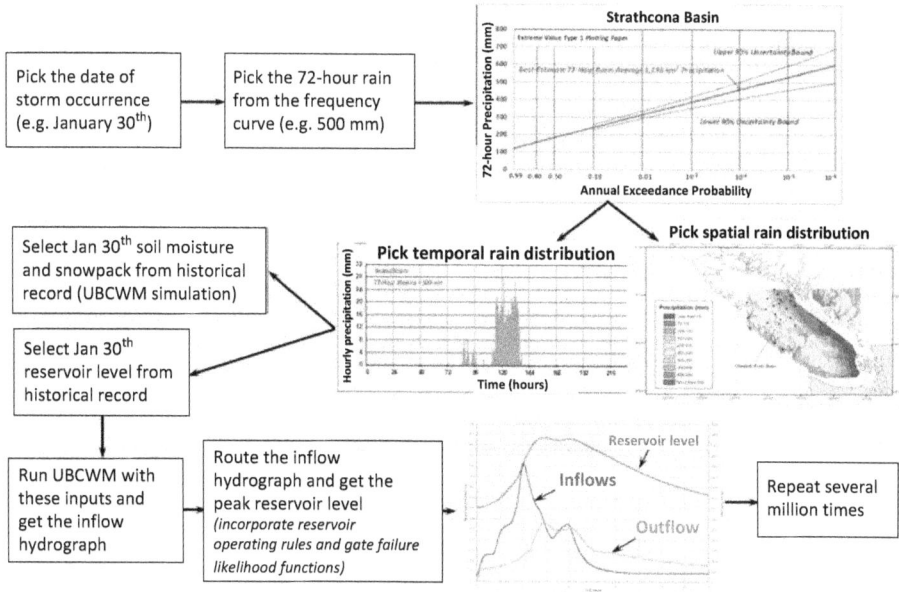

Fig. 3.9
Stochastic flood simulation flow chart for the 1193 km² Strathcona Dam watershed in British Columbia, Canada

3.4. ESTIMATING UNCERTAINTY IN STOCHASTIC FLOOD MODELLING

Stochastic flood modeling is technically sound in its principle since it attempts to derive probabilities of extreme floods from the physically plausible modelling framework (considering the available historical data and state-of-art hydrometeorological modelling tools). However, it should be stated that it is impossible to estimate with certainty the upper tail of statistical distribution for a flood parameter such as peak inflow or peak reservoir level. In his review of BC Hydro's Mica Dam stochastic flood modelling Vit Klemes (2000) stated that:

"... the factual necessary information (data + knowledge of the processes involved) to which these technologies could be applied simply does not exist and it cannot be manufactured just because it is needed for risk analysis. In this sense the uncertainties are irreducible and the best we can hope for is to arrive at their rough quantitative estimates and, based on them, to outline plausible credibility windows or bands..."

In general, a calibrated watershed model and hydrometeorological inputs developed from historical data represent one plausible description of the "true state of nature" for the behavior of a watershed. It must be recognized that uncertainties exist in the estimation of hydrometeorological inputs and watershed model parameters due to both aleatoric and epistemic reasons. Consequently, there are many alternative combinations of probabilistic and deterministic models and model parameters that could plausibly describe the "true state of nature". For instance, the extrapolation of plausible weather patterns is based on historical precedent. Therefore, the potential for future climate change is one of the uncertainties in this approach that needs to be handled via adoption of an appropriate level of conservatism in selection of design parameters, combined with a thorough uncertainty analysis.

Le but de l'analyse d'incertitude est de dériver une courbe de fréquence moyenne et des limites de confiance pour les diverses caractéristiques des crues d'une manière qui tient raisonnablement compte de la compréhension actuelle du comportement hydrologique du bassin versant ainsi que l'effet des incertitudes dans l'estimation des caractéristiques de fréquence de crues.

Compte tenu de la complexité physique et du nombre de paramètres impliqués dans le processus de simulation des crues et de laminage à travers un système de barrages et de réservoirs, il est pratiquement impossible de quantifier avec précision les incertitudes associées. Il est donc prudent d'utiliser une approche parcimonieuse dans la sélection des intrants hydrométéorologiques et des paramètres du modèle de bassin versant à inclure dans l'analyse d'incertitude. En général, une approche en deux étapes est utilisée :

- L'étape 1 implique des analyses de sensibilité (et un certain jugement technique) pour déterminer les intrants hydrométéorologiques et les paramètres du modèle qui ont le plus grand effet sur l'ampleur des crues d'intérêt pour un barrage ou un système de barrages spécifique.

- À l'étape 2, l'analyse d'incertitude est effectuée sur les données/paramètres identifiés à l'étape 1.

3.4.1. Analyses de sensibilité

L'analyse de sensibilité globale (Saltelli et coll., 2001) est recommandée pour une utilisation avec les applications de modélisation stochastique des crues, comme avec toute autre application utilisant des approches d'échantillonnage de Monte Carlo. Ce type d'analyse de sensibilité est capable de tenir compte de la sensibilité par rapport à la gamme complète de la distribution des paramètres. L'analyse de sensibilité globale peut mesurer l'effet des interactions entre les paramètres et gérer le comportement non linéaire. En revanche, l'analyse de sensibilité locale (par exemple l'échantillonnage «un à la fois») examine la sensibilité uniquement en ce qui concerne les estimations ponctuelles des valeurs de paramètres, ce qui a pour effet que la mesure de sensibilité est affectée par le choix des valeurs de paramètres.

La Figure 3.10 illustre des exemples du type de diagrammes de dispersion produits à partir des simulations de Monte Carlo utilisés pour évaluer la sensibilité de l'apport horaire maximal du réservoir aux données hydrométéorologiques telles que le niveau de congélation (c'est-à-dire l'altitude au-dessus de laquelle les précipitations ne sont pas liquides) et la distribution temporelle des précipitations de tempête.

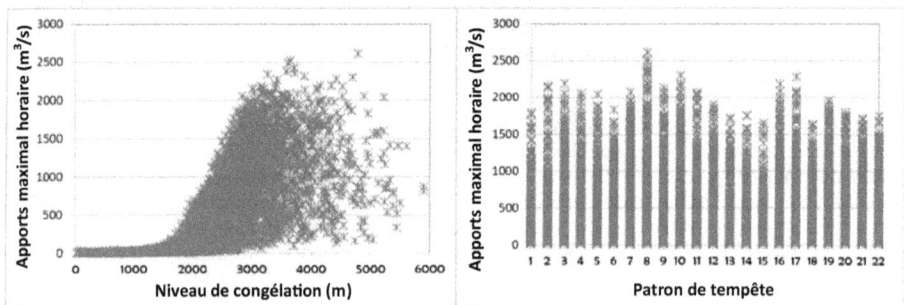

Fig. 3.10
Bassin versant du barrage La Joie, Canada - Sensibilité modérée à élevée de l'apport maximal du réservoir au niveau de congélation et à la distribution temporelle des tempêtes

The goal of the uncertainty analysis is to derive a mean-frequency curve and uncertainty bounds for the various flood characteristics in a manner that reasonably captures the current understanding of the hydrologic behavior of the watershed as well as the effect of uncertainties in estimating the flood-frequency characteristics.

Considering physical complexity and number of parameters involved in the process of flood simulation and routing through a system of dams and reservoirs, it is practically impossible to accurately quantify associated uncertainties. It is therefore prudent to use a parsimonious approach in the selection of hydrometeorological inputs and watershed model parameters to be included in the uncertainty analysis. This generally requires using a two-step approach:

- Step 1 involves sensitivity analyses (and some engineering judgement) to determine which hydrometeorological inputs and model parameters have the greatest effect on the magnitude of the flood outputs of interest for a particular dam or system of dams.

- Step 2, the uncertainty analysis is performed on the inputs/parameters identified in Step 1.

3.4.1. Sensitivity analyses

Global Sensitivity Analysis (Saltelli et al., 2001) is recommended for use with stochastic flood modeling applications, as with any other applications utilizing Monte Carlo sampling approaches. This kind of sensitivity analysis is capable of examining sensitivity with regard to the full range of parameter distribution. As such, Global Sensitivity Analysis can measure the effect of interactions between parameters and handle non-linear behavior. In contrast, Local Sensitivity Analysis (e.g. "one-at-a-time" sampling) examines sensitivity only with regard to point estimates of parameter values, which results in the sensitivity measure being affected by the choice of parameter values.

Figure 3.10 depicts examples of the type of scatterplots produced from the Monte Carlo simulations that were used to assess the sensitivity of the peak hourly reservoir inflow to hydrometeorological inputs such as freezing level (i.e. the altitude above which precipitation is not liquid) and temporal distribution of storm precipitation.

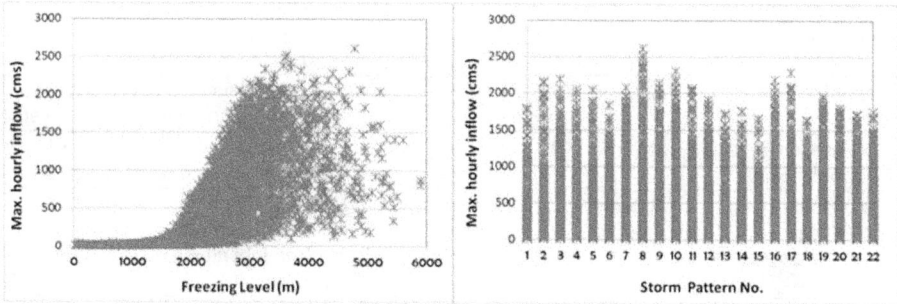

Fig. 3.10
Scatterplot showing moderate to high sensitivity of peak reservoir inflow to freezing level and storm temporal distribution for the La Joie Dam watershed in Canada

Des diagrammes de dispersion similaires sont produits pour toutes les caractéristiques des crues (apports, débit sortant, niveau du réservoir), toutes les données hydrométéorologiques pertinentes et les paramètres du modèle de ruissellement; i.e. ceux présentant une sensibilité élevée et un niveau élevé d'incertitude dans l'estimation des paramètres sont généralement sélectionnés pour être inclus dans l'analyse d'incertitude. Un exemple de cette procédure appliquée au bassin versant du barrage La Joie de 1000 km² en Colombie-Britannique, au Canada, est décrit au Tableau 3.2, qui présente une liste qualitative de la sensibilité du niveau maximal du réservoir aux diverses données hydrométéorologiques et aux paramètres du modèle de bassin versant. Le Tableau 3.2 contient également une évaluation qualitative de l'importance relative des incertitudes en fonction des données/paramètres.

Table 3.2

Barrage La Joie - Sensibilité qualitative du niveau maximal de la retenue à divers intrants hydrométéorologiques et paramètres du modèle de bassin versant

Composant du modèle	Sensibilité au composant du modèle	Importance de l'incertitude	Commentaires
Saisonnalité des tempêtes	Modérée	Modérée	Large échantillon de tempêtes. Incertitude accrue pour les tempêtes de début de saison
Fréquence des précipitations-moyennes pour 48 heures sur le bassin versant	Élevée	Modérée à élevée	Large échantillon de maxima annuels. Incertitude la plus élevée pour les événements extrêmes
Distribution temporelle / spatiale des tempêtes	Élevée	Faible à modérée	Échantillon diversifié de modèles spatiaux/temporels pour 22 prototypes de tempêtes
Précipitations antérieures	Modérée	Faible	Échantillon adéquat des précipitations antécédentes historiques
Conditions antérieures d'humidité du sol	Modérée	Faible	Échantillon adéquat des conditions d'humidité du sol antécédentes historiques
Débit de base	Faible	Faible	Échantillon adéquat des conditions de débit de base historiques
Température de l'air pour 1 000 mb	Modérée	Faible à modérée	Utilisé dans le calcul du niveau de congélation
Niveau de congélation	Modérée à élevée	Modérée	Le volume de ruissellement est sensible au niveau de congélation pendant les mois d'hiver
Modélisation pluie-ruissellement	Modérée	Faible à modérée	Long historique des débits pour la calibration du modèle de bassin versant
Modélisation de la fonte des neiges	Modérée	Faible à modérée	Long historique des débits pour la calibration du modèle de bassin versant
Réponse du bassin versant à un ruissellement rapide	Modérée	Modérée à élevée	Long historique des débits pour la calibration du modèle de bassin versant. Incertitude du temps de réponse
Calcul du niveau d'eau maximal du réservoir en fonction de la capacité d'évacuation	Faible à modérée	Faible à modérée	Les relations niveau-débit sont généralement basées sur des essais sur le terrain et sur les résultats de modèles hydrauliques

Similar scatterplots are produced for all flood characteristics (inflow, outflow, reservoir level) and all relevant hydrometeorological inputs and rainfall-runoff model parameters; those exhibiting both high sensitivity and high level of uncertainty in parameter estimation are typically selected to be included in the uncertainty analysis. An example of this procedure as applied to the 1,000 km^2 La Joie Dam watershed in British Columbia, Canada is presented in Table 3.2, which shows a qualitative listing of the sensitivity of the peak reservoir level to the various hydrometeorological inputs and watershed model parameters. Table 3.2 also contains a qualitative assessment of the relative magnitude of uncertainties for those inputs/parameters.

Table 3.2
Qualitative sensitivity of the La Joie Dam maximum reservoir level to various
hydrometeorological inputs and watershed model parameters

Model component	Sensitivity to model component	Magnitude of uncertainty	Comments
Storm seasonality	Moderate	Moderate	Large sample set of storms Greater uncertainty for early-season storms
48-hour basin-average precipitation-frequency relationship for watershed	High	Moderate to high	Large sample of annual maxima Uncertainty highest for extreme events
Temporal and spatial distribution of storms	High	Low to moderate	Diverse sample of spatial/temporal patterns for 22 prototype storms
Antecedent precipitation	Moderate	Low	Adequate sample of historical antecedent precipitation
Antecedent soil moisture conditions	Moderate	Low	Adequate sample of historical antecedent soil moisture conditions
Baseflow	Low	Low	Adequate sample of historical baseflow conditions
1,000 mb air temperature	Moderate	Low to moderate	Utilized in computing freezing level
Freezing level	Moderate to high	Moderate	Runoff volume is sensitive to freezing level in winter months
Rainfall-runoff modeling	Moderate	Low to moderate	Long record of historical flows for watershed model calibration
Snowmelt runoff modeling	Moderate	Low to moderate	Long record of historical flows for watershed model calibration
Watershed response to fast runoff	Moderate	Moderate to high	Long record of historical flows for watershed model calibration Uncertainty in response timing
Computation of peak reservoir level via spillway stage-discharge curve	Low to moderate	Low to moderate	Stage-discharge curves are typically based on field testing and hydraulic model results

Les classements relatifs du Tableau 3.2 ont été examinés et les candidats à inclure dans l'analyse d'incertitude ont été identifiés comme étant les données/paramètres pour lesquels la sensibilité était à la fois modérée à élevée et pour lesquels il y avait un niveau d'incertitude plus élevé dans l'estimation des données/paramètres. Cette évaluation a permis d'identifier cinq composantes du cadre de modélisation stochastique à inclure dans l'analyse d'incertitude du bassin versant du barrage La Joie, comme le montre le Tableau 3.3.

Table 3.3
Bassin versant du barrage La Joie - Cinq composantes sélectionnées pour l'analyse d'incertitude pour la dérivation des courbes de fréquence des crues et des limites de confiance

Composant du modèle	Impact estimé sur l'incertitude totale	Commentaires
Fréquence des précipitations-moyennes pour 48 heures sur le bassin versant	Élevé	Incertitude la plus élevée pour les événements extrêmes
Réponse du bassin versant à un ruissellement rapide (paramètre de synchronisation du modèle de bassin)	Modéré à élevé	Impact sur l'ampleur et le moment de la pointe de la crue au réservoir
Température de l'air pour 1 000 mb	Modéré	Utilisée pour calculer les séries chronologiques horaires de la température de l'air et du niveau de congélation pendant les tempêtes. Impact sur le ruissellement de la fonte des neiges, particulièrement à haute altitude.
Niveau de congélation	Modéré	
Saisonnalité des tempêtes	Modéré	Incertitude pour les mois où la valeur des précipitations est illimitée

3.4.2. Analyses de l'incertitude

La première tâche du processus d'analyse de l'incertitude est d'identifier les sources d'incertitude et comment elles peuvent être caractérisées dans l'analyse. Le processus de caractérisation des diverses sources d'incertitude est mieux réalisé dans un environnement d'équipe où l'interaction des perspectives augmente la compréhension du comportement des crues et facilite l'identification des facteurs les plus importants pour un bassin versant particulier. Il est important de distinguer deux grandes catégories d'incertitude:

* L'incertitude aléatoire est irréductible et associée à la variabilité naturelle de tous les facteurs produisant les crues, y compris les processus atmosphériques et la réponse hydrologique des bassins versants. Par exemple, l'ampleur des crues sur un bassin versant donné à un moment précis de l'année variera non seulement en raison des conditions atmosphériques (précipitations et fonte des neiges), mais également en raison des conditions climatiques antérieures et des propriétés du sol qui ont conduit au niveau de saturation en humidité du sol au moment de la crue. Les valeurs de ces facteurs sont sujettes au hasard et le but principal (et la plus grande valeur) de la modélisation stochastique des crues est de considérer les incertitudes aléatoires associées aux intrants hydrométéorologiques en traitant ces intrants comme des variables stochastiques au lieu de valeurs fixes.

The relative rankings in Table 3.2 were reviewed and candidates for inclusion in the uncertainty analysis were identified as those inputs/parameters where there was both moderate to high sensitivity and where there was a higher level of uncertainty in estimation of the input/parameter. This assessment resulted in identification of five components of the stochastic modelling framework to be included in the uncertainty analysis for the La Joie Dam watershed as shown in Table 3.3.

Table 3.3
Five model components selected for inclusion in the uncertainty analysis for derivation of flood frequency curves and uncertainty bounds for the La Joie Dam watershed

Model component	Anticipated contribution to total uncertainty	Comments
48-hour basin-average precipitation-frequency relationship for watershed	High	Uncertainty highest for extreme events
Watershed response to fast runoff (watershed model timing parameter)	Moderate to high	Affects magnitude and timing of reservoir inflow flood peak
1,000 mb air temperature	Moderate	Components for computing air temperature and freezing level hourly time-series during storms. They affect snowmelt runoff particularly at high elevations.
Freezing level	Moderate	
Storm seasonality	Moderate	Uncertainty for months where precipitation magnitudes are unrestricted

3.4.2. Uncertainty analyses

The first task in the process of uncertainty analysis is to identify sources of uncertainty and how they can be characterized in the analysis. The process of characterizing the various sources of uncertainty is best done in a team environment where interaction of perspectives increases the understanding of the flood behavior and facilitates identifying the most significant sources for a particular watershed. It is important to distinguish between two main categories of uncertainty:

- Aleatoric uncertainty is irreducible and associated with natural variability of all flood producing factors including both atmospheric processes and watershed hydrological response. For example, flood magnitude at a given watershed at a specific time of year will vary not only due to atmospheric inputs (rainfall and snowmelt) but also due to the chance occurrence of prior climatic conditions and soil properties that led to soil moisture saturation level being what it was at the time of flood. Values of flood producing factors are subject to chance and the primary purpose (and greatest value) of stochastic flood modeling is in addressing the aleatoric uncertainties associated with the hydrometeorological inputs by treating those inputs as stochastic variables instead of fixed values.

- L'incertitude épistémique est associée au manque de connaissances sur une variable ou un processus particulier et peut être réduite par une combinaison de recherche et d'acquisition de données supplémentaires. Certaines sources typiques d'incertitude épistémique dans la modélisation des crues comprennent : l'incertitude des paramètres du modèle pluie-ruissellement due à une compréhension incomplète de la physique sous-jacente de la réponse hydrologique des bassins versants; les erreurs de mesure dans la représentation des caractéristiques physiques des bassins versants; la sélection d'une distribution de probabilité théorique inappropriée pour décrire les données météorologiques (par exemple, précipitations); les incertitudes dans la courbe de niveau du stockage du réservoir ou de la courbe de capacité du déversoir utilisé pour le laminage des crues.

Le but de l'analyse d'incertitude utilisant les procédures de Monte Carlo est de dériver un ensemble d'échantillons de relations de fréquence des crues pour les caractéristiques des crues d'intérêt en considérant un ensemble d'échantillons de «configurations plausibles de modèle». Dans ce contexte, le terme «configurations plausibles de modèle» représente des combinaisons alternatives de données hydrométéorologiques et d'autres paramètres de modèle de bassin versant qui pourraient raisonnablement décrire le «véritable état de la nature» et qui sont sélectionnées à partir de l'analyse de sensibilité globale. Toutes les combinaisons alternatives de données hydrométéorologiques et de paramètres du modèle sont «plausibles» dans les limites de la variabilité d'échantillonnage des données historiques, de l'état des connaissances des processus hydrologiques/hydrauliques et de l'expérience/du jugement des experts en matière de modélisation des crues.

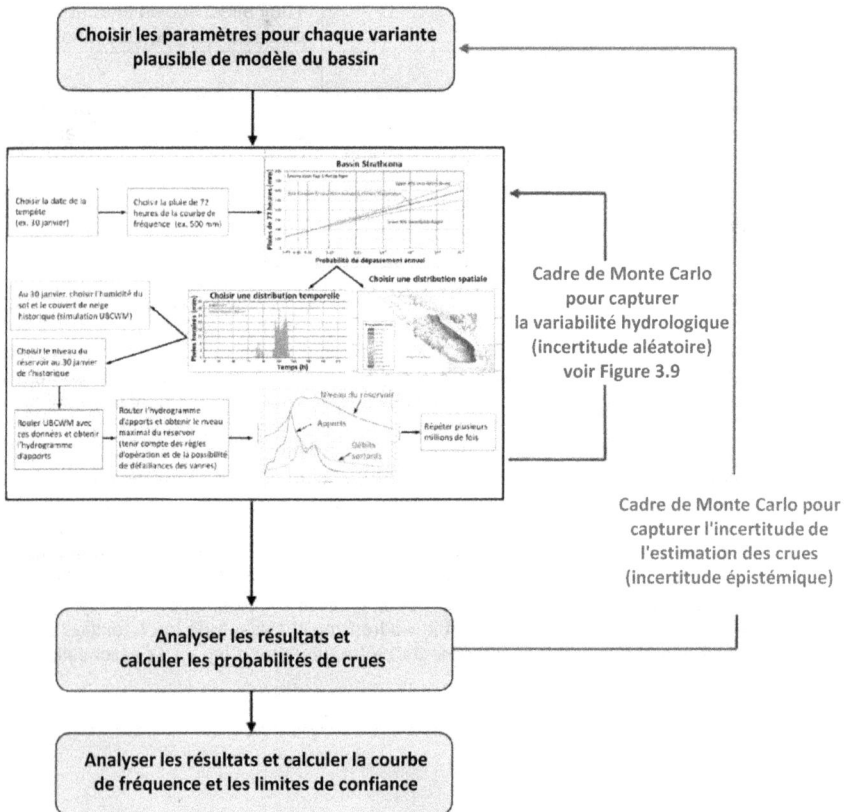

Fig. 3.11
Organigramme de procédures de Monte Carlo pour l'analyse stochastique
des crues et l'analyse d'incertitude

- Epistemic uncertainty is associated with our lack of knowledge about a particular variable or process and it may be reduced by a combination of research and additional data acquisition. Some typical sources of epistemic uncertainty in the flood modelling include: rainfall-runoff model parameter uncertainty due to incomplete understanding of the underlying physics of watershed hydrological response; measurement errors in representation of watershed physical features; selection of inappropriate theoretical probability distribution for describing meteorological inputs (e.g. rainfall); uncertainties in reservoir storage-elevation curve or spillway discharge rating curve used in flood routing.

The aim of the uncertainty analysis employing the Monte Carlo procedures is to derive a sample set of flood-frequency relationships for flood characteristics of interest by considering a sample set of "plausible model configurations". In this context, the term "plausible model configurations" represents alternative combinations of hydrometeorological inputs and alternative watershed model parameters that could reasonably describe the "true state of nature" and are selected from the global sensitivity analysis. All of the alternative combination of hydrometeorological inputs and model parameters are "plausible" within the limits of sampling variability of historical data, state-of-knowledge of the hydrologic/hydraulic processes and flood modeling experience/judgment of the analysts.

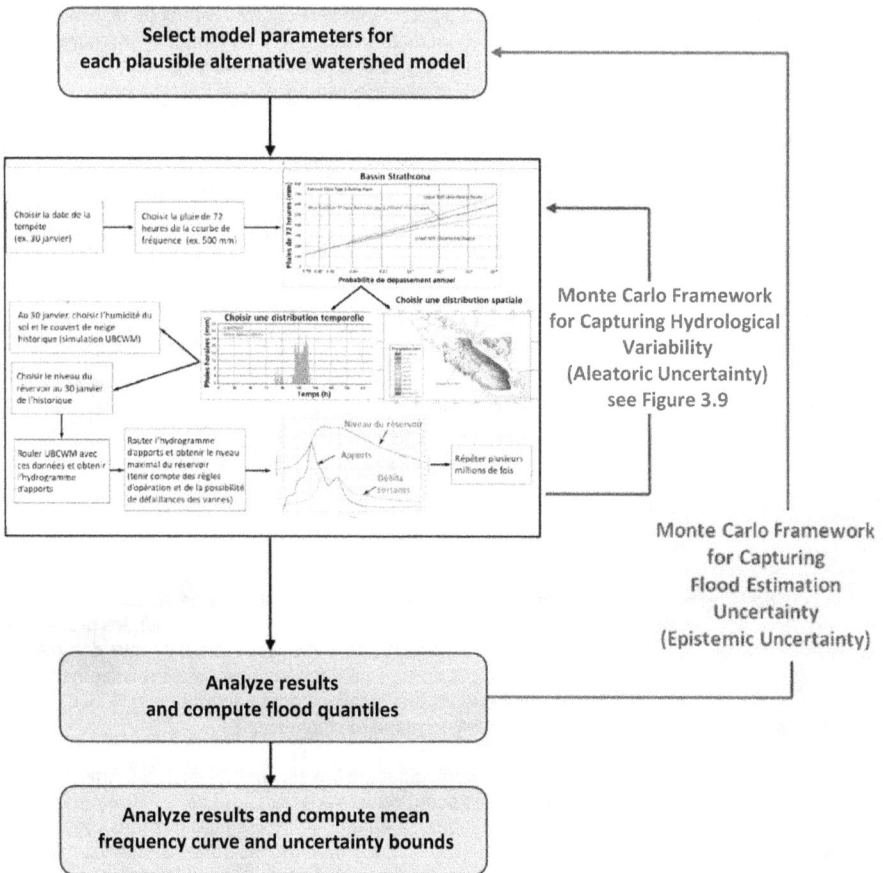

Fig. 3.11
Flowchart for Monte Carlo frameworks for stochastic flood analysis and uncertainty analysis

L'organigramme de la Figure 3.11 décrit le processus de réalisation d'une analyse d'incertitude à l'aide des procédures de Monte Carlo et est basé sur le concept présenté par Nathan et Weinmann (2004). La boucle interne est utilisée pour dériver une relation de fréquence des crues pour les caractéristiques des crues pour un ensemble donné de modèles/sous-modèles et de paramètres de modèle et incorpore explicitement l'incertitude aléatoire. La boucle externe représente des combinaisons alternatives de modèles/sous-modèles et de paramètres de modèle (configurations alternatives) et représente l'incertitude épistémique dans le développement de relations alternatives plausibles de fréquence de crues.

Un certain nombre de combinaisons alternatives de modèles/sous-modèles et de paramètres de modèle pourraient être assemblés à l'aide d'une méthodologie d'échantillonnage (par exemple, hypercube latin) pour créer un ensemble d'échantillons de «configurations plausibles de modèle» représentant la réalité. Ceci définit le nombre de répétitions pour la boucle externe de la Figure 3.11. En règle générale, 10 à 20 configurations de modèle alternatives sont suffisantes pour déterminer raisonnablement la relation moyenne de la fréquence des crues pour les caractéristiques des crues et pour caractériser les limites de confiance. Une option pratique consiste à assembler 11 configurations alternatives de modèle, car la courbe de fréquence moyenne et les limites de confiance sont souvent calculées de manière non paramétrique par un simple classement des résultats de crues pour les probabilités de dépassement annuel spécifiques du groupe de configurations alternatives de modèle. L'utilisation de la formule non paramétrique de position de traçage de Cunnane (1978) aurait pour résultat que les débits de crue des 95e et 5e percentiles (par exemple, le niveau maximal du réservoir) seraient les niveaux de réservoir les plus élevés et les plus bas générés à partir des 11 configurations alternatives de modèle, respectivement. De même, la valeur médiane serait la 6e plus grande valeur et la valeur moyenne serait calculée à partir des 11 niveaux de réservoir générés pour une probabilité de dépassement annuel spécifique.

Une variante de cette approche pourrait être de combiner toutes les estimations en une seule, créant ainsi une sorte de distribution prédictive. Ceci serait particulièrement utile dans les contextes réglementaires et les juridictions où aucune mention n'est faite d'intervalles de confiance (par exemple en France), et où les évaluations de sécurité des barrages sont basées sur une valeur unique correspondant à une probabilité de dépassement annuel spécifique (actuellement 10^{-3} ou 10^{-4}).

3.4.3. Caractérisation de l'incertitude pour certaines composantes du modèle

Les caractérisations des incertitudes des cinq composantes du modèle sélectionnées, considérées dans l'analyse d'incertitude de l'exemple de modélisation stochastique des crues du barrage La Joie (Tableau 3.3), sont décrites dans les sections suivantes.

3.4.3.1. Relation de la fréquence des précipitations moyennes de 48 heures sur le bassin versant

La période de retour des précipitations pertinentes pour les analyses de sécurité des barrages est généralement de plusieurs ordres de grandeur plus élevée que la période de retour des précipitations observées. En tant que telle, l'estimation de cette gamme de précipitations présente des difficultés particulières et nécessite l'extrapolation d'enregistrements de données historiques relativement courts. Cette extrapolation est difficile, d'autant plus que les précipitations sont généralement le plus important contributeur aux hydrogrammes de crues dérivés de manière stochastique.

En raison de l'homogénéité hydrométéorologique, le bassin versant de 1 000 km² du barrage La Joie a été couplé avec le bassin versant adjacent du barrage Terzaghi de 2 710 km², formant le bassin de la rivière Bridge de 3 710 km² pour lequel la relation entre les précipitations moyennes du bassin et la fréquence des précipitations a été établie. Les données des séries annuelles maximales de précipitations ont été rassemblées pour la durée critique de la tempête (48 heures dans le cas du bassin de la rivière Bridge) à partir de toutes les stations à l'intérieur et à proximité du bassin versant. Cela a totalisé 178 stations et 7 589 stations-années d'enregistrement pour tenir compte des stations ayant 15 années ou plus d'enregistrement.

The flowchart in Figure 3.11 describes the process of conducting an uncertainty analysis using a Monte Carlo framework and is based on the concept presented by Nathan and Weinmann (2004). The inner loop is used to derive a flood-frequency relationship for flood characteristics for a given set of models/sub-models and model parameters and explicitly incorporates aleatoric uncertainty. The outer loop represents alternative combinations of models/sub- models and model parameters (alternative configurations) and represents epistemic uncertainty in development of alternative plausible flood-frequency relationships for flood characteristics.

A number of alternative combinations of models/sub-models and model parameters could be assembled using sampling methodology (e.g. Latin-hypercube) to create a sample set of "plausible model configurations" representing reality. This sets the number of repetitions for the outer loop in Figure 3.11. Typically, 10-20 alternative model configurations are adequate to reasonably determine the mean flood-frequency relationship for flood characteristics and to characterize the magnitude of the uncertainty bounds. One practical option is to assemble 11 alternative model configurations because the mean frequency curve and uncertainty bounds are often computed in a non-parametric manner by simple ranking of flood outputs for specific AEPs from the group of alternative model configurations. Using the Cunnane's (1978) non- parametric plotting-position formula would result in 95th and 5th percentile flood outputs (e.g. peak reservoir level) being the highest and lowest reservoir levels generated from the 11 model configurations, respectively. Similarly, the median value would be the 6th largest value and the mean value would be computed from the 11 reservoir levels generated for a specific AEP.

A variation of this approach could be to combine all estimates into one, therefore building a kind of predictive distribution. This would be particularly useful in regulatory contexts and jurisdictions in which no mention is made of confidence intervals (e.g. France), and where dam safety assessments are based on a single value corresponding to a specific AEP (currently 10^{-3} or 10^{-4}).

3.4.3. Characterization of uncertainties for selected model components

Characterizations of uncertainties for each of the five selected model components included in the uncertainty analysis of the La Joie Dam stochastic flood modelling example (Table 3.3) are described in the following sections.

3.4.3.1. The 48-hour basin-average precipitation-frequency relationship for watershed

The return period of precipitation relevant to dam safety analyses is typically several orders of magnitude more extreme than the return period of historically observed precipitation. As such, the estimation of this range of rainfall presents special difficulties and requires the extrapolation of relatively short historical data records. This extrapolation is challenging, especially considering that rainfall input is generally the most significant contributor to resulting stochastically derived flood hydrographs.

Due to hydrometeorological homogeneity, the 1,000 km² La Joie Dam watershed was coupled together with the adjacent 2,710 km² Terzaghi Dam watershed, forming the 3,710 km² Bridge River basin for which the basin-average precipitation-frequency relationship was developed. Precipitation annual maxima series data were assembled for the critical storm duration (48-hours in the case of Bridge River basin) from all stations within and near the watershed. This totaled 178 stations and 7,589 station-years of record for stations with 15 or more years of record.

Les relations précipitations-fréquence pour le bassin versant de la rivière Bridge ont été développées au moyen d'analyses régionales du moment L des précipitations ponctuelles et d'analyses spatiales des tempêtes historiques afin de développer des relations point à zone et de déterminer les précipitations moyennes du bassin pour le bassin versant en utilisant la distribution Kappa à 4 paramètres, distribution qui correspondait le mieux à l'échantillon de données observé. Deux stations (Downton Lake et Bralorne Upper) situées dans le bassin de la rivière Bridge ont été choisies comme stations explicatives pour la relation de 48 heures entre les précipitations moyennes du bassin et la fréquence. Une relation de régression multiple a été établie entre les maximums de précipitations de 48 heures observés aux stations météorologiques explicatives et les précipitations moyennes maximales de 48 heures, observées pendant les 22 tempêtes historiques, pour le bassin versant de la rivière Bridge (Figure 3.12). Des méthodes de Monte Carlo ont été utilisées pour générer des relations précipitations-fréquence de 48 heures pour le bassin versant en tenant compte de la variabilité d'échantillonnage et des incertitudes dans l'estimation des divers paramètres utilisés dans le calcul (Figure 3.13). Cette approche a tenu compte des sources d'incertitude suivantes associées au développement de la relation précipitations-fréquence du bassin versant:

- Estimation de la moyenne des précipitations ponctuelles utilisée pour les régression,

- L-Cv régional,

- L-Asymétrie régional,

- Distribution de probabilité régionale,

- Régression point à zone

Comparaison des précipitations prévues vs observées

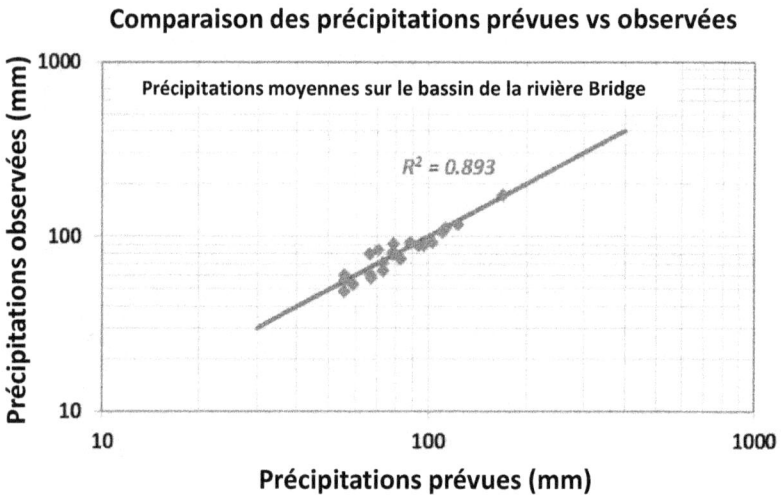

Fig. 3.12
Comparaison des précipitations moyennes prévues et mesurées sur 48 heures pour le bassin versant de la rivière Bridge basée sur une approche de régression multiple

The precipitation-frequency relationships for the Bridge watershed was developed through regional L-moment analyses of point precipitation and spatial analyses of historical storms to develop point-to-area relationships and determine basin-average precipitation for the watershed using the 4-parameter Kappa distribution, which provided the best fit to the observed data sample. Two stations (Downton Lake and Bralorne Upper) from within the Bridge basin were chosen as explanatory stations for the 48-hours basin-average precipitation-frequency relationship. A multiple-regression relationship was developed between the 48-hours precipitation maxima observed at explanatory meteorological stations and maximum 48-hours basin-average precipitation for the Bridge River watershed observed in the 22 historical storms (Figure 3.12). Monte Carlo methods were used to generate 48-hours precipitation-frequency relationships for the watershed accounting for sampling variability and uncertainties in estimation of the various parameters employed in the computation (Figure 3.13). This approach addressed the following sources of uncertainty associated with development of the watershed precipitation-frequency relationship:

- Estimate of mean for point precipitation used in regression,

- Regional L-Cv,

- Regional L-Skewness,

- Regional probability distribution,

- Point to area regression

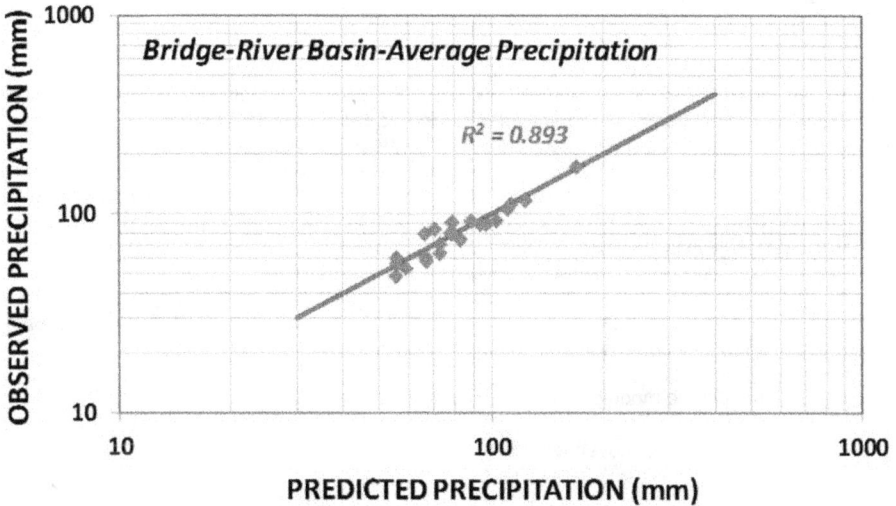

Compare Predicted Versus Observed Precipitation

Bridge-River Basin-Average Precipitation

$R^2 = 0.893$

OBSERVED PRECIPITATION (mm)

PREDICTED PRECIPITATION (mm)

Fig. 3.12
Comparison of predicted and measured 48-hours basin-average precipitation for Bridge River watershed based on multiple-regression prediction equation

Bassin de la rivière Bridge

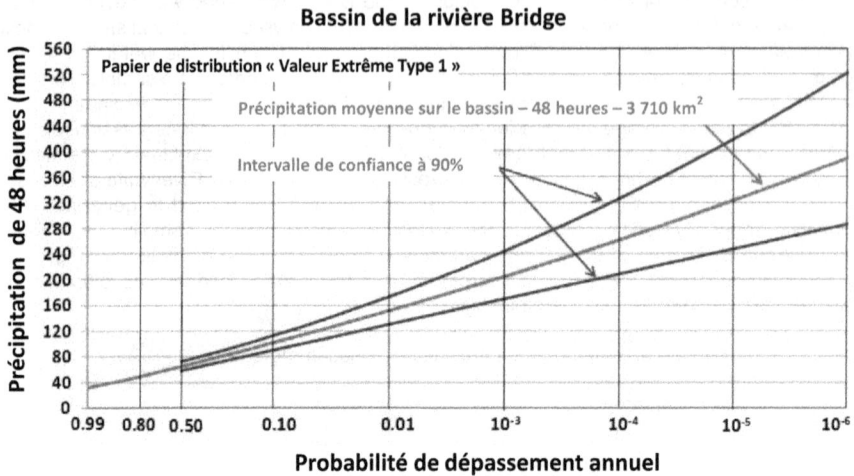

Fig. 3.13
Relation précipitations-fréquence calculée sur 48 heures et limites de confiance
de 90% pour le bassin de la rivière Bridge

3.4.3.2. Réponse des bassins versants à un ruissellement rapide

Des fonctions de vraisemblance empirique ont été développées pour le paramètre de constante de temps de ruissellement rapide (FRTK) dans le modèle UBC Watershed afin de caractériser les incertitudes dans l'estimation des valeurs des paramètres pour les bassins versants modélisés de la rivière Bridge. Le paramètre FRTK contrôle le temps de réponse du bassin versant au ruissellement rapide et affecte l'ampleur et le moment de la pointe de l'hydrogramme de crue. Les valeurs de la meilleure estimation pour le FRTK ont été déterminées par calibration du modèle de bassin versant pour des séries chronologiques de débit à long terme et pour les crues historiques. Les formes des fonctions de vraisemblance étaient basées sur l'expérience acquise grâce à la modélisation et à la calibration du modèle de bassin versant de l'UBC dans des bassins du monde entier qui étaient hydrologiquement similaires au bassin versant de la rivière Bridge. La Figure 3.14 montre les fonctions de vraisemblance développées pour les deux sous-bassins de la rivière Bridge (La Joie et Terzaghi). Les statistiques des fonctions de vraisemblance (en jours) sont:

- 0,5 pour le module/meilleure estimation;

- 0,736 pour la moyenne; et

- 0,357 pour l'écart type.

À partir de ces statistiques sommaires, onze valeurs ont été sélectionnées pour chaque bassin versant à l'aide de méthodes d'échantillonnage de hypercube latin.

Bridge River Watershed

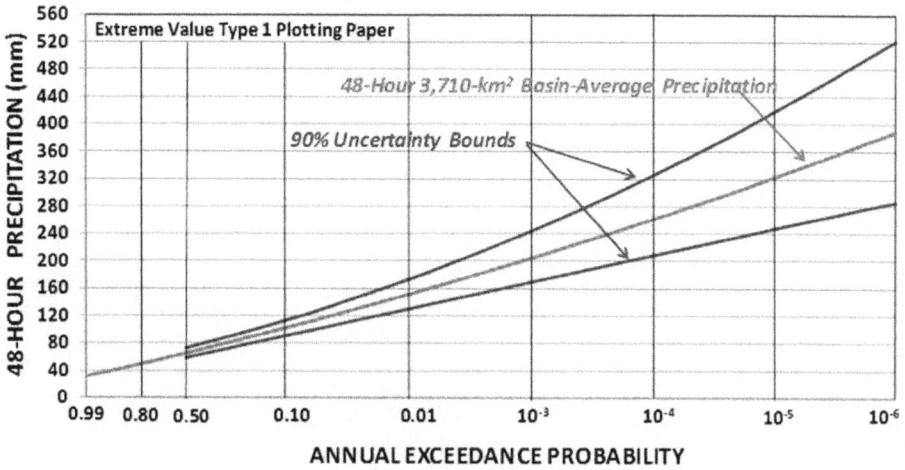

Fig. 3.13
Computed 48-hour precipitation-frequency relationship and 90% uncertainty bounds for the Bridge River basin

3.4.3.2. Watershed response to fast runoff

Empirical likelihood functions were developed for the Fast Runoff Timing Constant (FRTK) parameter within the UBC Watershed Model to characterize uncertainties in estimation of parameter values for modelled Bridge River watersheds. The FRTK parameter controls the timing of the watershed response to fast runoff generation and affects the magnitude and timing of the flood hydrograph peak. The best-estimate values for FRTK were determined through calibration of the watershed model to long-term streamflow time-series and to historical floods. The shapes of the likelihood functions were based on experience gained from modelling and calibration of the UBC Watershed Model at basins throughout the world that were hydrologically similar to the Bridge River watershed. Figure 3.14 shows the developed likelihood functions for both Bridge River sub-basins (La Joie and Terzaghi). The summary statistics for these likelihood functions (in days) were:

- 0.5 for the mode/best estimate;

- 0.736 for the mean; and

- 0.357 for the standard deviation.

From these summary statistics, eleven values were selected for each watershed using Latin-hypercube sampling methods.

La Joie / Terzaghi

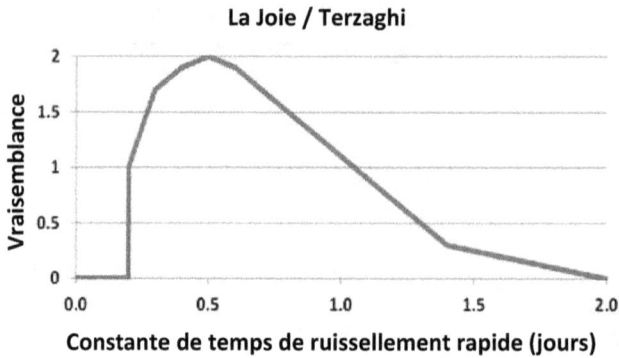

Fig. 3.14
Fonctions de vraisemblance pour la constante de temps de ruissellement rapide pour les bassins versants de la rivière Bridge

3.4.3.3. Température de l'air et niveau de congélation de 1000 mb

Les incertitudes du niveau de congélation pour une simulation de tempête stochastique donnée ont été modélisées en ajustant la valeur d'indexation de la température de l'air pour 1 000 mb. Cette approche se traduit par un ajustement de la valeur d'indexation pour le niveau de congélation et pour le réglage du niveau maximal de congélation pour un mois donné. La valeur de l'ajustement de la température de l'air de 1000 mb s'est avérée être de 1,3°C grâce à la calibration de la relation historique de la fréquence des crues au bassin versant de La Joie, qui est le bassin versant le plus élevé du système de la rivière Bridge avec le taux de ruissellement de fonte le plus élevé.

Cette calibration doit toujours être effectuée dans le cadre du processus de simulation stochastique des crues pour garantir que les caractéristiques de fréquence des crues prédites par un modèle stochastique (SEFM dans ce cas) étaient cohérentes avec le comportement des volumes de crues observés historiquement. Les apports observés au réservoir de La Joie étaient disponibles pour la période 1961–2010 (50 ans). Les volumes annuels maximaux sur 3 jours ont été calculés pour la période d'enregistrement et les probabilités de dépassement ont été déterminées à l'aide d'une approche de position de traçage. Les volumes maximaux annuels de 3 jours ont été ajustés par un facteur 1,03 (ajustement standard pour une conversion de 3 jours à 72 heures) à des fins de comparaison avec les volumes de ruissellement de 72 heures produits par SEFM. La durée de 72 heures a été choisie pour capturer le ruissellement de pointe d'un large éventail de durées de tempête, y compris certains des modèles de tempête qui dépassaient la durée critique de 48 heures discutée à la section 3.4.3.1.

Au cours de la calibration, les paramètres du modèle SEFM ont dû être ajustés pour obtenir une bonne correspondance avec les données historiques du réservoir. Dans le cas de La Joie, seule la température pour 1 000 mb (générée par un modèle stochastique basé sur la physique décrit à la section 3.3.1.5) devait être ajustée à la hausse de 1,3°C; un ajustement mineur et dans l'intervalle de confiance de l'estimation des paramètres. Une fois la calibration terminée, les volumes de ruissellement de 72 heures des simulations SEFM correspondaient étroitement à la courbe de fréquence GEV basée sur les données observées jusqu'à la période de retour de 500 ans (Figure 3.15). Les différences entre les valeurs de fréquence des crues simulées et enregistrées pour les crues supérieures à la période de retour de 25 ans sont le résultat de la variabilité d'échantillonnage dans le modèle stochastique.

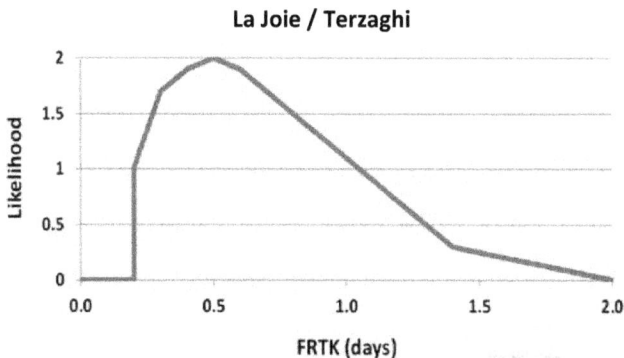

La Joie / Terzaghi

Fig. 3.14
Likelihood functions for fast runoff timing constant for Bridge River watersheds

3.4.3.3. The 1,000 mb air temperature and freezing level

Uncertainties in the freezing level for a given stochastic storm simulation were modelled through adjustment of the indexing value of the 1,000 mb air temperature. This approach results in adjustment of the indexing value for the freezing level and for setting the maximum freezing level for a given month. The value of the 1,000 mb air temperature adjustment was found to be 1.3°C through calibration to the historical flood-frequency relationship at La Joie watershed, which is the highest-elevation watershed in the Bridge System with the highest snowmelt runoff contribution.

This calibration should always be carried out as part of the stochastic flood simulation process to ensure that the flood-frequency characteristics predicted by a stochastic model (SEFM in this case) were consistent with the behavior of historically observed flood volumes. Observed reservoir inflow data for La Joie was available for the 1961-2010 period (50 years). Annual maxima 3-day inflow volumes were computed for the period of record and exceedance probabilities determined using a plotting position approach. The 3-day annual maxima were scaled by 1.03 (standard adjustment for 3-day to 72-hour conversion) for comparison with the 72-hour runoff volumes produced by SEFM. The 72-hour duration was chosen to capture the peak runoff from a wide range of storm durations including some of the storm templates that exceeded the 48-hour critical duration discussed in Section 3.4.3.1.

During the calibration, SEFM model parameters had to be adjusted to achieve good match with the historically observed reservoir inflows. In the La Joie case, only the 1,000 mb temperature (generated by a physically-based stochastic model described in Section 3.3.1.5) needed to be adjusted upward by 1.3°C; a minor adjustment and well within the uncertainty of parameter estimation. After model calibration was completed, the 72-hour runoff volumes from the SEFM simulations closely matched the GEV frequency curve based on the observed data to the 500-year return period (Figure 3.15). Differences between simulated and recorded flood-frequency values for floods larger than the 25-year return period are the result of sampling variability in the stochastic model.

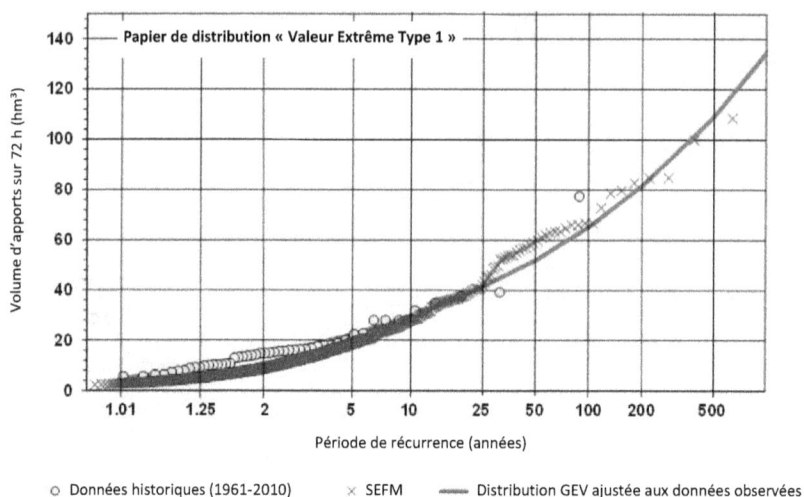

Fig. 3.15
Calibration de l'ampleur-fréquence des apports sur 72 heures de la retenue La Joie
(SEFM et apports observés)

L'incertitude dans l'ajustement de la température de 1000 mb est établie comme étant également probable sur une plage de +/-2,0°C centrée sur la valeur de calibration de 1,3°C. Le Tableau 3.4 énumère les onze paires d'ajustement de la température de l'air pour 1 000 mb et du niveau maximal de congélation pour la saison froide (de novembre à avril).

Table 3.4
Caractéristiques d'incertitude du niveau de congélation pour un ensemble d'échantillons de onze paramètres pour les bassins versants de la rivière Bridge

Échantillon	Ajustement de la température pour 1000 mb (°C)	Ajustement du niveau de congélation (m)	Niveau maximum de congélation (m)					
			Nov.	Déc.	Jan.	Fév.	Mars	Avril
1	-0,7	0	2 700	2300	2100	2100	2200	2600
2	-0,3	0	2800	2400	2200	2200	2300	2800
3	0,1	0	3000	2500	2300	2300	2400	2900
4	0,5	0	3100	2600	2500	2400	2500	3000
5	0,9	0	3200	2800	2600	2500	2600	3200
6	1,3	0	3400	2900	2700	2700	2800	3300
7	1,7	0	3500	3000	2800	2800	2900	3500
8	2,1	0	3700	3200	3000	2900	3000	3600
9	2,5	0	3800	3300	3100	3100	3200	3800
10	2,9	0	4000	3500	3300	3200	3300	3900
11	3,3	0	4200	3600	3400	3400	3500	4100

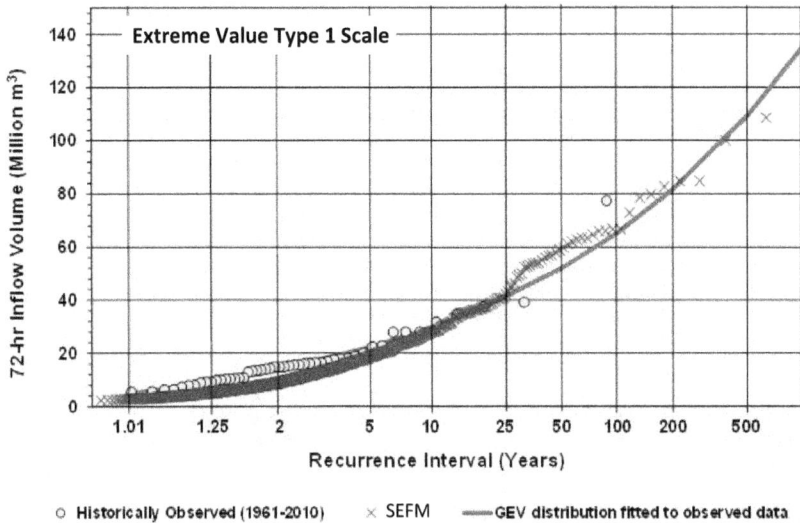

Fig. 3.15
La Joie reservoir 72-hour inflow magnitude-frequency calibration (SEFM and observed inflow)

Uncertainty in the 1,000 mb temperature adjustment was characterized °as being equally-likely over a range of +/- 2.0°C centered on the calibration value of 1.3°C. Table 3.4 lists the eleven pairings of 1,000 mb air temperature adjustment and maximum freezing level for the cool season (November to April).

Table 3.4
Uncertainty characteristics for sample set of eleven freezing level parameters for
Bridge River watersheds

Sample set	1,000 mb temperature adjustment (°C)	Freezing level adjustment (m)	Maximum freezing level (m)					
			Nov	Dec	Jan	Feb	Mar	Apr
1	-0.7	0	2,700	2,300	2,100	2,100	2,200	2,600
2	-0.3	0	2,800	2,400	2,200	2,200	2,300	2,800
3	0.1	0	3,000	2,500	2,300	2,300	2,400	2,900
4	0.5	0	3,100	2,600	2,500	2,400	2,500	3,000
5	0.9	0	3,200	2,800	2,600	2,500	2,600	3,200
6	1.3	0	3,400	2,900	2,700	2,700	2,800	3,300
7	1.7	0	3,500	3,000	2,800	2,800	2,900	3,500
8	2.1	0	3,700	3,200	3,000	2,900	3,000	3,600
9	2.5	0	3,800	3,300	3,100	3,100	3,200	3,800
10	2.9	0	4,000	3,500	3,300	3,200	3,300	3,900
11	3.3	0	4,200	3,600	3,400	3,400	3,500	4,100

3.4.3.4. Aspects saisonniers des tempêtes sans limitation sur l'ordre de grandeur des précipitations

L'ampleur des précipitations dans les simulations de crues stochastiques n'a généralement pas de limite supérieure. Cependant, des restrictions pourraient s'appliquer dans le cadre de modélisation stochastique des crues pour les mois où l'ampleur des précipitations peut dépasser l'estimation des précipitations maximales probables (PMP). En général, l'ampleur des précipitations ne peut dépasser les estimations de la PMP que pendant les mois qui occupent le centre de la saison des tempêtes. Cette période varie selon la climatologie régionale et s'étend d'octobre à la mi-mars pour le bassin versant de la rivière Campbell (Figure 3.1), mais elle est un peu plus courte (d'octobre à février) pour la région de la rivière Bridge. Pour les mois hors de cette période, des restrictions sont placées sur l'ampleur des précipitations et la limite supérieure des précipitations est fixée à l'estimation de la PMP (Micovic et coll., 2015) pour un mois donné.

Il existe une incertitude quant à la saisonnalité des tempêtes de longue durée en ce qui concerne les mois où l'ampleur des précipitations ne devrait pas être restreinte. Cette incertitude a été modélisée en considérant que l'ampleur des précipitations n'étaient pas limitées pour le centre de la distribution saisonnière, puis en étendant vers l'extérieur pour considérer les mois supplémentaires comme non restreints. Onze ensembles d'échantillons de saisonnalité des tempêtes ont été créés (Tableau 3.5) où des regroupements mensuels étaient applicables à plusieurs ensembles d'échantillons. Plus particulièrement, les regroupements mensuels pour les séries d'échantillons 4, 5, 6 et 7 et les pourcentages de restrictions de la PMP correspondent généralement à la climatologie de la région de la rivière Bridge.

Table 3.5
Restrictions sur les précipitations moyennes maximales du bassin sur 48 heures exprimées en pourcentage de la pluie maximale probable (PMP)

Échantillon	Juil.	Août	Sept.	Oct.	Nov.	Déc.	Jan.	Fév.	Mars	Avril
1	U	U	U	U	U	U	U	U	U	U
2, 10, 11	75%	U	U	U	U	U	U	U	U	U
3, 8, 9	52%	75%	U	U	U	U	U	U	U	75%
4, 5, 6, 7	52%	53%	77%	U	U	U	U	U	77%	54%

Remarque: «U» correspond à la valeur des précipitations sans restriction

3.5. RÉSULTATS DE FRÉQUENCE DES CRUES ET LIMITES DE CONFIANCE

Des simulations de Monte Carlo ont été utilisées pour développer des relations ampleur-fréquence pour les valeurs maximales d'apports, de débits sortants et de niveaux du réservoir pour des barrages individuels ou pour une série de barrages d'un système. En ce qui concerne les exemples présentés dans ce chapitre (systèmes hydroélectriques des rivières Campbell et Bridge), ces relations étaient basées sur 10 000 simulations informatiques pour chacune des onze «configurations plausibles de modèle». Cette approche est basée sur la procédure de calcul de probabilité totale développée par Nathan et Weinmann (2001) qui réduit considérablement le nombre de simulations qui auraient autrement été nécessaires pour développer les relations de probabilité de crue. En particulier, il convient de noter que chacune des onze «configurations plausibles de modèle» était composée d'une combinaison aléatoire des valeurs des paramètres pour les onze ensembles d'échantillons, selon la méthodologie standard de l'hypercube latin.

Les résultats du modèle de crue stochastique sont présentés sous forme de diagrammes de probabilité utilisant une position de traçage non paramétrique. Cette approche évite les problèmes souvent rencontrés lors de la sélection et de l'ajustement d'une distribution de probabilité, en particulier pour certains résultats tels que les niveaux des réservoirs qui sont affectés par des facteurs anthropiques tels que les règles d'exploitation des réservoirs.

3.4.3.4. Storm seasonality where precipitation magnitudes are unrestricted

Precipitation magnitudes in stochastic flood simulations typically do not have an upper limit. However, restrictions could be placed within the stochastic flood modelling framework on the months where precipitation magnitudes may exceed the Probable Maximum Precipitation (PMP) estimate. In general, precipitation magnitudes are allowed to exceed PMP estimates only in those months occupying the central body of the storm seasonality. This period varies depending on regional climatology and stretches from October to mid-March for the Campbell River watershed (Figure 3.1), but is somewhat shorter (October through February) for the Bridge River region. In those months that are external to the central body of the seasonality data, restrictions are placed on precipitation magnitudes and the upper limit to precipitation is set at the PMP estimate (Micovic et al., 2015) for a particular month.

There is uncertainty in the seasonality of long-duration storms with regard to the months where precipitation magnitudes should be unrestricted. This uncertainty was modeled by considering precipitation magnitudes to be unrestricted for the central body of the seasonality distribution and then extending outwards to consider additional months as unrestricted. Eleven sample sets for storm seasonality were created (Table 3.5) where several monthly groupings were applicable to several sample sets. In particular, the monthly groupings for sample sets 4, 5, 6 and 7 and the percent PMP restrictions generally correspond to the Bridge River region's climatology.

Table 3.5
Restrictions on 48-hour basin-average precipitation expressed as percentage of PMP

Monthly values of maximum 48-hour precipitation expressed as percentage of PMP									
Sample set	Jul	Aug	Sep	Oct	Nov	Dec	Jan	Feb	Mar	Apr
1	U	U	U	U	U	U	U	U	U	U
2, 10, 11	75%	U	U	U	U	U	U	U	U	U
3, 8, 9	52%	75%	U	U	U	U	U	U	U	75%
4, 5, 6, 7	52%	53%	77%	U	U	U	U	U	77%	54%

Note: "U" corresponds to precipitation magnitudes being unrestricted

3.5.   STOCHASTICALLY DERIVED FLOOD FREQUENCY RESULTS WITH UNCERTAINTY BOUNDS

Monte Carlo computer simulations were used to develop magnitude-frequency relationships for maxima of reservoir inflow, outflow, and reservoir elevation for individual dams or for a series of dams within a hydroelectric system. For the examples presented in this chapter (Campbell River and Bridge River hydroelectric systems), these relationships were based on 10,000 computer simulations for each of the eleven "plausible model configurations". This approach is based on the total probability computation procedure developed by Nathan and Weinmann (2001) which greatly reduces the number of simulations that would otherwise have been required to develop the flood-frequency relationships. In particular, it should be noted that each of the eleven "plausible model configurations" was comprised of a random combination of the parameter values for the eleven sample sets, per standard Latin-hypercube methodology.

Flood outputs of interest from the stochastic flood model were presented as probability-plots developed using a non-parametric plotting position. This approach avoids the problems often encountered in selecting and fitting a probability distribution, particularly for flood outputs such as reservoir levels that have been greatly affected by anthropogenic factors such as imposed reservoir operating procedures.

Chacune des onze configurations plausibles de modèle produit une relation de probabilité de crue pour une caractéristique spécifique de crue. Par exemple, la Figure 3.16 illustre les onze relations de probabilité des crues pour le débit de pointe du réservoir pour le bassin hydrographique de 1 000 km² du barrage La Joie en Colombie-Britannique, calculées à l'aide du modèle de crue stochastique. Les courbes de probabilité moyenne des crues et les limites de confiance pour les apports de pointe du réservoir et le niveau d'eau maximal du réservoir pour le même barrage sont présentés aux Figures 3.17 et 3.18, respectivement. Notez que la Figure 3.18 est particulièrement importante en termes de considérations et de décisions relatives à la sécurité des barrages, car elle fournit des informations sur la probabilité de dépassement en crête du barrage.

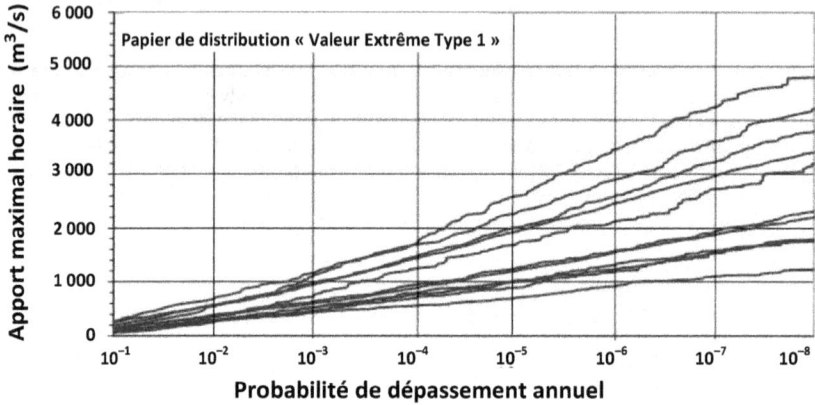

Fig. 3.16
Barrage La Joie - Exemple de relations simulées entre la probabilité des crues et l'apport horaire maximal de la retenue pour onze configurations plausibles de modèle

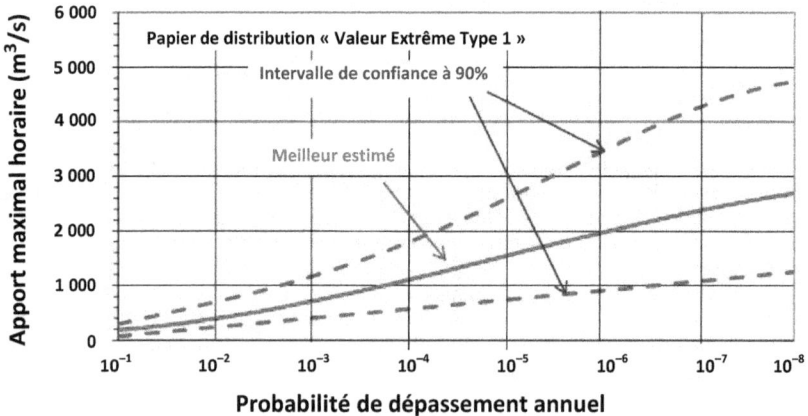

Fig. 3.17
Barrage La Joie - Courbe de probabilité de l'apport horaire maximal du réservoir simulé par un modèle stochastique de crue

Each of the eleven plausible model configurations produces one flood-frequency relationship for a flood characteristic of interest. For example, Figure 3.16 depicts the eleven flood-frequency relationships for the peak reservoir inflow for the 1,000 km^2 La Joie Dam watershed in British Columbia computed using the stochastic flood model. The mean flood-frequency curves and uncertainty bounds for the peak reservoir inflow for and peak reservoir elevation for the same dam are shown in Figures 3.17 and 3.18, respectively. Note that Figure 3.18 is particularly important in terms of dam safety considerations and decisions because it provides information on the probability of dam overtopping.

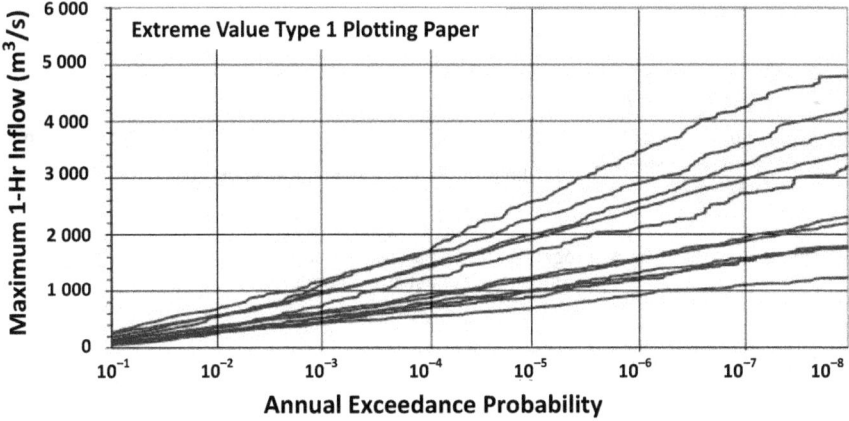

Fig. 3.16
Example of simulated flood-frequency relationships for peak hourly reservoir inflow
at La Joie Dam for eleven plausible model configurations

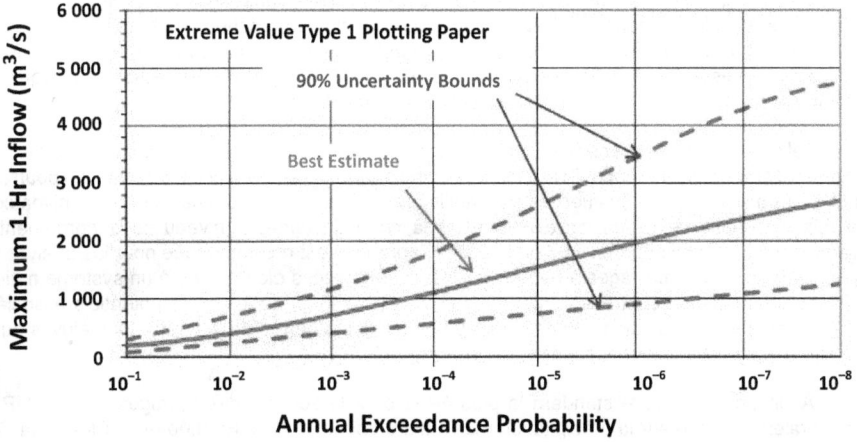

Fig. 3.17
La Joie Dam – Frequency curve for peak hourly reservoir inflow simulated
by stochastic flood model

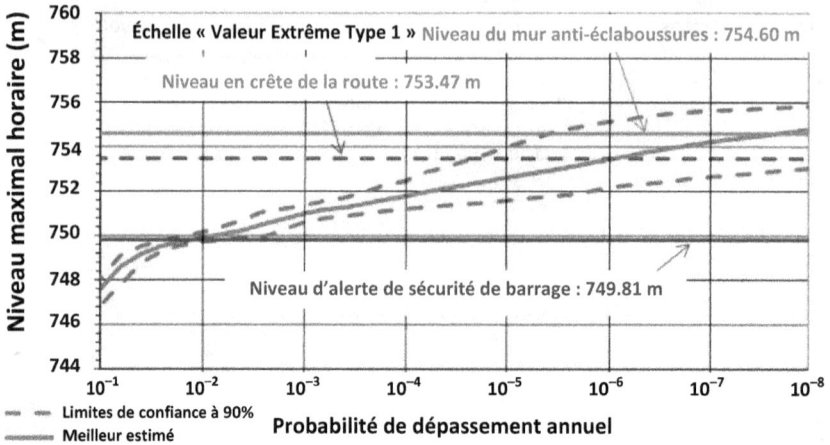

Fig. 3.18
Barrage La Joie - Courbe de probabilité du niveau horaire de pointe du réservoir simulé par un modèle stochastique de crue

3.6. REMARQUES FINALES

La simulation stochastique des crues pour la sécurité des barrages est une analyse multidisciplinaire visant à capturer de manière réaliste les interactions entre les composants d'un système extrêmement complexe, en tenant compte des apports naturels et anthropiques. Il nécessite une expertise technique dans plusieurs domaines tels que la météorologie, la modélisation hydrologique et des analyses statistiques sophistiquées, ainsi qu'une quantité importante de données hydrométéorologiques. Par conséquent, il est relativement coûteux et actuellement réalisé uniquement par un nombre limité de propriétaires de barrages dans plusieurs pays. En outre, les besoins considérables en données empêchent d'appliquer cette approche dans de nombreux pays en développement à l'heure actuelle - mais cela est susceptible de changer à l'avenir avec l'augmentation continue de la puissance de calcul et les progrès des technologies de télédétection et d'acquisition de données.

Tel que mentionné précédemment, l'approche de simulation stochastique du risque de crues donne des distributions de probabilité continues complètes du niveau d'eau du réservoir qui pourraient ensuite être utilisées pour évaluer les probabilités de dépassement annuel de divers niveaux de réservoir, y compris le niveau correspondant à la crête du barrage (niveau de débordement du barrage) ainsi que le niveau résultant de la CMP. L'approche est recommandée pour les analyses de risques associés à des barrages à risque élevé/à conséquences élevées (ou à un système national de digues de protection contre les crues comme aux Pays-Bas) où les coûts potentiels associés à diverses mesures de réduction des risques sont de plusieurs ordres de grandeur plus élevés que le coût d'un étude de simulation stochastique des crues.

À l'inverse, le critère standard le plus élevé pour la sécurité des barrages est la CMP qui est généralement basé sur la précipitation maximale probable (PMP). En théorie, la PMP et la CMP représentent respectivement les limites supérieures théoriques de la pluviométrie et de l'ampleur des crues, et il n'y a aucune chance qu'elles soient dépassées. En réalité, elles changent au fil du temps à mesure que de nouvelles données et méthodologies deviennent disponibles, ainsi que selon les approches et le niveau de jugement subjectif que les différents analystes utilisent pour calculer les estimations.

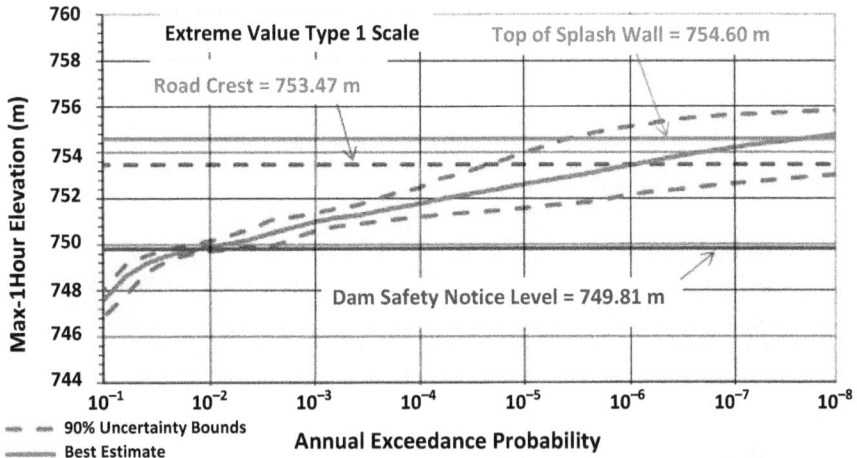

Fig. 3.18
La Joie Dam – Frequency curve for peak hourly reservoir level simulated by stochastic flood model

3.6.   CONCLUDING REMARKS

Stochastic flood simulation for dam safety is a multi-disciplinary analysis aiming to realistically capture interactions among components of an extremely complex system, considering both natural and anthropogenic inputs. It requires technical expertise in several fields such as meteorology, hydrological modelling and sophisticated statistical analyses, as well as significant amount of hydrometeorological data. Consequently, it is relatively expensive and currently carried out only by a limited number of dam owners in several countries. Also, the considerable data requirements prevent applying this approach in many developing countries at the present time – however that is likely to change in future with continuous increase in computing power and advancements in both remote sensing and data acquisition technologies.

As mentioned earlier, the stochastic simulation approach to flood hazard yields the full continuous probability distributions of reservoir elevation which could then be used to evaluate annual exceedance probabilities of various reservoir levels including the level corresponding to the dam crest (dam overtopping level) as well as the level resulting from the PMF. The approach is recommended for risk assessment studies associated with high hazard/high consequence dams (or a national system of flood protection dykes like in the Netherlands) where potential costs associated with various risk reduction measures are several orders of magnitude higher than the cost of a stochastic flood simulation study.

Conversely, the highest standard-based criterion for dam safety is the PMF which is typically based on the Probable Maximum Precipitation (PMP). In theory, both the PMP and the PMF represent notional upper limits of rainfall and flood magnitude, respectively, and there is zero chance of them being exceeded. In reality, they change over time as new data and methodologies become available, as well as depending on approaches and level of subjective judgement different analysts use in deriving the estimates.

Micovic et coll. (2015) ont analysé les principales composantes météorologiques d'une PMP et ont démontré que l'incertitude associée aux estimations finales de la PMP (et aux résultats correspondants de la CMP) peut être très élevée, ce qui implique que la PMP et la CMP ne sont pas de véritables limites physiques mais simplement des concepts d'ingénierie pratiques. Ainsi, un propriétaire de barrage utilisant la CMP pour la sécurité des barrages peut se demander ce qui se passe si la CMP actuelle change ou à quel point elle pourrait être plus grande (ou plus petite). Ou bien, quels sont les niveaux de risque associés aux différentes CMP ainsi que les coûts des mesures potentielles de réduction des risques.

Ces dilemmes pourraient être illustrés par l'exemple du barrage de Cherry Creek aux États-Unis, Downton et coll. (2005). En 1995, la PMP de 24 heures pour le bassin versant a été estimée par le US National Weather Service à 536 mm. Le US Army Corps of Engineers (USACE) a ensuite utilisé cette PMP pour dériver la CMP et a conclu que le barrage ne pouvait contrôler en toute sécurité que 75% de la CMP. Par conséquent, l'USACE a informé le public que le barrage n'était pas sécuritaire et a proposé plusieurs améliorations alternatives au barrage, au réservoir et au bassin, coûtant jusqu'à 250 millions de dollars. En 2000, l'étude de PMP a été réalisée par un autre analyste qui est arrivé à une valeur de PMP 24 heures de 401 mm (soit environ 75% de la valeur 1995). Notez que cette PMP entraînerait une réduction de la CMP (en supposant que tous les autres intrants de la CMP restent inchangés) et que le barrage pourrait gérer en toute sécurité plus de 75% (et peut-être 100%) de la CMP révisée, ce qui entraînerait probablement une baisse significative des coûts d'amélioration de la sécurité du barrage par rapport à l'estimation initiale de 250 millions de dollars.

Le barrage de Cherry Creek est un bon exemple où des informations supplémentaires obtenues grâce à une étude stochastique des crues pourraient être appliquées pour améliorer les décisions critiques en matière de sécurité du barrage et justifier les coûts et les efforts de réalisation de l'étude. La distribution de probabilité complète (avec incertitude) de toutes les caractéristiques des crues aiderait à évaluer le conservatisme des différentes estimations de CMP ainsi qu'à prendre des décisions éclairées sur les risques et sur les améliorations potentielles pour la sécurité des barrages.

En outre, la disponibilité de la distribution de probabilité complète de diverses caractéristiques de crues nous permet d'estimer les probabilités conjointes et d'identifier les modes de défaillance potentiels qui ne peuvent pas être analysés en utilisant des critères de conception déterministes stricts «réussite/échec» (par exemple, rupture de barrage due à une crue modeste combinée à une défaillance d'une ou de plusieurs vannes de déversoir).

Tel que mentionné dans la section d'introduction de ce chapitre, les barrages peuvent céder lors d'une crue non extrême, en raison d'une combinaison de deux ou plusieurs événements défavorables relativement habituels, qui individuellement ne sont pas critiques pour la sécurité. Par conséquent, l'approche de simulation stochastique des crues pour la sécurité des barrages introduite dans ce chapitre, bien qu'elle soit techniquement complexe et réalisée par seulement un petit nombre de spécialistes, représente une alternative valide et essentielle aux méthodes déterministes fondées sur des normes, en particulier lorsque les estimations des risques et les barrages associés des décisions de sécurité/politiques d'exploitation sont nécessaires pour toute la gamme de conditions hydrologiques.

Une approche stochastique du risque de crues pour la sécurité des barrages est recommandée pour les études d'évaluation des risques associés aux barrages à risque élevé/à conséquences élevées (ou digues de protection contre les crues), où les coûts potentiels associés à diverses mesures de réduction des risques sont de plusieurs ordres de grandeur plus élevés que le coût d'une analyse stochastique de simulation des crues.

Enfin, la méthodologie stochastique/probabiliste conduit à une meilleure compréhension de l'incertitude totale associée aux estimations des risques de crues utilisées dans l'évaluation de la sécurité des barrages. Avec des niveaux d'incertitude intrinsèques qui ne seront jamais résolus, «se convaincre que vous avez des résultats sur lesquels vous pouvez compter pour prendre des décisions critiques pour la sécurité des barrages» devient une question d'acceptation d'un certain niveau de risque résiduel. L'application des analyses scientifiques les plus rigoureuses pour améliorer la compréhension de ces incertitudes est le mieux que tout propriétaire ou organisme de réglementation puisse faire pour s'assurer qu'il a fait le plus possible pour prendre ses décisions.

Micovic et al. (2015) analyzed the main meteorological components of a PMP and demonstrated that the uncertainty associated with final PMP estimates (and corresponding PMF results) can be very high, implying that the PMP and the PMF are not true physical limits but simply convenient engineering concepts. Thus, a dam owner using the PMF standard for dam safety may wonder what happens if the current PMF changes or how much larger (or smaller) it could be. Or, what are the risk levels associated with different PMFs as well as the costs of potential risk reduction measures.

These dilemmas could be illustrated by the example of the Cherry Creek Dam in USA, described in Downton et al. (2005). In 1995, the 24-hr PMP for the watershed was estimated by the U.S. National Weather Service to be 536 mm. The U.S. Army Corps of Engineers (USACE) then used this PMP to derive the PMF and concluded that the dam could safely control only 75% of the PMF. Consequently, USACE informed the public that the dam was unsafe and proposed several alternative improvements to the dam, reservoir, and basin, costing up to $250 million. In 2000, the PMP study was carried out by another analyst who came up with the lower 24-hr PMP value of 401 mm (i.e. about 75% of the 1995 value). Note that this lower PMP would result in lower PMF (assuming all other PMF inputs remain unchanged) and indicate that the dam could safely handle more than 75% (and possibly 100%) of the new PMF, likely bringing the costs of dam safety improvement down significantly from the original $250 million estimate.

The Cherry Creek Dam is a good example where additional information obtained through a stochastic flood study could be applied to enhance dam safety critical decisions and justify cost and effort of undertaking the study. The full probability distribution (with uncertainty) of all flood characteristics would help in assessing the conservatism (i.e. AEP) of different PMF estimates as well as in making risk informed decisions on potential dam safety upgrades.

In addition, the availability of the full probability distribution of various flood characteristics allows us to estimate joint probabilities and identify potential failure modes that cannot be analyzed using strict "pass/fail" deterministic design criteria (e.g. dam failure due to a modest flood combined with a failure of one or more spillway gates).

As mentioned in the introductory section of this chapter, dams often fail during a non-extreme flood, due to a combination of two or more relatively usual unfavourable events, which individually are not safety critical. Therefore, the stochastic flood simulation approach for dam safety introduced in this chapter, despite being technically complex and carried out by only a small number of specialists, represents a valid and necessary alternative to standard-based deterministic methods, especially when risk estimates and associated dam safety decisions/operating policies are required over the full range of hydrologic loading conditions.

Stochastic approach to flood hazard for dam safety is recommended for risk assessment studies associated with high hazard/high consequence dams (or flood protection dykes), where potential costs associated with various risk reduction measures are several orders of magnitude higher than the cost of a stochastic flood simulation study.

Finally, stochastic/probabilistic methodology leads to better understanding of total uncertainty associated with flood hazard estimates used in dam safety assessments. With intrinsic levels of uncertainty that will never be resolved, "satisfying yourself that you have results that can be relied on to make dam safety critical decisions" becomes a matter of acceptance of some residual level of risk. Applying the most rigorous scientific analyses to improve the understanding of these uncertainties is the best that any owner or regulator can do to satisfy themselves they have done as much as is practicable in arriving at their decisions.

3.7. RÉFÉRENCES

ANCOLD (2017), Guidelines on selection of acceptable flood capacity for dams.

Baecher, G.B., Hartford, D.N.D., Patev, R.C., Rytters, K., Zielinski, P.A. (2013), Understanding spillway systems reliability, in Proceedings of ICOLD 81st Annual Symposium, Seattle, WA, USA, pp. 1241-1250.

Boughton, W., Droop, O. (2003), Continuous simulation for design flood estimation - a review, Environmental Modelling and Software, 18 (4), 309-318.

Cunnane, C. (1978), Unbiased plotting positions – a review, Journal of Hydrology 37, 205-222.

Downton, M.W., Morss, R.E., Wilhelmi, O.V., Gruntfest, E., Higgins, M. (2005), Interactions between scientific uncertainty and flood management decisions: two case studies in Colorado. Environmental Hazards 6, 134–146.

FEMA (2013), Selecting and accommodating inflow design floods for dams, FEMA report P-94.

Garavaglia, F., Gailhard, J., Paquet, E., Lang, M., Garçon, R., Bernardara, P. (2010), Introducing a rainfall compound distribution model based on weather patterns sub-sampling. Hydrology and Earth System Sciences, 14 (6), 951–964.

Hansen, E.M., Fenn D.D., Corrigan, P., Vogel, J.L., Schreiner, L.C., Stodt, R.W. (1994), Probable Maximum Precipitation for Pacific Northwest States – Columbia River (including portions of Canada), Snake River and Pacific Coastal Drainages, Hydrometeorological Report No. 57, US National Weather Service, Silver Spring, MD, USA.

Hegnauer, M., Beersma, J.J., van den Boogaard, H.F.P., Buishand, T.A., Passchier, R.H. (2014), Generator of Rainfall and Discharge Extremes (GRADE) for the Rhine and Meuse basins – Final report of GRADE 2.0, Report for Rijkswaterstaat, Ministry of Infrastructure and the Environment, The Netherlands, Reference No. 1209424-004-ZWS-0018.

Hosking, J.R.M., Wallis, J.R. (1997), Regional frequency analysis - an approach based on L- moments, Cambridge University Press, Cambridge, UK.

International Commission on Large Dams (2003), Dams and floods, guidelines and case histories. Bulletin 125, ICOLD, Paris.

Klemes, V. (2000), Review of stochastic modelling of extreme floods for Mica Dam, personal communication, October 2000.

Lewin, J., Ballard, G., Bowles, D.S. (2003), Spillway gate reliability in the context of overall dam failure risk, in Proceedings of the 23rd Annual USSD Conference, Charleston, SC, USA.

McKay, M.D., Conover, W.J., Beckman, R.J. (1979), A comparison of three methods for selecting values of input variables in the analysis of output from a computer code, Technometrics 21, 239-245.

Micovic, Z., Quick, M.C. (2009), Investigation of the model complexity required in runoff simulation at different time scales, Hydrological Sciences Journal, 54(5), 872-885.

Micovic, Z., Schaefer, M.G., Taylor, G.H. (2015), Uncertainty analysis for Probable Maximum Precipitation estimates, Journal of Hydrology 521, 360-373.

Micovic, Z., Hartford, D.N.D., Schaefer, M.G., Barker, B.L. (2016), A non-traditional approach to the analysis of flood hazard for dams, Stochastic Environmental Research and Risk Assessment 30, 559-581.

Nathan, R.J. (2017), Current trends in the evaluation of extreme floods, In Flood evaluation and dam safety, Bulletin 170, ICOLD, Paris.

Nathan, R.J., Weinmann, P.E. (2001), Estimation of Large to Extreme Floods, Book VI, In Australian Rainfall and Runoff – A Guide to Flood Estimation, The Institution of Engineers, Canberra, Australia.

Nathan, R.J., Weinmann, P.E. (2004), An improved framework for the characterisation of extreme floods and for the assessment of dam safety, In Hydrology: Science & Practice for the 21st Century, Vol. 1, pp. 186-193, Proceedings of British Hydrological Society, London, UK.

Nathan, R.J., Hill, P.I., Weinmann, P.E. (2011), Achieving consistency in derivation of the Probable Maximum Flood, in Proceedings of the ANCOLD 2011 Conference on Dams, Melbourne, Australia.

3.7. REFERENCES

ANCOLD (2017), Guidelines on selection of acceptable flood capacity for dams.

Baecher, G.B., Hartford, D.N.D., Patev, R.C., Rytters, K., Zielinski, P.A. (2013), Understanding spillway systems reliability, in Proceedings of ICOLD 81st Annual Symposium, Seattle, WA, USA, pp. 1241-1250.

Boughton, W., Droop, O. (2003), Continuous simulation for design flood estimation - a review, Environmental Modelling and Software, 18 (4), 309-318.

Cunnane, C. (1978), Unbiased plotting positions – a review, Journal of Hydrology 37, 205-222.

Downton, M.W., Morss, R.E., Wilhelmi, O.V., Gruntfest, E., Higgins, M. (2005), Interactions between scientific uncertainty and flood management decisions: two case studies in Colorado. Environmental Hazards 6, 134–146.

FEMA (2013), Selecting and accommodating inflow design floods for dams, FEMA report P-94.

Garavaglia, F., Gailhard, J., Paquet, E., Lang, M., Garçon, R., Bernardara, P. (2010), Introducing a rainfall compound distribution model based on weather patterns sub-sampling. Hydrology and Earth System Sciences, 14 (6), 951–964.

Hansen, E.M., Fenn D.D., Corrigan, P., Vogel, J.L., Schreiner, L.C., Stodt, R.W. (1994), Probable Maximum Precipitation for Pacific Northwest States – Columbia River (including portions of Canada), Snake River and Pacific Coastal Drainages, Hydrometeorological Report No. 57, US National Weather Service, Silver Spring, MD, USA.

Hegnauer, M., Beersma, J.J., van den Boogaard, H.F.P., Buishand, T.A., Passchier, R.H. (2014), Generator of Rainfall and Discharge Extremes (GRADE) for the Rhine and Meuse basins – Final report of GRADE 2.0, Report for Rijkswaterstaat, Ministry of Infrastructure and the Environment, The Netherlands, Reference No. 1209424-004-ZWS-0018.

Hosking, J.R.M., Wallis, J.R. (1997), Regional frequency analysis - an approach based on L- moments, Cambridge University Press, Cambridge, UK.

International Commission on Large Dams (2003), Dams and floods, guidelines and case histories. Bulletin 125, ICOLD, Paris.

Klemes, V. (2000), Review of stochastic modelling of extreme floods for Mica Dam, personal communication, October 2000.

Lewin, J., Ballard, G., Bowles, D.S. (2003), Spillway gate reliability in the context of overall dam failure risk, in Proceedings of the 23rd Annual USSD Conference, Charleston, SC, USA.

McKay, M.D., Conover, W.J., Beckman, R.J. (1979), A comparison of three methods for selecting values of input variables in the analysis of output from a computer code, Technometrics 21, 239-245.

Micovic, Z., Quick, M.C. (2009), Investigation of the model complexity required in runoff simulation at different time scales, Hydrological Sciences Journal, 54(5), 872-885.

Micovic, Z., Schaefer, M.G., Taylor, G.H. (2015), Uncertainty analysis for Probable Maximum Precipitation estimates, Journal of Hydrology 521, 360-373.

Micovic, Z., Hartford, D.N.D., Schaefer, M.G., Barker, B.L. (2016), A non-traditional approach to the analysis of flood hazard for dams, Stochastic Environmental Research and Risk Assessment 30, 559-581.

Nathan, R.J. (2017), Current trends in the evaluation of extreme floods, In Flood evaluation and dam safety, Bulletin 170, ICOLD, Paris.

Nathan, R.J., Weinmann, P.E. (2001), Estimation of Large to Extreme Floods, Book VI, In Australian Rainfall and Runoff – A Guide to Flood Estimation, The Institution of Engineers, Canberra, Australia.

Nathan, R.J., Weinmann, P.E. (2004), An improved framework for the characterisation of extreme floods and for the assessment of dam safety, In Hydrology: Science & Practice for the 21st Century, Vol. 1, pp. 186-193, Proceedings of British Hydrological Society, London, UK.

Nathan, R.J., Hill, P.I., Weinmann, P.E. (2011), Achieving consistency in derivation of the Probable Maximum Flood, in Proceedings of the ANCOLD 2011 Conference on Dams, Melbourne, Australia.

Paquet, E., Garavaglia, F., Gailhard, J., Garçon, R. (2013), The SCHADEX method: a semi- continuous rainfall-runoff simulation for extreme flood estimation, Journal of Hydrology 495, 23–37.

Quick, M.C. (1995), The UBC Watershed Model, in Computer models of watershed hydrology, edited by V.J. Singh, pp. 233-280, Water Resources Publications. Highlands Ranch, CO, USA.

Saltelli A, Chan K., Scott E.M. (2001), Sensitivity Analysis, John Wiley and Sons, 1st edition, New York, NY, USA.

Schaefer, M.G., Barker, B.L. (2002), Stochastic Event Flood Model (SEFM), In Mathematical models of small watershed hydrology and applications, edited by V.J. Singh and D.K. Frevert, pp. 707-748, Water Resources Publications, Highlands Ranch, CO, USA.

Wyss, G.D., Jorgenson, K.H. (1998), A user's guide to LHS: Sandia's Latin Hypercube Sampling software, Sandia National Laboratories, Report.

Paquet, E., Garavaglia, F., Gailhard, J., Garçon, R. (2013), The SCHADEX method: a semi- continuous rainfall-runoff simulation for extreme flood estimation, Journal of Hydrology 495, 23–37.

Quick, M.C. (1995), The UBC Watershed Model, in Computer models of watershed hydrology, edited by V.J. Singh, pp. 233-280, Water Resources Publications. Highlands Ranch, CO, USA.

Saltelli A, Chan K., Scott E.M. (2001), Sensitivity Analysis, John Wiley and Sons, 1st edition, New York, NY, USA.

Schaefer, M.G., Barker, B.L. (2002), Stochastic Event Flood Model (SEFM), In Mathematical models of small watershed hydrology and applications, edited by V.J. Singh and D.K. Frevert, pp. 707-748, Water Resources Publications, Highlands Ranch, CO, USA.

Wyss, G.D., Jorgenson, K.H. (1998), A user's guide to LHS: Sandia's Latin Hypercube Sampling software, Sandia National Laboratories, Report.

4. PRÉDICTION DES APPORTS AU RÉSERVOIR POUR UNE GESTION PROACTIVE DES RISQUES DE CRUES

4.1. RISQUE DE CRUES

Il existe différents types de crues et différents types de risques de crues. Le risque est normalement considéré comme une combinaison de probabilités et de conséquences. La probabilité qu'une crue ait un impact sur une zone spécifique peut souvent être estimée sur la base de notre connaissance de la probabilité qu'un ou plusieurs événements de pluie/tempête provoquent une telle crue. Les conséquences peuvent également être estimées en fonction des caractéristiques d'une telle crue. Certaines conséquences peuvent être estimées assez facilement (ex. dommages aux bâtiments, routes, centrales, ...), d'autres sont plus difficiles à évaluer (perte potentielle de vies humaines, perte de valeurs écologiques ou culturelles, ...).

Dans ce chapitre, les deux aspects du risque de crues, la probabilité et les conséquences sont considérées. La gestion proactive des risques de crues vise à réduire la probabilité de dommages causés par les crues majeures et s'il n'est pas possible d'éviter les inondations, à réduire les conséquences.

4.2. PRINCIPES FONDAMENTAUX DE LA PRÉDICTION HYDROLOGIQUE ET HYDRO-MÉTÉOROLOGIQUE DES APPORTS

La prédiction des apports est l'art d'estimer les apports futurs aux réservoirs (et - de plus - de préférence en ajoutant une mesure de l'incertitude/fiabilité) dans le but de favoriser les demandes spécifiques et la prise de décisions éclairées liées à l'opération des réservoirs pour divers horizons temporels. Le problème fondamental lié à la tâche de prévision est qu'un état futur inconnu doit être déduit à partir d'une connaissance préalable essentiellement limitée et erratique du système considéré. En ce qui concerne ce qui précède, les stratégies de prévisions, les méthodes, etc. doivent être quelque peu orientées vers la situation, le problème ou le contexte spécifique de gestion.

Selon cette philosophie, ces aspects doivent être analysés parallèlement aux différents horizons temporels auxquels les problèmes spécifiques de gestion sont traités et les décisions de gestion sont efficaces (Tableau 4.1).

Table 4.1
Horizons temporels et liens avec les problèmes typiques de gestion des retenues, associés à l'estimation des apports et à la gestion des risques de crues

Horizon temporel	Long terme	Saisonnier	Événement unique
Problème de gestion	Planification du volume d'eau stocké	Gestion des débits relâchés	Gestion des débits relâchés/évacués
	Conception et optimisation des règles d'opération	Gestion des prélèvements	(Gestion des prélèvements)*
	Adaptation aux changements climatiques	Gestion de la qualité de l'eau	(Gestion de la qualité de l'eau)*

* Ces mesures ne sont efficaces que dans une certaine mesure selon cet horizon temporel.

4. RESERVOIR INFLOW PREDICTION FOR PROACTIVE FLOOD RISK MANAGEMENT

4.1. FLOOD RISK

There is different type of floods and there is also different type of flood risk. Risk is normally considered as a combination of probability and consequences. The probability of a flood having an impact on a specific area can often be estimated based on our knowledge of the probability of rainfall/storm event(s) causing such flood. The consequences can also be estimated based on the characteristics of such flood event. Some consequences can be estimated relatively easily (ex. damages to buildings, roads, plants, …), some others are more difficult to evaluate (potential loss of life, loss of ecological or cultural values, …).

In the present chapter, both aspect of the flood risk must be considered, the probability and the consequences. A proactive flood risk management will target to reduce the probability of damages caused by major flood and if it is not possible to avoid flooding, to reduce the consequences.

4.2. FUNDAMENTALS AND BASIC PRINCIPLES OF HYDROLOGICAL AND HYDRO-METEOROLOGICAL INFLOW PREDICTION

Inflow prediction is the art of estimating the further development of reservoir inflow (and—additionally—preferably a measure of uncertainty/reliability) with the aim of fostering specific demands and informed decisions connected to reservoir operation at a wide range of temporal scales. The fundamental problem tied to the task of forecasting is, that an unknown future state has to be inferred from a mostly limited and erratic prior knowledge of the considered system. Regarding the aforesaid, forecasting strategies, methods, etc. have to be somewhat oriented toward the specific situation, problem, or management context.

Following this philosophy, the herein touched aspects should be discussed alongside the different temporal scales at which specific management problems are dealt with and management decisions are effective (Table 4.1).

Table 4.1
Temporal scales and their connection to typical reservoir management problems, associated with inflow estimation and flood risk management

Temporal scale	Long-term	Seasonal	Single-event
Management problem	Storage planning	Dam release management	Dam release/spillway management
	Design and optimization of rule curves	Withdrawal management	(Withdrawal management)*
	Climate change adaption	Water quality management	(Water quality management)*

*Set in brackets since measures are only effective to a certain extent on the respective temporal scale

4.2.1. Méthodes de prévision/prédiction

Il existe une littérature abondante concernant les méthodes et leur applicabilité pour la prévision des apports des réservoirs, par exemple, Easey et coll. (2006) et WMO (2011), pour ne citer que deux sources. Pour cette question, une revue personnelle de la littérature disponible est fortement recommandée. Dans la littérature, les méthodes applicables pour la prévision des apports des réservoirs sont généralement classées selon le Tableau 4.2. Ce Tableau précise également l'adéquation de ces méthodes au regard de l'échelle temporelle, et donc de l'ensemble des problèmes de gestion des réservoirs, décrit au Tableau 4.1.

Table 4.2

Adéquation des différentes méthodes de prédiction et de prévision des apports entrants en fonction de l'échelle temporelle d'intérêt

Méthode/Adéquation			
Horizon temporel	Méthodes statistiques	Réduction d'échelle	Modélisation dynamique
Long terme	+	+	−
Saisonnier	+	+	+
Événement unique	+	−	+

Les **méthodes statistiques** incorporent des modèles mathématiques qui ne traitent que du comportement de transfert d'entrée-sortie du système considéré et ne prennent pas explicitement en compte les processus physiques sous-jacents. Les modèles de régression, les modèles de logique floue et les modèles de réseaux de neurones artificiels font partie de ce groupe. Les avantages évidents des modèles statistiques sont leur conceptualisation, leur paramétrisation et leur fonctionnement généralement simples et robustes. Les lacunes typiques sont les exigences élevées concernant la quantité et la qualité des données requises et la transférabilité spatiale limitée, parallèlement à un comportement d'extrapolation temporelle partiellement limité (compte tenu de l'ampleur des événements qui ne sont pas couvertes par les données empiriques sous-jacentes).

Les méthodes de **modélisation dynamique** reposent sur une conceptualisation abstraite, exprimée mathématiquement, des processus physiques inhérents au système considéré. Cette représentation peut soit être directement orientée vers les processus en cours (généralement en incorporant les lois de conservation physique en vigueur), soit s'appuyer sur une représentation plus abstraite, mais représentative de la réalité, par exemple via des modèles de réservoirs de volume variables, qui sont très courants en hydrologie. (Ponce, 1994, pour n'en citer qu'un). La modélisation dynamique a le potentiel le plus élevé pour une représentation précise de la réalité. D'autre part, les modèles dynamiques sont virtuellement exigeants en termes de conceptualisation, de paramétrisation et de fonctionnement.

Les méthodes de **réduction d'échelle** occupent une position intermédiaire dans la mesure où elles peuvent s'appuyer sur une modélisation statistique ou dynamique. Le but de la réduction d'échelle est de projeter les résultats de modèles de circulation à long terme (par exemple, modèles climatiques), saisonniers ou à court terme (modèles météorologiques, modèles atmosphériques ou modèles de prévision numérique du temps) à des échelles spatiales qui sont applicables pour la prévision des apports, par exemple pour la modélisation sous-jacente des précipitations-ruissellement/ du bilan hydrique. Les modèles de circulation (CM) peuvent être appliqués à l'échelle mondiale, régionale ou locale; généralement, des chaînes de modèles imbriquées sont exploitées, où un CM global (GCM) donne la condition aux limites pour un CM régional (RCM) imbriqué et le RCM à son tour pilote un CM local (LCM) avec des résolutions horizontales typiques de quelques kilomètres.

Il convient de mentionner et de souligner que la décision pour ou contre une approche de modélisation spécifique doit être essentiellement aussi simple que possible et aussi complexe que nécessaire.

4.2.1. Forecasting/prediction methods

There is extensive literature reviewing the methods and their applicability for reservoir inflow forecasting, e.g., Easey et al. (2006) and WMO (2011), to name only two sources. When dealing with the matter, an individual assessment of the current literature is strongly recommended. Typically, in the literature, methods which are applicable for reservoir inflow forecasting are classified according to Table 4.2. Furthermore, the table lines out the suitability of these methods regarding the temporal scale, and therefore the set of reservoir management problems, given in Table 4.1.

Table 4.2
Suitability of different methods for inflow prediction and forecasting according
to the temporal scale of interest

Method/suitability			
Temporal scale	Statistical methods	Downscaling	Dynamic modeling
Long-term	+	+	−
Seasonal	+	+	+
Single-event	+	−	+

Statistical methods incorporate mathematical models that only address the input-output transfer-behavior of the considered system and explicitly do not regard the underlying physical processes. Typical representatives for this group of models are regression models, fuzzy-logic models and artificial neural network models. The clear advantages of statistical models are their usually straightforward and robust conceptualization, parameterization and operation. Typical shortcomings are the high demands regarding the amount and quality of required data and the limited spatial transferability alongside with partly limited temporal extrapolation behavior (considering event magnitudes which are not covered by underlying empirical data).

Dynamic modeling methods rely on an abstract, mathematically expressed conceptualization of the physical processes which are inherent to the considered system. This representation can either be directly oriented towards the occurring processes (usually by incorporating the governing physical conservation laws) or rely on a more abstract, yet representative portrayal of reality, e.g., via variable storage-tank models, which are very common in engineering hydrology (Ponce, 1994, to name only one). Dynamic modeling has the highest potential for an accurate representation of reality. On the other hand, dynamic models are virtually arbitrarily demanding in terms of conceptualization, parameterization and operation.

Downscaling methods hold an intermediate position in the way that they can rely on either statistical or dynamic modeling. The aim of downscaling is to project the output of long-term (e.g., climate models), seasonal, or short-termed circulation models ("weather models", "atmospheric models", or "numerical weather prediction [NWP] models") to spatial scales which are applicable for inflow prediction, e.g., for the underlying rainfall-runoff/water balance modeling. Circulation models (CMs) can be applied at global, regional or local scale; commonly, nested model chains are operated, where a global CM (GCM) yields the boundary condition for a regionally nested regional CM (RCM) and the RCM in turn drives a local CM (LCM) with typical horizontal resolutions of few to some kilometers.

It should be mentioned and underlined that the decision for or against a specific modeling approach should essentially be as simple as possible and as complex as necessary.

4.2.2. Prise de décision basée sur des prévisions incertaines

L'incertitude est inhérente au système de notre planète et à notre connaissance de ce système. La connaissance de l'incertitude peut aider à favoriser et à éclairer les décisions. Dans cette optique, l'incertitude devient utile et pourrait être considérée comme une caractéristique de la fiabilité, ce qui est définitivement souhaité dans les tâches d'ingénierie opérationnelle et aussi, par exemple, à des fins de dimensionnement lié au réservoir. En ce qui concerne le problème de la prévision des apports et en ignorant le fait, à ce stade, qu'il existe différentes sources d'incertitude, il est très important de comprendre que l'incertitude du problème de prévision des apports dépend du délai et de l'échelle spatiale ou de la portée. (Figure 4.1); l'incertitude augmente généralement avec l'augmentation des délais et plus l'échelle spatiale est petite.

Le but de l'analyse d'incertitude est de recueillir des informations sur la probabilité d'occurrence d'un événement spécifique (par exemple, un débit ou un volume d'apports spécifique) sous la forme d'une distribution de probabilité, également appelée **incertitude prédictive**. Il est important de noter que cette distribution de probabilité est conditionnelle aux erreurs et incertitudes susmentionnées, ainsi qu'à leur interdépendance statistique et représente donc la connaissance antérieure du futur pour le moment où la prévision est créée.

Les prévisions hydrologiques sont affectées par l'incertitude, émergeant de diverses sources (Grundmann, 2010; Klein et coll., 2016). Fondamentalement, l'incertitude se distingue en incertitude aléatoire et épistémique. L'incertitude aléatoire est l'incertitude statistique, émergeant de la connaissance limitée du système terrestre et de son abstraction dans le contexte des modèles. L'incertitude épistémique ou systématique émerge d'une connaissance insuffisante du système considéré et de son état; il entraîne une incertitude des paramètres d'entrée, une incertitude structurelle/du modèle, une incertitude des paramètres du modèle (par exemple, pas de temps, critères de convergence, etc.) et une incertitude des paramètres de processus (c'est-à-dire, les paramètres «hydrologiques» physiques ou conceptuels).

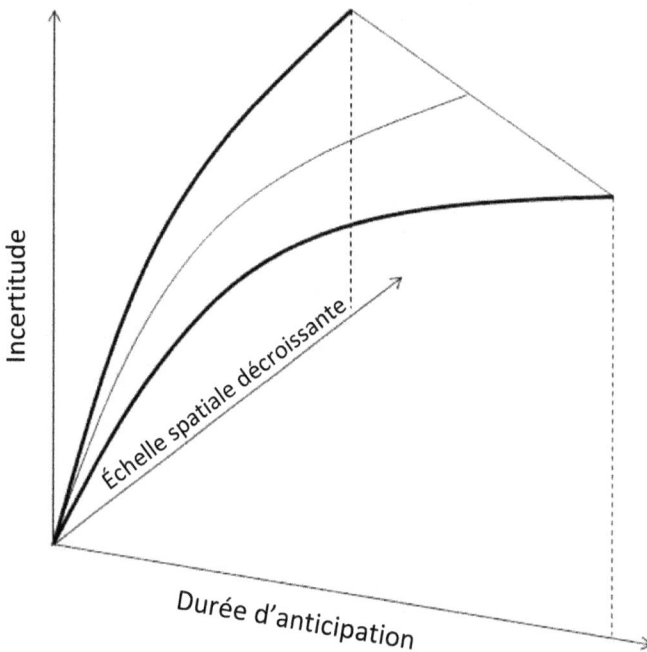

Fig. 4.1
Illustration conceptuelle de la dépendance de l'incertitude prédictive à l'augmentation de la durée d'anticipation et à la décroissance de l'échelle spatiale

4.2.2. Decision making based on potentially uncertain forecasts

Uncertainty is inherent to the Earth system and to our knowledge of this system. The knowledge of uncertainty can help in fostering and informing decisions. In this light, uncertainty becomes useful and could be considered as a characteristic of reliability, something which is definitely desired in operational engineering tasks and also, e.g., for reservoir-related dimensioning purposes. Regarding the herein discussed problem of inflow forecasting and ignoring the fact at this point that there are different sources of uncertainty, it is of very importance to understand that the uncertainty of the inflow forecasting problem is steadily dependent on lead time and the spatial scale or scope (Figure 4.1); uncertainty usually will rise with increasing lead times and a decreasing spatial scale.

The aim of uncertainty analysis is to gather information on the chance of occurrence of a specific event (e.g., a specific flow rate or flow volume) in the form of a probability distribution, also called the **predictive uncertainty**. It is important to note that this probability distribution is conditional on the aforementioned errors and uncertainties, as well as their statistical interdependence and therefore represents the prior knowledge of the future for the point in time where the forecast is created.

Hydrological forecasts are affected by uncertainty, emerging from various sources (Grundmann, 2010; Klein et al., 2016). Basically, uncertainty is distinguished in **aleatoric** and **epistemic** uncertainty. Aleatoric uncertainty is the statistic uncertainty, emerging from the limited knowledge of the Earth system and its abstraction in the context of models. Epistemic or systematic uncertainty emerges from an insufficient knowledge of the considered system and its state and causes input parameter uncertainty, structural/model uncertainty, model parameter uncertainty (e.g., time steps, convergence criteria, etc.), and process parameter uncertainty (i.e., the physically-based or conceptual "hydrological" parameters).

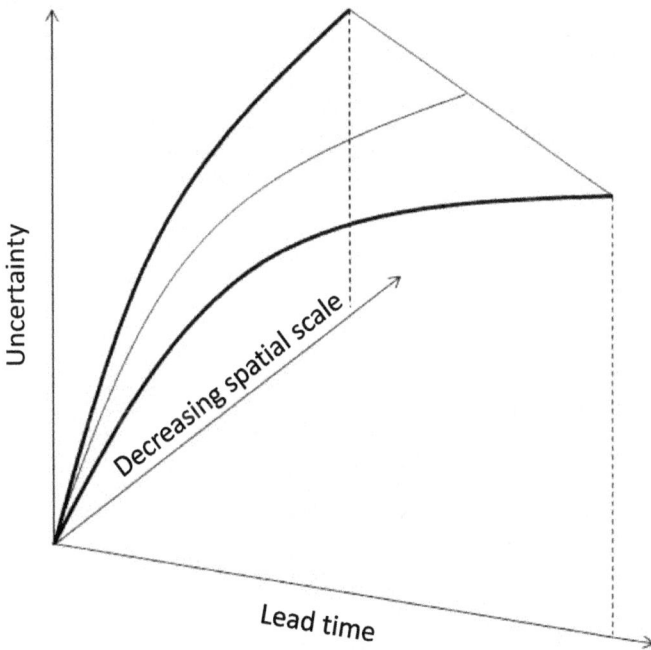

Fig. 4.1
Conceptual illustration of the dependency of predictive uncertainty on increasing lead time and decreasing spatial scale

Lors d'analyses de bassins versants de réservoirs à buts multiples, généralement à méso-échelle, une quantité importante d'incertitude prédictive devrait être évaluée et considérée pour une prise de décision éclairée. Toutefois, la quantification de l'incertitude n'est pas simple lorsqu'elle est réalisée selon l'état de l'art en sciences et technologie et peut être exigeante en termes de demande méthodologique et/ou informatique. En référence au principe susmentionné du rasoir d'Occam («*aussi simple que possible et aussi complexe que nécessaire*»), l'estimation de l'incertitude ne devrait donc être effectuée que lorsque ces prémisses sont clairement définies pour tous les décideurs concernés. En revanche, une estimation de l'incertitude limitée et méthodologiquement insuffisante ne doit être envisagée qu'avec prudence car elle conduira probablement à des décisions erronées ou erratiques (Todini, 2016).

L'étape de l'évaluation des risques est la plus cruciale pour prendre une décision éclairée. Par exemple, lorsqu'il existe des informations sur la limite de dépassement de stockage cible pour un délai spécifique en termes de probabilité[7], le degré de «tolérance au risque» devrait être bien défini ou, en d'autres termes, quand des actions sont requises (par exemple, évacuer un volume d'eau pour retenir les crues prévues). L'évaluation des risques doit être effectuée à partir d'une base d'informations solide, par exemple en simulant les coûts et les avantages découlant de décisions de gestion spécifiques en ce qui concerne les exigences opérationnelles multicritères (ex. protection contre les crues et approvisionnement en eau). Enfin, il convient de mentionner que les facteurs humains jouent toujours un rôle dans la formulation d'une décision (par exemple, Kahneman et Tversky, 1979; Druckman et McDermott, 2008). C'est pourquoi des plans de gestion modifiés/optimisés/améliorés doivent toujours être élaborés et discutés avec le personnel opérationnel sur le terrain et les parties prenantes potentiellement concernées.

4.3. GESTION DES RISQUES DE CRUE BASÉE SUR LES PRÉVISIONS DE DIFFÉRENTS HORIZONS TEMPORELS

Comme déjà présenté (Tableau 4.1), les stratégies de prévision des apports pour différents objectifs de gestion des risques de crues sont orientées vers une échelle temporelle spécifique (long terme, saisonnier, court terme/événement unique). En règle générale, différentes décisions de gestion sont prises sur la base d'analyses basées sur des modèles spécifiques. Par exemple, pour les tâches de dimensionnement à long terme, un modèle de série chronologique (statistique) peut être approprié, tandis que pour les besoins opérationnels de contrôle des crues, une approche de simulation pluviométrie en temps réel, couplée à un modèle de prévision météorologique peut être préférée. En bref, il n'y a pas d'approche globale permettant de couvrir le large éventail de décisions de gestion et de planification liées aux réservoirs (Tableau 4.2).

---

[7] Par exemple, résultant d'une analyse d'incertitude.

This said, it is clear that when decisions should be informed and when looking at the usually meso-scale catchment areas of multi-purpose reservoirs, a significant amount of predictive uncertainty will be present, should be assessed and, in turn, could be made available for informed decision making. However, uncertainty quantification is not straightforward when it is performed according to the state of the art in sciences and technology and can be demanding in terms of methodological and/or computational demand. With reference to the aforementioned principle of Occam's razor *("As simple as possible and as complex as necessary")*, uncertainty estimation should therefore be only applied when these premises are on the table and clear to all involved decision makers. In contrast, a limited, methodologically insufficient uncertainty estimation should only be pursued with caution since it will likely lead to wrong or erratic decisions (Todini, 2016).

Most crucial for taking informed decision is the step of risk assessment. For instance, when there is information on target storage threshold exceedance for a specific lead time in terms of a probability[8], it has to be clear what the "risk tolerance" should be or, in other words, when action is taken (e.g., evacuate water to provide volume for retaining predicted flood events). It is indicated that risk assessment is placed on a preferably solid ground of information, for instance by simulating costs and benefits emerging from specific management decisions with regard to multi-criteria operational requirements (e.g., flood protection and water supply). Last not least, it should be mentioned that emotion always plays a role in framing a decision (e.g., Kahneman & Tversky, 1979; Druckman & Mcdermott, 2008). That is why altered/optimized/improved management plans should always be developed and discussed with the operational personnel on the ground and potentially affected stakeholders.

4.3. PREDICTION-BASED FLOOD RISK MANAGEMENT ON DIFFERENT TEMPORAL SCALES

As already presented (Table 4.1), inflow forecasting strategies for different flood risk management purposes are oriented to a specific temporal scale (long-term, seasonal, short-term/ single event). Typically, different management decisions are made on the basis of specific model-based analyses. For instance, for long-term dimensioning tasks a (statistical) time-series model may be appropriate, whereas for operational flood-control purposes, a real-time rainfall-runoff simulation approach, coupled to a weather forecast model may be preferred. Briefly said, there is no overarching approach capable of fostering the wide range of reservoir-related management and planning decisions (Table 4.2).

---

[8] E.g., resulting from an uncertainty analysis.

Cependant, le paradigme de la prédiction continue[8] « **seamless prediction** » vise à combler les écarts entre les prévisions liées aux événements et les prévisions saisonnières et même les considérations à long terme à l'échelle du climat (par exemple, Meissner et coll., 2014). L'avènement de la prédiction homogène est directement lié (a) à l'imbrication des modèles de circulation régionaux et locaux (MCR/MCL) dans les modèles de circulation globale (MCG) et (b) à la tendance à utiliser les MCG (dynamiques) comme modèles climatiques, ce qui était avant tout motivé par la disponibilité de plus grandes puissances de calcul. Une coévolution analogique est à prévoir du côté «hydrologie» où les modèles très détaillés de plus en plus poussés, à des échelles spatiales régionales et continentales, permettent des analyses de bilans hydriques à court terme jusqu'aux études d'impact climatique à long terme (voir Samaniego et coll., 2017).

4.3.1. Horizon à long terme

La prédiction/estimation des apports entrants à long terme est importante dans deux contextes différents: (1) pour le dimensionnement initial du stockage d'un réservoir et (2) pour vérifier, adapter et potentiellement améliorer les stratégies d'opération pour des conditions aux limites non-stationnaires, notamment en raison des changements climatiques.

4.3.1.1. Stratégies de prévision/prédiction à long terme des apports

La prédiction/estimation des apports entrants à long terme peut être réalisée par **modélisation statistique/stochastique** d'une part et d'autre part par **réduction d'échelle** des résultats de modèle météorologique/climatique Tableau 4.2).

Historiquement, l'état de l'art en matière de prévision à long terme des apports était empiriquement basé sur des séries chronologiques des apports observés (ou estimés, par exemple, via une modélisation pluviométrique continue) de durée limitée. La stratégie la plus simple (mais adroite dans une certaine mesure) consisterait à dériver une climatologie des observations empiriques et à l'utiliser comme un prédicteur pour l'estimation des apports. Pour renforcer la base statistique des données sous-jacentes et afin de déduire des informations sur la fiabilité des résultats, les modèles de séries chronologiques à base de différents composantes sont les plus utilisées. Ces modèles supposent généralement qu'une série chronologique est composée d'informations superposées de moments statistiques (par exemple, valeur attendue, variance, asymétrie et kurtosis), de périodicité et d'autocorrélation, de tendance (ex. non-stationnarité) et d'une composante aléatoire («bruit» ou résidus). Une telle approche peut être formellement exprimée comme suit:

$$x_i = d_i + p_i + t_i + e_i$$

avec

x_i :.... éléments de séries chronologiques,

d_i :.... composante déterministe,

p_i :.... composante de périodicité,

t_i :.... composante de tendance, et

e_i :.... composante stochastique/probabiliste;

une composante multiplicative peut également être applicable.

---

[8] Dans un système de prédiction continue, la fiabilité des prévisions de modèles climatiques couplés à des horizons saisonniers peut fournir des contraintes quantitatives utiles pour améliorer la fiabilité des projections régionales du changement climatique. (Palmer et al., 2008)

However, the recently emerging paradigm of **seamless prediction**[9] aims at bridging the gaps between event-related forecasting to seasonal prognoses and even long-term considerations on the climate scale (e.g., Meissner et al., 2014). The advent of seamless prediction is directly connected to (a) the nesting of regional and local circulation models (RCMs/LCMs) within global circulation models (GCMs) and (b) the trend towards using (dynamic) GCMs as climate models, which was foremost driven by increasingly available computational power. An analog co-evolution is to be expected on the "hydrology side" where highly detailed models are more and more driven on regional up to continental spatial scales for analyses ranging from short-term water balance considerations up to long-term climate impact studies (e.g., see Samaniego et al., 2017).

4.3.1. Long-term scale

Long-term inflow prediction/estimation is important in two different contexts: (1) for the initial dimensioning of the storage of a planned reservoir and (2) for verifying, adapting and potentially improving management strategies for changing (i.e., non-stationary) boundary conditions, namely as a consequence of climate change.

4.3.1.1. Inflow forecasting/prediction strategies on the long-term scale

Long-term inflow prediction/estimation can be achieved by **statistical/stochastic modeling** on the one hand and **downscaling** from weather/climate model output on the other hand (see Table 4.2).

Historically, the state of the art in long-term inflow prediction was empirically based on observed (or estimated, e.g., via continuous rainfall-runoff modeling) inflow time series of limited length. The simplest (but still to a certain extent skillful!) strategy would be drawing a climatology out of the empirical observations and use it as a predictor for inflow estimation. To strengthen the statistical basis of the underlying data and to finally infer information on the reliability of results, **component-based time series models** then became the method of choice. Such models typically assume that a time series is composed by superimposed information of statistical moments (e.g., expected value, variance, skewness and kurtosis), periodicity and autocorrelation, trend (i.e., non-stationarity), and a stochastic (i.e., random) component ("noise" or residuals). Such an approach can be formalistically expressed as:

$$x_i = d_i + p_i + t_i + e_i$$

With

x_i :... time series elements,

d_i :... deterministic component,

p_i :... periodicity,

t_i :... trend component, and

e_i :... stochastic/probabilistic component;

a multiplicative composition is also applicable.

---

[9] In a seamless prediction system, the reliability of coupled climate model forecasts made on seasonal time scales can provide useful quantitative constraints for improving the trustworthiness of regional climate change projections (Palmer & al., 2008)

L'approche générale de modélisation de séries chronologiques consiste à estimer les composantes du modèle de séries chronologiques (additives ou multiplicatives) en appliquant des méthodes appropriées aux données d'observation empiriques (par exemple, estimation des moments statistiques, analyses de tendances, analyses spectrales, comme les transformations de Fourier, etc.) sous la forme d'une soi-disant décomposition[9]. De cette manière, un modèle (stochastique) de séries chronologiques est paramétrisé et peut ensuite être utilisé pour reproduire les caractéristiques de la série chronologique observée en l'exécutant suffisamment souvent. Les résultats de ces séries peuvent ensuite être utilisés pour fins de gestion/dimensionnement/planification (par exemple, une procédure séquentielle pour le dimensionnement du stockage; Potter, 1977 ou plus complexe, des modèles de fonctionnement généralisés du système de réservoir [GRSOMs]; Müller, 2014) qui fournit une distribution empirique de résultats statistiquement équivalents qui à leur tour peuvent fournir une information de fiabilité/probabilité (par exemple, la sécurité d'approvisionnement) via une analyse de fréquence appropriée.

Les modèles de séries chronologiques typiques qui ont été utilisés pour les prévisions à long terme des apports entrants sont de types autorégressifs linéaires, par exemple, comme le modèle Thomas-Fiering très utilisé (Fiering, 1971). Récemment, des modèles plus sophistiqués, potentiellement non linéaires, comme les approches par « ondelettes », les modèles de lissage exponentiel ou d'hétéroscédasticité conditionnelle autorégressive (ARCH) ont émergé, pour n'en citer que quelques-uns. Une description de ce vaste sujet fait partie de tout bon manuel sur la modélisation de séries chronologiques en sciences (par exemple, Hyndman et Athanasopoulos, 2018). Il faut en outre mentionner que, en raison de leur flexibilité et de leur capacité à représenter des fonctions non linéaires arbitrairement complexes, les modèles de réseaux neuronaux sont également capables de représenter des séries chronologiques observées et sont largement utilisés pour la génération de séries chronologiques.

L'autre avenue principalement utilisée pour l'estimation des apports à long terme consiste dans les **approches de réduction** d'échelle utilisant des méthodes de modélisation dynamique. Ceci consiste à utiliser les précipitations observées ou projetées (c'est-à-dire à partir de modèles climatiques), les données climatiques, etc. et d'effectuer une analyse de modélisation hydrologique rétrospective/projective (modèle pluie-ruissellement) (Beven, 2012). Étant donné que les données historiques peuvent être rares, une stratégie tout à fait nouvelle mais potentiellement prometteuse consiste à utiliser les données dites de réanalyse globale. Ces données sont générées en exécutant un GCM en mode rétrospectif. Bien entendu, les données de réanalyse peuvent contenir une grande quantité d'incertitude qui peut être potentiellement évaluée en incorporant des produits de réanalyse probabiliste (comme NOAA/CIRES, par exemple) et en appliquant des techniques d'ensemble. En fonction de la résolution spatiale des données de réanalyse, l'utilisation de la réduction d'échelle peut être indiquée (en utilisant des RCM et des LCM imbriqués). Habituellement, la sortie du modèle climatique couvre non seulement une partie de réanalyse (par exemple, 1950 à 2015), mais également une période projetée (par exemple, 2015 à 2100), qui, bien entendu, pourrait également être utilisée comme données d'entrée pour la modélisation hydrologique à long terme.

Il convient de mentionner que les résultats du modèle de circulation ne correspondront pas nécessairement aux conditions locales (par exemple, les caractéristiques climatiques ou pluviométriques d'un bassin versant). Par conséquent, il pourrait être indiqué de corriger les résultats du CM et/ou du modèle hydrologique pour mieux représenter les conditions locales, ce que l'on appelle la correction du biais. Il existe un grand nombre de méthodes pour effectuer la correction du biais des résultats du CM dans la littérature; une évaluation personnelle est fortement recommandée.

---

[9] Il existe de nombreuses techniques de décomposition. Bien qu'encore souvent utilisée, la décomposition classique basée sur le concept de série chronologique additive ou multiplicative présente un certain nombre de défauts et de meilleures méthodes sont désormais disponibles (Hyndman & Athanasopoulos, 2018).

The general approach of time series modeling is to estimate the components of the (additive or multiplicative) time series model by applying suitable methods to the empirical observation data (e.g., estimation of statistical moments, trend analyses, spectral analyses, like Fourier transformations, etc.) in form of a so-called decomposition[10]. This way, a (stochastic) time series model is parameterized and can then be used to reproduce the characteristics of the observed time series by running it sufficiently often. The set of output time series can then be delivered to the actual management/dimensioning/planning evaluations (e.g., a sequent-peak procedure for supply storage dimensioning; Potter, 1977 or more complex, so-called generalized reservoir-system operation models [GRSOMs]; Müller, 2014) which provides an empirical distribution of statistically equivalent results which in turn can deliver a reliability/probability information (e.g., supply security) via an appropriate frequency analysis.

Typical time series models which have been employed for long-term inflow predictions are linear auto-regressive types, e.g., like the much used Thomas-Fiering model (Fiering, 1971). In recent time, more sophisticated, potentially non-linear models, like Wavelet approaches, exponential smoothing or autoregressive conditional heteroskedasticity (ARCH) models emerged, to name only a few. An entry to this wide topic is provided by each good textbook on time series modeling in sciences (e.g., Hyndman & Athanasopoulos, 2018). It needs further to be mentioned that—as a consequence of their flexibility and ability to portray arbitrarily complex nonlinear functions—neural network models are also well-capable of portraying observed time series and being widely used for time series generation.

The other main path for long-term inflow estimation is made up by **downscaling approaches** employing dynamic modeling methods. The philosophy here is to use observed or projected (i.e., from climate models) rainfall, climate data, etc. and to perform retrospective/projective hydrologic (i.e., rainfall-runoff) modeling analysis (Beven, 2012). Since historic data may be rare, a quite new but potentially promising strategy is posed by so-called global reanalysis data. Such data is generated by running a GCM in retrospective mode (called hindcasting). Of course, reanalysis data may hold a vast amount of uncertainty which can be potentially assessed by incorporating probabilistic reanalysis products (like NOAA/CIRES, for instance) and applying ensemble techniques. Depending on the spatial resolution of reanalysis data, the further use of downscaling may be indicated (by employing nested RCMs and LCMs). Usually, climate model output not only covers a reanalysis part (e.g., 1950 to 2015), but also a projected time frame (e.g., 2015 to 2100), which of course could also be used as input for long-term hydrological modeling.

It should be mentioned that circulation model output will not necessarily match the local conditions (e.g., the climate or rainfall characteristics of a reservoir catchment) exactly. Therefore, it might be indicated to correct the CM and/or hydrologic model output to better portray local conditions, which is called **bias correction**. There is a vast number of methods for performing bias correction of CM output to be found in the literature, whereas an individual assessment is strongly recommended.

---

[10] There is a plethora of decomposition techniques. Despite still being often used, the classical decomposition based on the mentioned additive or multiplicative time series concept has a number of flaws and several much better methods are available by now (Hyndman & Athanasopoulos, 2018).

Les problèmes de gestion à long terme concernent généralement la planification du stockage, la conception et l'optimisation des règles d'exploitation ou des questions d'adaptation au changement climatique. Habituellement, la gestion des réservoirs à buts multiples doit répondre à divers objectifs, en partie contradictoires, par exemple, la protection contre les crues, la production d'électricité ou le prélèvement/l'approvisionnement en eau potable. Par conséquent, une approche intégrative doit anticiper qu'il n'y a pas une seule solution optimale à un problème spécifique, mais plutôt tout un ensemble de **solutions de compromis**, que l'on appelle les solutions **Pareto-optimales**.

Une particularité de la gestion des réservoirs à buts multiples implique que les objectifs opérationnels prévus sont généralement concurrents, par exemple le contrôle des crues (nécessite un volume de stockage disponible de préférence important) vs la sécurité de l'approvisionnement en eau (de préférence un réservoir largement rempli) vs la production d'énergie (de préférence un niveau d'eau élevé dans le réservoir). La façon la plus courante de traiter ce problème en termes d'optimisation des stratégies de gestion des réservoirs est d'utiliser le concept de l'optimum de Pareto (Figure 4.2).

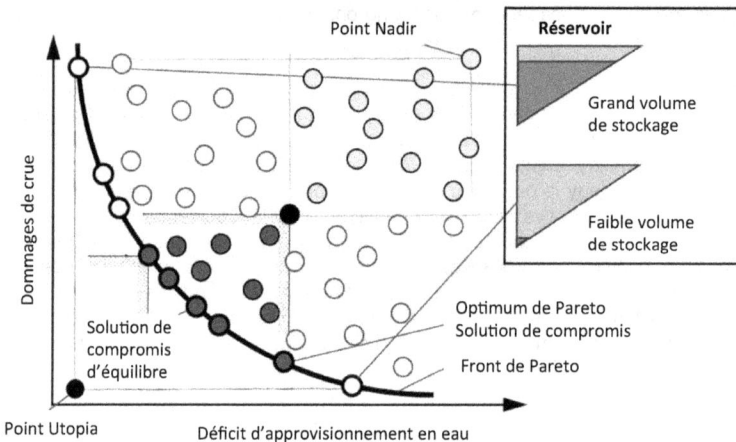

Fig. 4.2
Illustration du principe de Pareto. Figure modifiée d'après Müller, 2014

Les n points représentent le résultat (en termes de fonctions objectives spécifiques) de n scénarios de gestion portant sur des objectifs concurrents de contrôle des crues et d'approvisionnement en eau. Les solutions dites de compromis (ou Pareto) sont situées le long du front de Pareto, alors que la solution de compromis située le plus près du point Utopia (coin inférieur gauche) est généralement considérée comme étant équilibrée par rapport aux objectifs opérationnels concurrents.

Le concept de l'optimum de Pareto est étroitement lié à une approche **d'optimisation multicritères** où tous les critères d'optimisation pertinents (par exemple, des dommages minimes dus aux crues et une sécurité maximale de l'approvisionnement en eau) sont simultanément pris en compte. Le défi méthodologique de ce problème est d'appliquer une stratégie d'optimisation efficace et large pour couvrir suffisamment la courbe optimale de Pareto sans avoir besoin de traiter tous les scénarios de gestion possibles (c'est-à-dire un nombre infini).

Pour fins d'ingénierie, l'optimisation multicritères est le plus souvent exécutée au moyen d'approches de simulation, c'est-à-dire que des hypothèses de gestion sont établies et un modèle d'opération généralisé du système de réservoirs permet de calculer l'impact de ces hypothèses spécifiques sur les variables intéressantes (ex., volume de stockage, débit sortant, hauteur de chute) et les résultats sont ensuite évalués à l'aide de plusieurs critères.

Long-term management problems typically address storage planning, design and optimization of rule curves (or guide curves), or questions of climate change adaption. Usually, multi-purpose reservoir management faces multiple, partly contradictory objectives, e.g., flood protection, power generation or drinking water withdrawal/supply. Hence, an integrative approach needs to anticipate that there is not a single optimal solution to a specific problem, but rather a whole set of **compromise solutions**, which are called the **Pareto-optimal** solutions.

A specificity of multi-purpose reservoir management is that the intended operational purposes usually are competing, e.g., flood retention (requires a preferably large cleared storage volume) vs. water supply security (preferably widely filled storage) vs. energy generation (preferably large pressure head/reservoir water level). The most common way of dealing with this issue in terms of optimizing reservoir management strategies is employing the concept of Pareto-optimality (Figure 4.2).

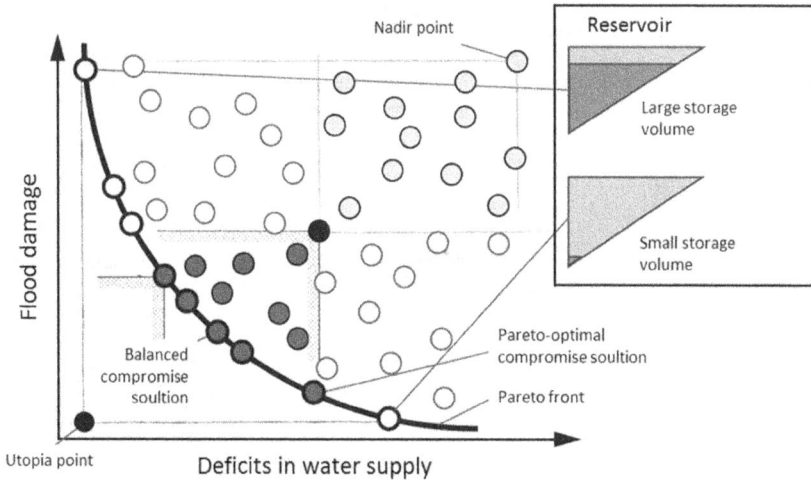

Fig. 4.2
Illustration of the Pareto principle. Figure modified after Müller, 2014

The n points represent the outcome (in terms of specific objective functions) of *n* management scenarios regarding the competing purposes flood retention and water supply. So-called compromise (or Pareto-) solutions are located along the Pareto front, whereas the compromise solution located nearest to the Utopia point (lower left corner) usually is considered as being balanced with respect to the competing operational demands.

The concept of Pareto-optimality is closely tied to a **multi-criteria optimization** approach where all relevant optimization criteria (e.g., minimal flood damage alongside with maximum water supply security) are simultaneously considered. The methodological challenge to that problem is to apply an efficient and ample optimization strategy to get a sufficiently fine impression on the Pareto front without the need of processing all (i.e., an infinite number) possible management scenarios.

For engineering purposes, multi-criteria optimization is most often executed by means of simulation-based approaches, i.e., management premises are established, a generalized reservoir-system operation model is used to compute the impact of these specific premises on the interesting variables (e.g., storage volume, release rate, pressure head) and the results are then assessed using multiple criteria.

Pour limiter les efforts de calculs, pouvant être excessifs, des techniques d'échantillonnage et/ou de recombinaison appropriées sont essentielles pour échantillonner efficacement le domaine de la solution (a priori inconnu) (par exemple, Vrugt et coll., 2003; Krauße et coll., 2012; Müller, 2014)).

4.3.1.3. Prise en compte de l'incertitude à long terme

À long terme, l'incertitude peut être considérée comme une mesure de la fiabilité. La fiabilité est un terme statistique lié à la prise en compte d'un nombre suffisamment grand de résultats afin d'évaluer leur pertinence par rapport à un objectif spécifique. Toutefois, nos connaissances sur les processus directeurs (par exemple, les séries chronologiques des apports) sont limitées (incertitude aléatoire; Section 4.1.2). Cela signifie que les analyses à long terme doivent être effectuées non seulement une fois (c'est-à-dire déterministe) mais souvent (c'est-à-dire probabiliste/stochastique). Là encore, cela peut être réalisé au moyen de méthodes statistiques/stochastiques ou par des approches de réduction d'échelle (Tableau 4.2 et Section 4.2.1.1).

Dans le domaine des méthodes statistiques/stochastiques, la modélisation de séries chronologiques (section 4.2.1.1) est utilisée pour générer un ensemble suffisamment large de séries chronologiques synthétiques afin d'échantillonner de manière appropriée les propriétés statistiques des données empiriques observées sous-jacentes. L'ensemble des séries synthétiques peut être utilisé pour d'autres buts, par exemple, pour fins de dimensionnement. Ainsi, utiliser un modèle de dimensionnement du stockage « n » fois (tel que l'algorithme Sequent Peak, pour n'en nommer qu'un) produira « n » séries chronologiques de données synthétiques et « n » résultats/capacités qui peuvent ensuite être évalués statistiquement, par exemple, en termes des probabilités/fiabilité de dépassement pour une capacité de stockage donnée.

Il est important de vérifier si la suite de séries chronologiques synthétiques (c'est-à-dire «générées») ressemble à la série chronologique d'origine, qui était a priori utilisée pour la calibration du modèle de série chronologique. Une telle vérification est illustrée à la Figure 4.3 pour différents moments/paramètres (moyenne, écart-type, coefficient d'asymétrie et coefficient d'autocorrélation). Fondamentalement, les moments d'ordre supérieur (comme l'asymétrie) ont tendance à montrer une variance plus élevée lorsque les séries synthétiques sont comparées à la série chronologique originale.

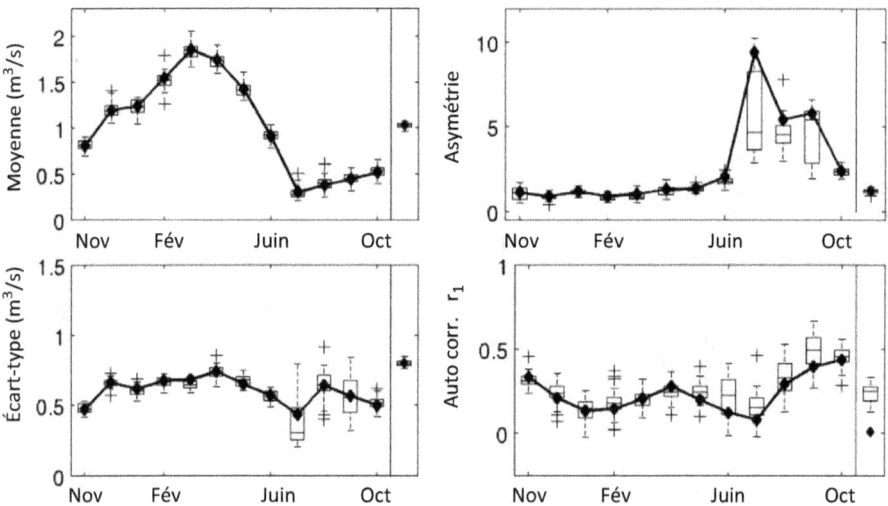

Fig. 4.3
Moments statistiques des données d'apports mensuels - Modifié d'après Müller (2014)

To cope with potentially excessive computational demands, appropriate sampling and/or recombination techniques are essential in order to efficiently sample the (a priori unknown) solution domain (e.g., Vrugt et al., 2003; Krauße et al., 2012; Müller, 2014).

4.3.1.3. Considering uncertainty on the long-term scale

On the long-term, uncertainty can be considered as a **measure of reliability**. Reliability is a statistical term which is tied to considering a sufficiently large number of outcomes in order to evaluate their appropriateness towards a specific aim. However, our knowledge on the governing processes (e.g., inflow time series) is limited (aleatoric uncertainty; Section 4.1.2). This means that long-term considerations have to be executed not only once (i.e., deterministic) but often (i.e., probabilistic/stochastic). Again, this can be achieved by means of statistical/stochastic methods or by downscaling approaches (Table 4.2 and Section 4.2.1.1).

In the domain of statistical/stochastic methods, time series modeling (Section 4.2.1.1) is used to generate a sufficiently broad set of synthetic time series in order to appropriately sample the statistical properties of the underlying, observed empirical data. Finally, the set of synthetic series can be included in further steps, e.g., dimensioning considerations. For instance, driving a storage dimensioning model (e.g., like the Sequent Peak Algorithm, to name only a common and simple one) for n times (for n synthetic input time series) will lead to n results/capacities which then can be statistically evaluated, for instance, in terms of drawing exceedance probabilities/reliabilities for a given storage capacity.

It is important to check, if the pool of synthetic (i.e., "generated") time series resembles the original time series, which was a priori used for the parameterization of the time series model. This is exemplarily shown in Figure 4.3 for different moments/parameters of mean monthly inflow values (mean, standard deviation, skewness coefficient, and the coefficient of autocorrelation). Basically, moments of higher order (like the skewness) tend to show a higher variance when the synthetic series are compared against the original time series.

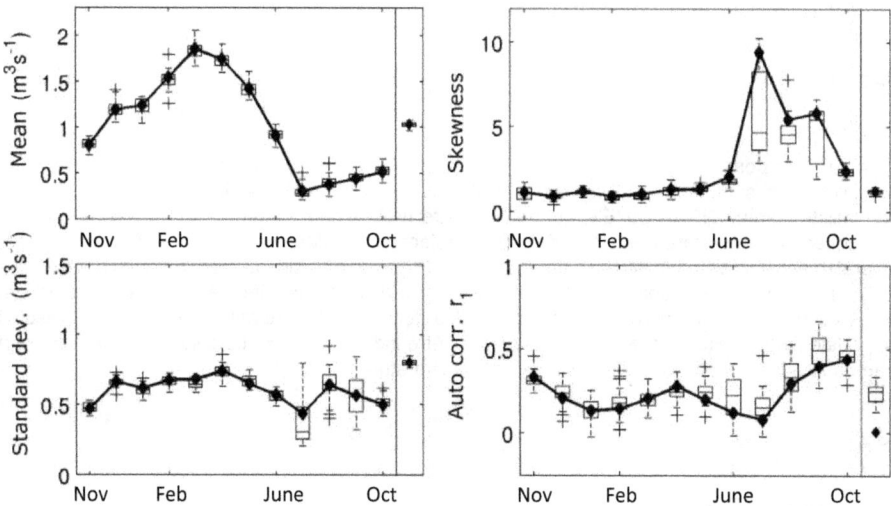

Fig. 4.3
Statistical Moments of monthly flow data. Modified after Müller (2014).

Les données historiques sont représentées par la ligne noire en gras à la Figure 4.3, Les boîtes à moustaches (box plots) montrent la gamme de données empiriques des séries chronologiques générées. La partie droite de chaque graphique montre la valeur moyenne annuelle des moments statistiques considérés (125 séries chronologiques d'une durée de 80 ans).

Un autre aspect pour évaluer la robustesse statistique des données synthétiques consiste à déterminer le comportement de convergence des propriétés statistiques de la série chronologique, par exemple, à partir de leurs moments statistiques. À titre d'exemple, la Figure 4.4 montre la convergence de l'écart type par rapport au nombre de réalisations (c'est-à-dire le nombre de séries chronologiques générées) pour sept séries temporelles différentes.

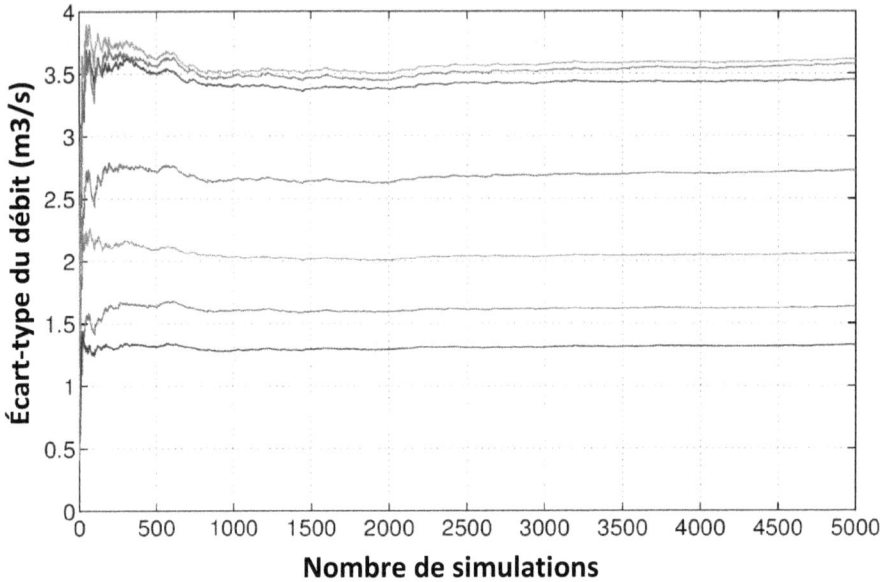

Fig. 4.4
Convergence de l'écart-type des séries chronologiques synthétiques (axe Y) en fonction du nombre de séries générées (axe X). Adapté de Grundmann (2010)

Il est possible d'estimer l'incertitude à partir des résultats obtenus avec les séries chronologiques synthétiques. Par exemple, il existe des ensembles de données de réanalyse probabiliste comme NOAA/CIRES, qui peuvent être utilisés pour générer des prévisions d'apports statistiquement interprétables. Du côté des projections, différents scénarios climatiques sont généralement utilisés pour générer un ensemble de prévisions climatiques. En outre, il existe un certain nombre de projections climatiques d'ensemble disponibles. Encore une fois, tel qu'indiqué à la Section 4.2.1.1, une correction appropriée des données CM (prétraitement) et/ou des résultats du modèle hydrologique (post-traitement) pourrait être indiquée, alors que cela dépasse le cadre de cette publication et nécessiterait un examen de la littérature pertinente.

4.3.2. Horizon saisonnier

«L'horizon saisonnier» fait généralement référence à une échelle de temps allant de quelques semaines à quelques mois. En règle générale, les décisions de gestion ont plus d'influence sur un horizon saisonnier que sur un horizon court terme (Visser, 2017). Ainsi, le potentiel d'atténuation opérationnelle à court terme des crues observées ou prévues à court terme reste très limité, par exemple en raison des capacités limitées d'évacuation des structures hydrauliques.

On Figure 4.3 the historical data are represented by the bold black line. The box plots shows the range of empirical data of the pool of generated time series. The right-hand section of each panel shows the annual mean value of the considered statistical moments (125 time series and time series length is 80 years).

Another aspect for evaluating the statistical robustness of the synthetic data pool is to determine the convergence behavior of the time series' statistical properties, e.g., represented by their statistical moments. As an example, Figure 4.4 shows the convergence of the standard deviation vs. the number of realizations (i.e., number of generated time series) for seven different input time series.

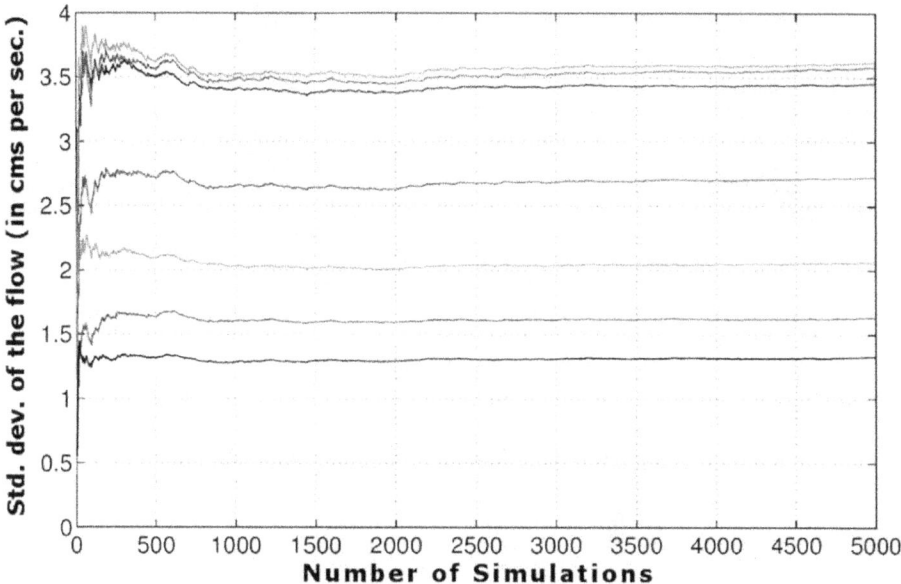

Fig. 4.4
Convergence of the standard deviation of synthetic time series (y-axis) depending on the number of generated series (given on the x-axis). Modified after Grundmann (2010).

Opportunity for uncertainty estimation is also offered via the methodological path of downscaling of circulation model output. For instance, there are probabilistic reanalysis datasets like NOAA/CIRES, which can be used to force hydrological modeling and to generate statistically interpretable inflow forecasts. On the projection side, different climate forcing scenarios are typically used to generate an ensemble of climate predictions. Furthermore, there are a number of ensemble climate projections available. Again, as already stated in Section 4.2.1.1, an appropriate bias correction of CM input (preprocessing) and/or hydrological model output (postprocessing) might be indicated, whereas this is beyond the scope of this publication and would require an individual review of the relevant literature.

4.3.2. Seasonal scale

"Seasonal scale" usually refers to a time scale ranging from weeks to months. Typically, management decisions are more influential on the seasonal than on the short-term side (Visser, 2017). For instance, the potential for a short-termed, operational mitigation of already observed or short-lead predicted flood inflow remains very limited, e.g., due to the limited hydraulic capabilities of the release devices and installations.

Par conséquent, la prédiction du régime d'apports à l'échelle saisonnière est la plus cruciale pour prendre des décisions éclairées en matière de gestion des réservoirs, en particulier en ce qui concerne les compromis entre les multiples objectifs de gestion. Cependant, les prévisions saisonnières des apports ne peuvent toujours être précises (Turner et coll., 2017). Malgré l'émergence de systèmes de prévisions saisonnières plus nombreux et de meilleure qualité, il reste encore beaucoup à faire pour élever l'expertise actuelle au-dessus d'un certain niveau de référence (Section 4.2.2.1). Un examen très approfondi de l'avancement le plus récent en matière de prévisions hydrologiques saisonnières peut être obtenu dans un numéro spécial de HESS (édité par Wetterhall et coll., 2016–2018); Easey et coll. (2006) présentent une revue plus brève.

4.3.2.1. Stratégies de prévision/prédiction des apports

La technique la plus élémentaire de **prévision statistique des apports** consiste à s'appuyer sur la **climatologie** inhérente aux apports, c'est-à-dire les données «historiques» ». Les données de débit peuvent être instantanément disponibles grâce à des mesures de jaugeage ou peuvent être obtenues en transférant au niveau régional des mesures de débit à partir d'emplacements en amont ou en aval ou de bassins versants voisins. De plus, les données de débit peuvent être obtenues à partir de modèles hydrologiques (pluviométrie-ruissellement) utilisant des données pluviométriques et météorologiques observées ou reconstruites (c'est-à-dire une réanalyse).

Bien entendu, pour obtenir une prédiction assez significative des apports à partir de données empiriques/historiques, la série chronologique incorporée doit être suffisamment longue. Cependant, l'évaluation statistique de longues séries chronologiques offre un moyen de quantifier l'incertitude ou les probabilités de dépassement/non-dépassement (Figure 4.5 et Section 4.2.2.2).

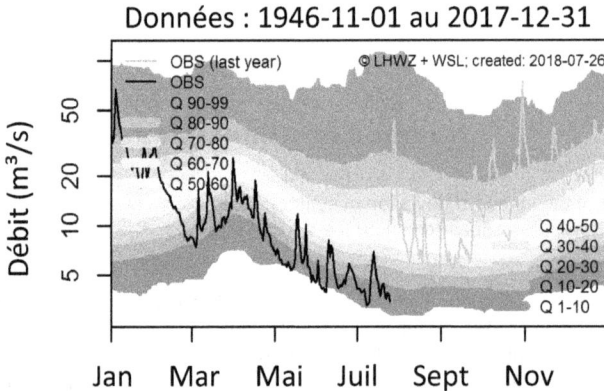

Fig. 4.5
Débits observés à Görlitz sur la rivière Lausitzer Neiße, Allemagne[10]

En ce qui concerne les méthodes statistiques plus élaborées, un vaste domaine est constitué par des **méthodes de régression** (généralement des méthodes de régression linéaire multiples), dans lesquelles, par exemple, des conditions antécédentes et des indices climatiques spécifiques sont utilisés comme prédicteurs des apports (Ionita, 2017 ou Charles et coll., 2018, pour n'en citer que deux). En d'autres termes, ces méthodes reposent sur des données historiques et visent à «trouver des relations statistiques significatives entre un ou plusieurs prédicteurs et la variable d'intérêt, par exemple, le débit de la rivière ou les précipitations» (Easey, 2006). Cependant, ces approches introduisent toujours l'hypothèse (irréaliste!) de stationnarité.

---

[10] La climatologie est estimée empiriquement des données de débits journaliers de 1946 à 2017 et peut fournir une estimation probabiliste des conditions d'écoulement saisonnières.

Therefore, predicting the inflow regime on the seasonal scale is most crucial for undertaking informed reservoir management decisions, especially with regard to balancing multiple management purposes. However, seasonal inflow forecasts may not be able to deliver skillful predictions every time (Turner et al., 2017); despite more and better seasonal forecasting systems are emerging, it is still with significant effort to raise the skill above a certain baseline, given by flow climatology data (Section 4.2.2.1). A very profound review of the current state of the art in seasonal hydrological forecasting can be obtained from a special issue of HESS (edited by Wetterhall et al., 2016–2018); Easey et al. (2006) give much briefer review.

4.3.2.1. Inflow forecasting/prediction strategies

The most basic **statistical inflow prediction** technique is to rely on the **climatology** inherent to flow data, i.e., "historical" data". Flow data can be instantly available through gauging measurements or can be obtained by regionally transferring flow measurements from upstream or downstream locations or neighboring catchments. Additionally, flow data can be obtained by driving hydrological (rainfall-runoff) models by observed or reconstructed (i.e., reanalysis) rainfall and weather data.

Of course, for deriving a somewhat significant prediction of flows from empirical/historical data, the incorporated time series need to be sufficiently long. However, the statistical assessment of long time series offers a way to quantify uncertainty or exceedance/non-exceedance probabilities, respectively (Figure 4.5 and Section 4.2.2.2).

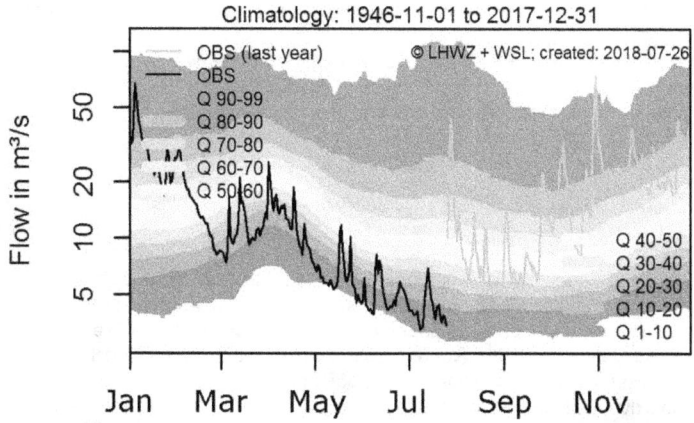

Fig. 4.5
Quantile-based flow climatology for river gauge Görlitz at Lausitzer Neiße River, Germany.[11]

Turning to more elaborate statistical methods, a broad field is made up by **regression methods** (typically multiple linear regression methods), where, e.g., antecedent conditions and specific climate indices (e.g., teleconnections) are used as predictors for streamflow (Ionita, 2017 or Charles et al., 2018, to name only two). In other words, those methods are based again on historical data and intend to "find statistically significant relationships between one or more predictors and the target variable of interest, e.g., river flow or precipitation" (Easey, 2006). However, these approaches always introduce the (unrealistic!) assumption of stationary.

---

[11] Climatology is empirically drawn from daily flow data from 1946 to 2017 and can deliver a probabilistic estimate on seasonal flow conditions.

Il est de la plus haute importance de tenir compte des erreurs et des biais - qui émergent inévitablement en employant des méthodes statistiques - par des approches de post-traitement appropriées. Les techniques de **correction du biais** sont utilisées pour réduire les erreurs statistiques et pour ajuster les résultats du modèle aux données/climatologie observées. Bien que la tâche de correction des biais soit presque indispensable lors de l'application des techniques de prédiction statistique, le cadre de ce chapitre ne permet pas une élaboration plus approfondie du sujet. Pour en savoir plus, Crochemore et coll. (2016) présentent une introduction approfondie sur le sujet.

Les prévisions des apports saisonniers peuvent en outre être obtenues en utilisant des **techniques de modélisation dynamique**. Cette approche pourrait être la plus intéressante lorsque les critères météorologiques déterminent la prévisibilité des débits (Arnal, 2018), ce qui est généralement le cas pour les petits bassins versants (par exemple, les bassins versants en amont des réservoirs). Les modèles de circulation saisonnière (par exemple, le système ECMW 4[11] ou le CFSv2[12] de la NOOA) peuvent fournir des prévisions adéquates des paramètres météorologiques avec un délai de plusieurs semaines à quelques mois. À leur tour, ces prévisions météorologiques peuvent être utilisées par un modèle hydrologique (déjà calibré), fournissant des prévisions saisonnières d'apports aux réservoirs. Tel que mentionné pour les techniques de prédiction statistique, les techniques de correction/calibration des biais doivent généralement être appliquées afin d'améliorer les prévisions.

Des modèles de circulation sont disponibles pour différentes échelles spatiales et temporelles spécifiques; le but de la **réduction d'échelle** est de projeter les résultats des modèles de circulation saisonnière à des échelles spatiales qui sont applicables pour la prévisions des apports (c.-à-d. une modélisation ultérieure des précipitations-ruissellement). Cela peut être fait soit en «imbriquant» des modèles de circulation à résolution plus élevée dans un système de prévision saisonnière plus grossier, soit en utilisant des techniques statistiques pour déduire la formation régionale des précipitations et de tous les autres moteurs météorologiques pertinents à partir d'un modèle de circulation plus courant (par exemple, mondial). Ces dernières années, des systèmes de prévisions météorologiques saisonniers ont évolué rapidement. Dans cette optique, il semble légitime de supposer que des données de prévisions météorologiques saisonnières (spatialement et temporellement) seront de plus en plus disponibles dans un proche avenir.

4.3.2.2. Incertitude au niveau saisonnier

L'une des méthodes les plus anciennes et peut-être les plus courantes pour éclairer les décisions d'opération des réservoirs à l'échelle saisonnière intégrant l'incertitude (au moins dans une certaine mesure) est une technique appelée « **Ensemble Streamflow Prediction** », développée initialement pour la Californie (ESP; Wood et coll., 2016).). Selon Arnal (2018), l'ESP «s'appuie sur une bonne connaissance des conditions hydrologiques initiales (c.-à-d. du couvert de neige, de l'humidité du sol, du débit et des niveaux des réservoirs, etc.) et d'une bonne connaissance des caractéristiques du bassin, et ne contient aucune information sur le climat futur ». Les informations «sur le climat futur» ont été obtenues par des analyses EOF (fonctions orthogonales empiriques) qui relient des indices comme la température de surface de l'océan Pacifique (SST) au climat futur de la Californie, par exemple. Étant donné que l'EOF se base sur l'analyse harmonique, la méthodologie était capable non seulement de fournir une, mais tout un ensemble de prévisions futures (c'est-à-dire l'ensemble; Figure 4.6). Ceci a permis de dériver des probabilités de défaillance pour les niveaux de réservoir sur une période allant jusqu'à six mois.

---

[11] https://www.ecmwf.int/en/forecasts/documentation-and-support/evolution-ifs/cycles/seasonal-forecast-system-4

[12] http://www.cpc.ncep.noaa.gov/products/CFSv2/CFSv2_body.html

It is of highest importance to account for errors and biases—which inevitably emerge by employing statistical methods—by appropriate post-processing approaches. Foremost, **bias correction** techniques are used to reduce statistical errors and to adjust model results to observed data/climatology. Despite the task of bias correction is almost indispensable when applying statistical prediction techniques, the frame of this chapter does not allow for a more in-depth elaboration on the topic. For further reading, Crochemore et al. (2016) deliver a profound entry to the topic.

Seasonal inflow predictions can further be obtained by employing **dynamic modeling techniques**. This might be the method of choice when meteorological forcing drive the streamflow predictability (Arnal, 2018), which is usually the case for smaller catchments (e.g., the headwater catchments of reservoirs). Seasonal circulation models (e.g., ECMW's System 4[12] or NOOA's CFSv2[13]) can deliver skillful forecasts of meteorological parameters with a lead time of several weeks to some months. In turn, these meteorological forecasts can be used for driving a (already calibrated) hydrological model, delivering seasonal reservoir inflow predictions. As already mentioned alongside statistical prediction techniques, bias correction/calibration techniques usually need to be applied in order to improve forecasting skill.

Circulation models are available for different specific spatial and temporal scales; the aim of **downscaling** is to project the output seasonal circulation models to spatial scales which are applicable for the intended inflow prediction task (i.e., a subsequent rainfall-runoff modeling). This can either be done by "nesting" higher-resolved circulation models within coarser seasonal forecasting system or by using statistical techniques to infer the regional shaping of rainfall and all other relevant meteorological drivers from a more common (e.g., global) circulation model. In recent years, skillful seasonal meteorological forecasting systems did rapidly evolve. In this light, it seems legit to assume that quite highly (spatially and temporally) resolved seasonal weather forecasts data will be more and more instantly available in the near future.

4.3.2.2. Considering uncertainty on the seasonal scale

One of the oldest and maybe the most common method to inform reservoir release decisions on the seasonal scale incorporating uncertainty (at least to a certain extent) is a technique called **Ensemble Streamflow Prediction**, developed initially for California (ESP; Wood et al., 2016). According to Arnal (2018), ESP "relies on the correct knowledge of the initial hydrological conditions (i.e., of snowpack, soil moisture, streamflow and reservoir levels, etc.) and a large land surface memory, and contains no information on the future climate". The information "on the further climate" was obtained by EOF analyses (empirical orthogonal functions) which related indices like the Pacific sea surface temperature (SST) to future California climate, for example. Since EOF thrives from harmonic analysis, the methodology was capable of not only delivering one, but a whole set of future predictions (i.e., the ensemble; Figure 4.6). This, in turn, allowed for deriving failure probabilities for reservoir levels over a future period of up to six months.

---

[12] https://www.ecmwf.int/en/forecasts/documentation-and-support/evolution-ifs/cycles/seasonal-forecast-system-4
[13] http://www.cpc.ncep.noaa.gov/products/CFSv2/CFSv2_body.html

Phase 1

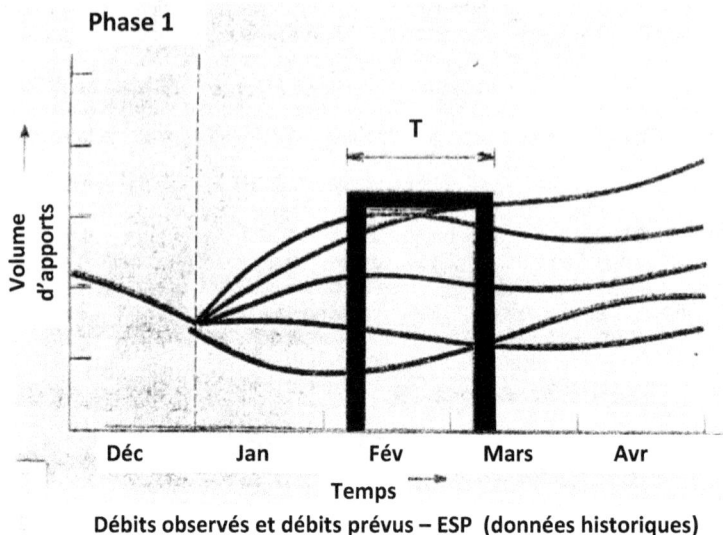

Débits observés et débits prévus – ESP (données historiques)

Fig. 4.6
ESP illustré par J. C. Schaake en 1978, tiré de «Extended streamflow prediction techniques:
description and applications during 1977», extrait de Wood et coll., (2016)

De nos jours, les informations sur l'incertitude peuvent être tirées d'ensembles **de systèmes de prévision d'ensemble saisonniers**, comme le système ECMWF 4 déjà mentionné ou le CFSv2 de la NOAA. Ces systèmes fournissent des ensembles en laissant les modèles de circulation fonctionner plusieurs fois dans des conditions initiales légèrement modifiées («perturbées») (et tenant compte parfois d'autres paramètres, par exemple, les paramètres de physique des nuages, etc.). Une autre façon d'obtenir des ensembles est de combiner les résultats de différents modèles (dits ensembles multi-modèles). Cependant, comme indiqué à plusieurs reprises tout au long de ce chapitre, afin de tirer des informations de fréquence/fiabilité d'un ensemble, il faut s'assurer que les propriétés statistiques d'un ensemble représentent la réalité. Il s'agit plutôt de l'exception que de la règle et, par conséquent, des techniques de correction de biais/calibration devraient être appliquées.

Bien que la prise en compte des ensembles ne soit pas exempte de contraintes méthodologiques, il existe des avantages potentiels pour la prévision des apports saisonnier en termes de fiabilité, de robustesse et de signification statistique. Huang & Loucks (2000) et Georgakakos & Graham (2008), pour ne citer que deux sources, abordent ces aspects.

4.3.3. Horizon à court terme et événement unique

L'importance pratique des prévisions à court terme et ponctuelles pour la gestion des réservoirs est souvent limitée. Cela est dû à un ensemble de restrictions en partie interdépendantes:

1. Les réservoirs à buts multiples sont souvent situés dans des bassins versants amont plus petits; le temps de réaction de ces bassins est rapide et les prévisions d'apports doivent être basées sur des prévisions hydrométéorologiques afin d'augmenter les délais de réponses. Cependant, on peut supposer qu'une bonne prévision météorologique tenant compte des événements de (fortes) pluies (ceux qui sont principalement pertinents pour une gestion proactive des réservoirs), n'est possible qu'avec un délai de quelques heures à quelques jours, au plus, en fonction d'aspects tels que les modèles de circulation et les mécanismes de production des précipitations. Par exemple, une pluie frontale étendue est prévisible avec une précision nettement supérieure à une pluie convective, avec une forte variabilité spatio-temporelle (Figure 4.7).

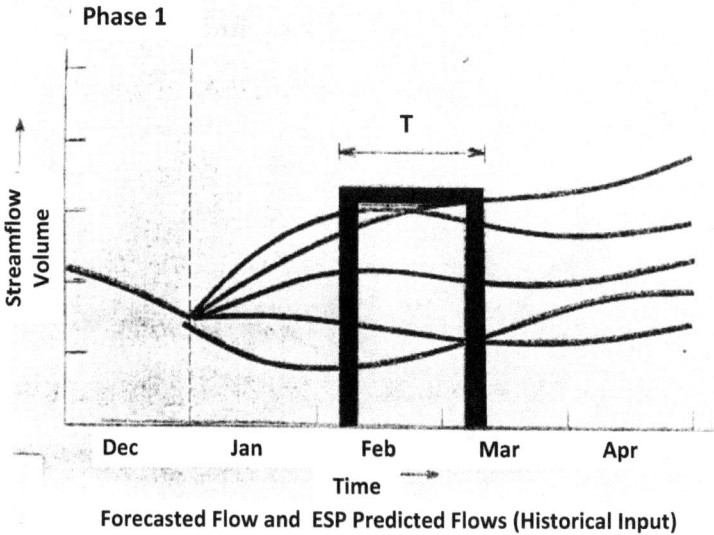

Fig. 4.6
An ESP illustrated by J. C. Schaake in 1978, from "Extended streamflow prediction techniques: description and applications during 1977", taken from Wood et al. (2016).

Nowadays, uncertainty information can be drawn from ensembles emerging from **seasonal ensemble forecasting systems**, like the already mentioned ECMWF System 4 or NOAA's CFSv2. These systems deliver ensembles by letting the circulation models run several times under slightly altered ("perturbed") initial conditions (and maybe other parameters, e.g., cloud physics parameters, etc.). Another way of obtaining ensembles is to combine the output of different models (so-called multi-model ensembles). However—as stated a couple of times throughout this chapter—in order to draw frequency/reliability information from an ensemble, it needs to be ensured that the statistical properties of an ensemble resemble reality. This is rather the exception than the rule and therefore, bias correction/calibration techniques should be applied.

Although the consideration of ensembles is not free of methodological burden, there are potential benefits for seasonal inflow prediction in terms of reliability, robustness, and statistical significance. Further reading on the matter can be obtained from Huang & Loucks (2000) or Georgakakos & Graham (2008), to name only two sources.

4.3.3. Short-termed, single-event scale

The practical importance of short-termed, single-event forecasts for reservoir management often remains limited. This is caused by a set of relevant, partly interdependent restrictions:

1. Multi-purpose reservoirs are often located in smaller headwater catchments; hydrological reaction is swift and inflow forecasts must be based on hydro-meteorological forecast, in order to extend lead times to an applicable scale. However, it can be assumed that a skillful meteorological forecast considering (heavy) rainfall events (those, that are primarily relevant for a proactive reservoir management), is only possible with a lead time of a couple of hours to some days, at most, depending on aspects like circulation patterns and the governing rainfall generation mechanisms. For instance, widespread frontal rainfall is predictable with a significantly better skill than convective rainfall, featuring a high spatio-temporal variability (Figure 4.7).

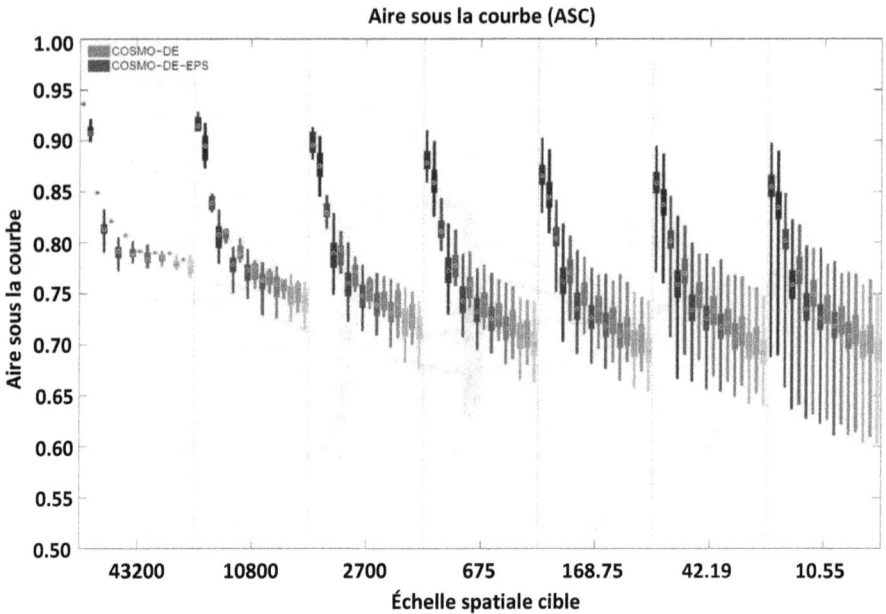

Fig. 4.7
Résultats ASC de deux produits QPF différents (COSMO-DE et COSMO-DE-EPS) en fonction de différentes durées d'anticipation et échelles spatiales.[13] Schütze et coll. (2016)

2. Surtout pour de courts horizons spatio-temporels, les prévisions d'apports impliquent des incertitudes importantes. Ces incertitudes doivent être prises en compte (par exemple, avec les méthodes d'ensemble), qui est en partie exigeante sur le plan méthodologique et empêche souvent une prise en compte pragmatique et opérationnelle de l'incertitude. En outre, les réservoirs à buts multiples doivent répondre à des demandes diverses souvent partiellement concurrentes, par exemple la protection contre les crues par rapport à la production d'énergie. Cela conduit à un problème Pareto-optimal, ce qui signifie qu'une solution optimale peut être établie par un ensemble de solutions/considérations différentes pour chaque objectif opérationnel (Krauße, 2012 et Müller, 2014).

3. Compte tenu du temps de réaction potentiellement rapide et des délais limités (en particulier pour les petits bassins versants à réponse rapide), la capacité de réponse opérationnelle est souvent limitée, par exemple la capacité des ouvrages de contrôle.

4. Les déversements rapides et à court terme avant l'événement de crue ne sont pas seulement limités par des limitations techniques, mais dépendent également du cadre juridique applicable. Par exemple, il est généralement interdit d'augmenter les déversements à un niveau causant des dommages avant un événement de crue.

---

[13] L'axe Y représente l'aire sous la courbe (ASC) et l'axe X la plage des échelles spatiales. L'ASC peut être considérée comme «bonne» pour les valeurs supérieures à 0,8. Chaque ensemble de barres indique une durée spécifique [1, 3, 6, 9, 12, 15, 18, 21 heures].

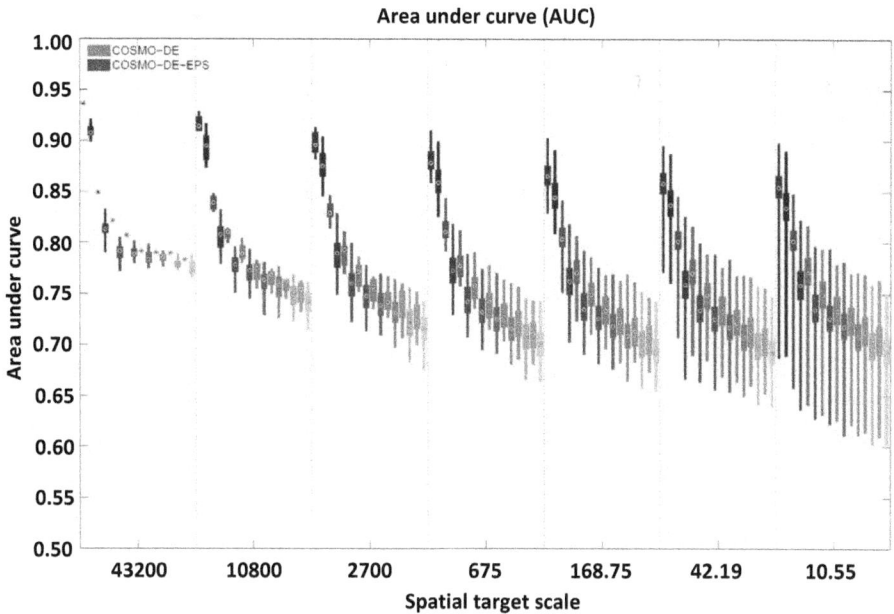

Fig. 4.7
AUC skill score for two different QPF products (COSMO-DE and COSMO-DE-EPS) depending on different lead times and different spatial scales.[14] Taken from Schütze et al. (2016).

2. Especially on small spatio-temporal scales, inflow forecasts are encumbered with significant uncertainty. This uncertainty should be taken into account (e.g., with ensemble methods), which is partly methodically demanding and often hinders a pragmatic, operationally applicable uncertainty consideration. Furthermore, multi-purpose-reservoirs need to serve multiple, partly competing demands, e.g., flood protection vs. energy production. This leads to a pareto-optimal problem which means that an optimal solution can be established by a set of different solutions/ considerations for each single operational purpose (Krauße, 2012 and Müller, 2014).

3. Considering the potentially swift/flashy hydrological reaction and limited lead times (especially for small, fast-responding catchments), the technical ability for an operational reaction is often limited, e.g., by the hydraulic capabilities of the release devices and installations.

4. Rapid and short-term pre-event releases are not only constrained by technical limitations but are also dependent on the applicable legal framework. For instance, it is usually prohibited to increase pre-release rates to a damage-causing level (above rule release).

---

[14] The Y-axis shows the AUC. The X-axis indicates the range of spatial scales. AUC can be assumed to be "good" for values above 0.8. Each set of bars indicates one specific lead time [1, 3, 6, 9, 12, 15, 18, 21 hrs].

La Figure 4.8 illustre les points ci-dessus; la Figure montre un exemple pour le réservoir Malter (Allemagne; capacité: 8,78 millions de mètres cubes, bassin versant: de 105 km²) avec des stratégies opérationnelles réelles et projetées pendant les crues extrêmes de 2002 (période de retour> 100 ans). On peut voir que même s'il y aurait eu un pré-déversement de 30 m³/s causant des dommages (le débit en aval maximal sans dommage est ~ 15 m³/s), à partir du point où le premier avertissement officiel de crue a été diffusé, une réduction de la pointe de crue efficace n'aurait pas été possible (ligne jaune). De plus, afin de réduire le débit à un taux de dommages modérés de 75 m³/s, le pré-déversement (causant déjà des dommages!) aurait dû être initié deux jours à l'avance, conduisant à un réservoir vide (!) au début de la crue. Bien entendu, ce scénario n'est en aucun cas applicable, compte tenu des autres objectifs du réservoir et des énormes incertitudes dans les prévisions pluviométriques pour un bassin versant de 100 km².

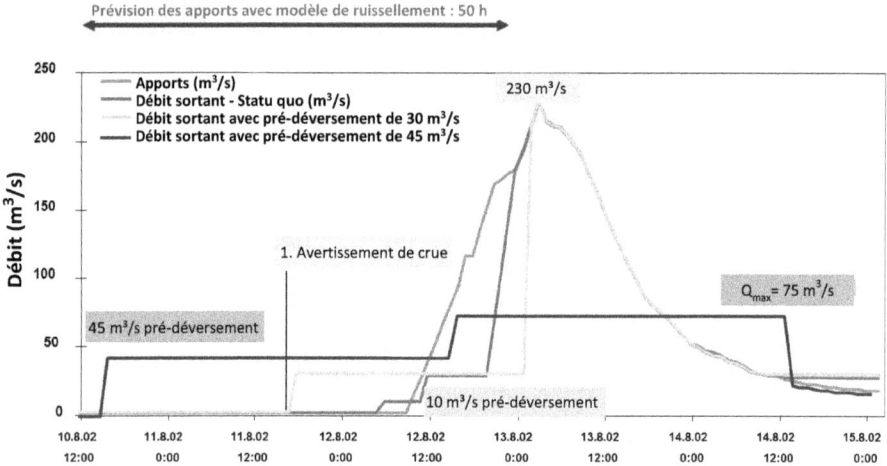

Fig. 4.8
Retenue de Malter pendant les crues de 2002 selon différents
scénarios de déversement préventif

La description des lignes de la Figure 4.8 est présentée ci-après:

- Orange : Apports observés;

- Vert : Débits sortant observés;

- Jaune: Opération projetée (30 m³/s, à partir du premier avertissement de crue);

- Violet: Opération projetée (45 m³/s, en supposant une prévision d'apports fiable sur 48 heures);

Les données ont été fournies par l'Autorité nationale des barrages de Saxe (LTV Sachsen) et les analyses de scénarios provenaient de l'Institut d'hydrologie de l'Université de technologie de Dresde.

Nonobstant le fait que l'impact des décisions de gestion à court terme sur l'exploitation du réservoir est limité, il est toujours recommandé, en particulier pour les petits bassins versants, d'évaluer le bénéfice prévu pour un réservoir spécifique, une stratégie opérationnelle, etc. afin de déterminer les limites et également les avantages potentiels tirés de la prévision des apports. Par conséquent, les sections suivantes mettent en lumière les stratégies de prévision à court terme et une méthode simple pour déterminer le bénéfice prévu en fonction du délai, ce qui peut fournir une estimation des délais minimaux requis pour une gestion efficace des débits déversements.

Figure 4.8 underlines the afore given points; the Figure shows an example for Malter reservoir (East Germany; capacity: 8.78 million cubic meters, catchment area: ~105 km²) with actual and projected operational strategies during the extreme 2002 European Floods (return period > 100 years). It can be seen that even if there would have been a damage-causing (maximum damage-free downstream flow is ~15 m³/s) pre-release of 30 m³/s, starting from the point where the first official flood warning was disseminated, an effective peak reduction would not have been possible (yellow line). Furthermore, in order to reduce the outflow to a moderately damage-causing rate of 75 m³/s, the (already damage-causing!) pre-release would have needed to be initiated two days in advance, leading to a completely dry (!) reservoir by the onset of the flood event. Of course, this scenario is not applicable by any means, considering the remaining purposes of the reservoir and the tremendous uncertainties in the rainfall forecasts for a 100 km² catchment.

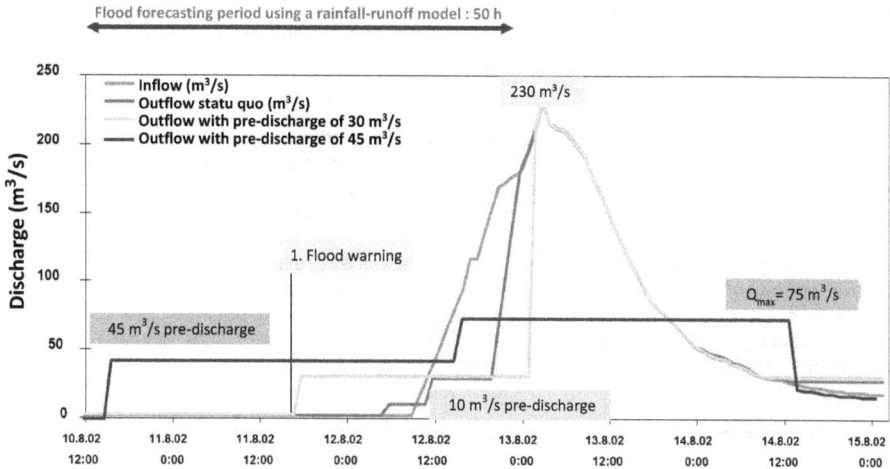

Fig. 4.8
Operation of Malter reservoir during the 2002 European Floods under different pre-release scenarios.

The description of the lines on Figure 4.8 is presented hereafter :

- Orange : Actual inflow;

- Green : Actual outflow;

- Yellow line : Projected (30 m³/s, starting from the initial flood warning;

- Purple line : Projected (45 m³/s, assuming a reliable, 48-hrs inflow forecast);

Data were provided by the State Dam Authority Saxony (LTV Sachsen) and the scenario analyses were from the Institute of Hydrology, Dresden University of Technology.

Notwithstanding the fact that the impact of short-term management decisions on reservoir operation is limited, it is still recommended, especially for smaller catchments, to assess the forecast benefit for a specific reservoir, operational strategy, etc. in order to determine the limits and also the potential benefits drawn from an inflow forecast. Therefore, the following two sections shed a light on short-term forecasting strategies and an easy method to determine the forecast benefit as a function of lead time, which can deliver an estimate on the minimum required lead times for an efficient release management.

4.3.3.1. Stratégies et aspects de la prévision opérationnelle des apports à court terme

Une stratégie de prévision des apports applicable dépend de différents aspects. La dimension du bassin versant du réservoir est de la plus haute importance. Pour de grands bassins versants (disons au-delà de 10 000 km²) ou pour des réservoirs sur de grandes rivières, le débit peut être prévu au moyen de modèles statistiques (modèles de régression, réseaux neuronaux, modèles flous) ou de modèles orientés processus hydrologiques/hydrauliques. Lorsqu'il existe des données de jaugeage en amont du réservoir et que le temps moyen de conversion de ces données en apports au site du réservoir est suffisant à des fins de gestion, une large gamme de méthodes peut être appliquée permettant de produire des résultats relativement fiables.

Pour des bassins versants de taille intermédiaire (superficie de quelques milliers de km²) et/ou si le délai doit être prolongé, il est nécessaire d'inclure des observations/estimations des précipitations. Cette approche requiert premièrement, l'utilisation de modèles pluie-ruissellement; et ensuite l'estimation spatio-temporelle des précipitations; les prévisions de précipitations introduisant une incertitude supplémentaire.

Pour les petits bassins versants amont (superficie inférieure à 1 000 km²), des prévisions de précipitations sont nécessaires pour au moins garantir des délais d'opération assez raisonnables. Ceci, bien sûr, introduit le plus grand degré d'incertitude et nécessite également une modélisation spatio-temporelle à haute résolution des précipitations et du ruissellement.

De nombreux autres aspects importants doivent être évalués lors de l'élaboration d'un système opérationnel de prévision des apports à court terme, par exemple, l'état des données, la robustesse opérationnelle, les coûts de mise en œuvre et d'exploitation, pour n'en citer que quelques-uns. Pour plus de détails, le Manuel de l'OMM sur la prévision et l'alerte en cas de crues contient des informations détaillées sur le sujet (OMM, 2011).

4.3.3.2. Excursus: évaluation des bénéfices de prévision en fonction du délai

Une délai significatif d'obtention des prévisions est au minimum coûteux ou au pire impossible, lorsqu'il s'agit de petits bassins versants et/ou de délais plus longs (c'est-à-dire au-delà de quelques jours). Par conséquent, il est important de déterminer la relation entre le bénéfice prévu (par exemple, en termes de réduction de débit de pointe[14]) et le délai. Une considération fondamentale pour estimer cette relation est illustrée à la Figure 4.9.

Le volume de contrôle des crues est évalué à sept (7) unités de volume (VU[15]). En outre, un hydrogramme de conception des apports doit être disponible (par exemple, à partir d'analyses hydrographiques ou d'études de régionalisation). Pour un délai de zéro (premier graphique de la Figure 4.9), il n'y aurait aucune information/estimation préalable pour favoriser un contrôle de rejet spécifique; par conséquent, le déversement est simplement ajusté à la règle d'opération (ligne horizontale verte; supposé être 2 VU/TU). Ceci est possible jusqu'à ce que le volume de contrôle de crue soit épuisé (ce qui est le cas après 4 + 1/3 TU); le déversement sera ensuite égal aux apports.

Avec un délai prolongé, il y a une meilleure connaissance préalable de l'hydrogramme d'apports prévus (en termes d'anticipation); par conséquent, les déversements seront modifiés (ligne en pointillés), conduisant à une réduction du débit de pointe. L'expression de la réduction du débit de pointe en termes mathématiques peut être effectuée, par exemple, en calculant l'erreur quadratique moyenne (RMSE) entre le débit sortant pour le statu quo (délai de zéro) et pour un délai spécifique différent de zéro. Le RMSE inverse peut alors être interprété comme un avantage, qui est illustré à la Figure 4.10 pour l'exemple présenté.

---

[14] Une méthodologie comparable pourrait être appliquée pour d'autres fonctions objectives (et potentiellement concurrentes!), Par exemple l'approvisionnement en eau.

[15] Valeurs unitaires arbitraires pour le volume (VU) et le temps (TU)

4.3.3.1. Prediction strategies and aspects of operational short-term inflow forecasting

An applicable inflow forecasting strategy is dependent on different aspects. Of highest importance is the spatial scale/catchment area of the considered reservoir location. For larger catchments (say beyond 10,000 km²) or reservoirs on large rivers, the inflow can be forecasted by means of statistical modeling (regression models, neural networks, fuzzy models) or hydrologic/ hydraulic process oriented models. Where there is upstream gauging data and the mean translation time from the upstream gauging locations to the reservoir site is sufficient for management purposes, a broad range of methods may be applied and will deliver quite reliable results.

If catchment size decreases to an intermediate scale (area of some thousands km²) and/or lead time should be extended, there is a need to include rainfall observations/estimates. First, this requires the employment of rainfall-runoff models; second, spatio-temporal rainfall estimation and rainfall forecasts will introduce additional uncertainty.

For small headwater catchments (area smaller 1,000 km²), rainfall forecasts are needed to at least ensure somewhat reasonable lead times. This, of course, introduces the highest amount of uncertainty and also requires spatio-temporal highly resolved rainfall-runoff modeling.

There are many other important aspects that need to be assessed when developing an operational short-term inflow forecasting system, e.g., data situation, operational robustness, implementation and operation costs, to name only a few. For further details, the WMO Manual on Flood Forecasting and Warning holds extensive information on the topic (WMO, 2011).

4.3.3.2. Excursus: Assessing the benefit of a forecast depending on lead time

A meaningful extension of a forecast's lead time is at least costly or at worst impossible, when it comes to small catchments and/or larger lead times (i.e., beyond some days). Therefore, it is important to determine the relation of forecast benefit (e.g., in terms of peak outflow reduction[15]) and the lead time. A very basic consideration towards estimating this relation is described in the following (Figure 4.9):

The flood control volume should be assumed to be seven (7) volume units (VU[16]). Furthermore, an inflow design hydrograph should be available (e.g., from hydrograph analyses or regionalization studies). For a lead time of zero (upper left panel in Figure 4.9), there would be no prior information/ estimate for fostering a specific release control; therefore, release is just adjusted to the rule release rate (green horizontal line; assumed to be 2 VU/TU). This holds up until the flood control volume is exhausted (which is the case after 4+1/3 TU); release will then directly follow the inflow.

With extended lead time, there is a better prior knowledge on the expected inflow hydrograph (in terms of a "look-ahead"); therefore, controlled outflow would be modified (dashed line), leading to a better peak flow reduction. Expressing the peak flow reduction in mathematical terms can be done, e.g., by calculating the root-mean-square error (RMSE) between the status-quo outflow (for a lead time of zero) and the outflow for a specific, nonzero lead time. The inverse RMSE can then be interpreted as benefit, which is displayed in Figure 4.10 for the discussed example.

---

[15] Comparable methodology could be applied for other beneficial (and potentially competing!) reservoir functions, e.g., water supply.

[16] Arbitrary unit values for Volume (VU) and time (TU)

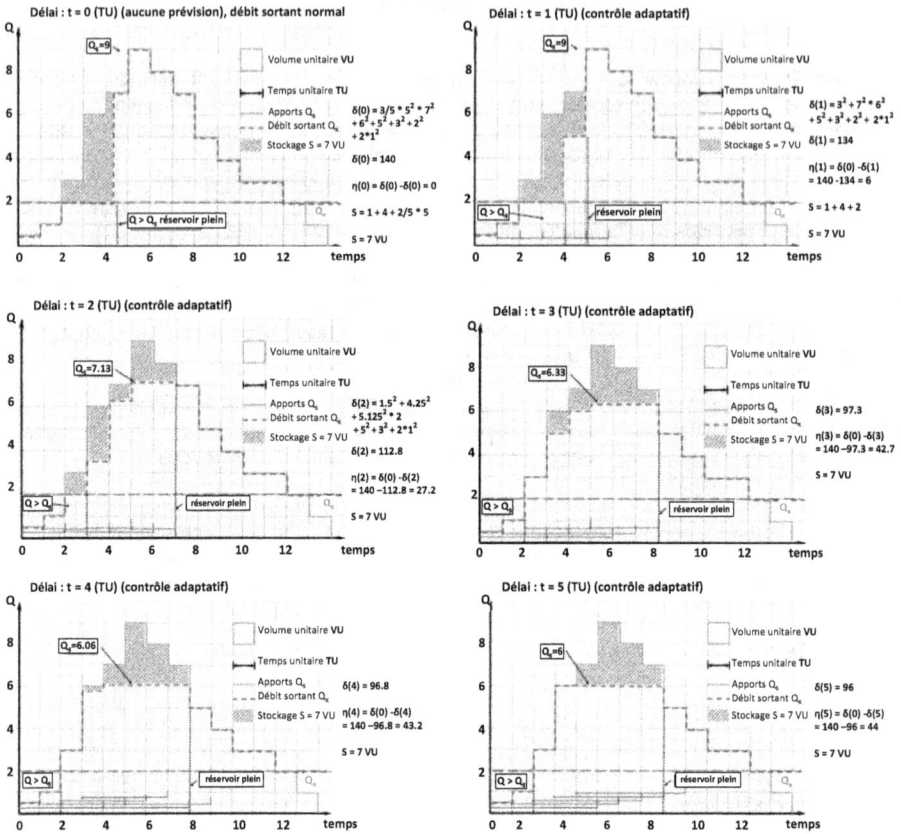

Fig. 4.9
Évaluation simplifiée des bénéfices prévus (exprimés sous forme de réduction du débit de pointe) à l'aide d'une stratégie de déversement préventif basée sur une durée d'anticipation disponible

On suppose que le déversement peut être contrôlé librement sans restriction hydraulique et sans décalage dans le temps. Le déversement est établi en utilisant les données prévisionnelles disponibles et en ce qui concerne une réduction maximale du débit de pointe dans la plage du délai de livraison.

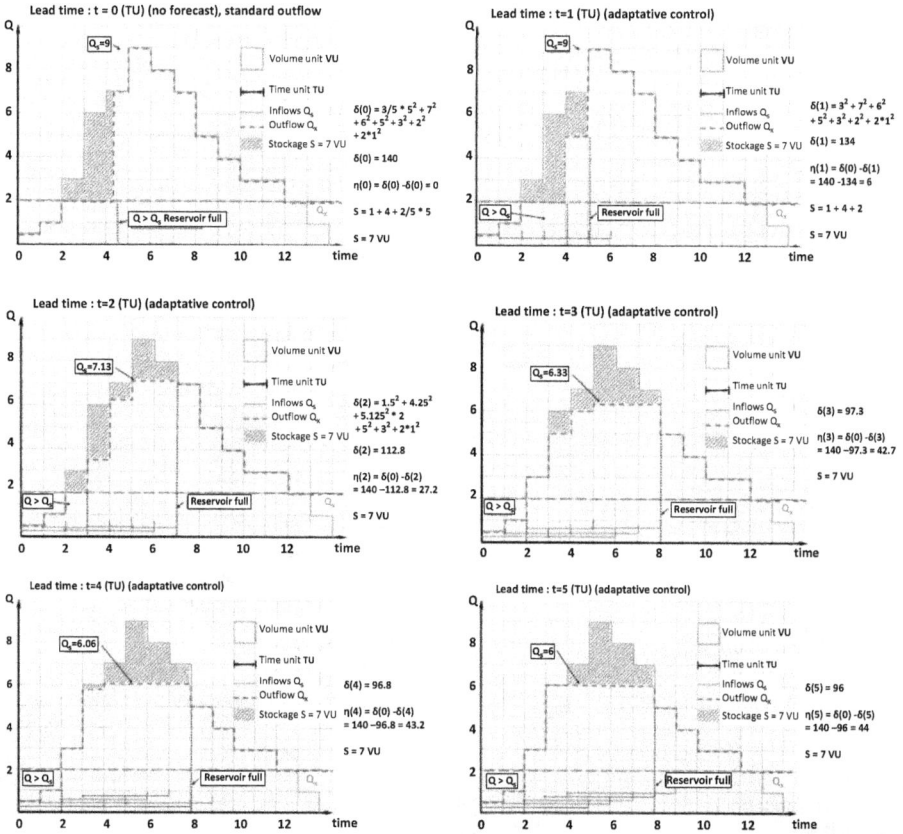

Fig. 4.9
Simple assessment of the forecast benefit (expressed as peak reduction) using a release
strategy based on available look-ahead time (lead time).

It is assumed that the release can be freely regulated without hydraulic restrictions and with
no time lag. Release is established using the specific available look-ahead data and regarding a
maximum peak reduction within the range of the lead time.

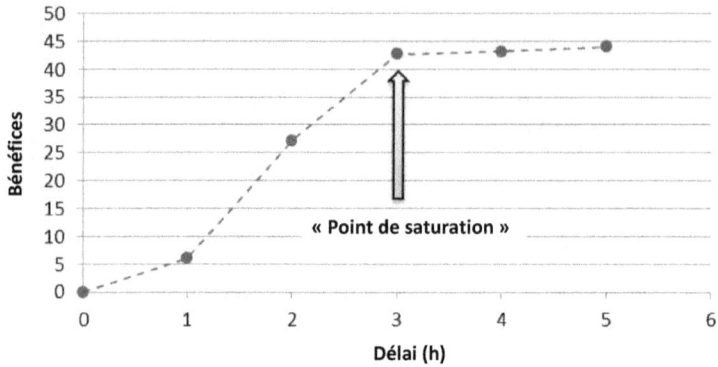

Fig. 4.10
Bénéfices (réduction du débit de pointe) en fonction de la durée d'anticipation
(données selon Figure 4.9).

La Figure 4.10 illustre que le gain augmente très peu au-delà d'un délai spécifique. Au moyen d'une approche aussi simple, il est possible d'obtenir une estimation précieuse du délai minimum requis pour obtenir une réduction notable du débit de pointe. Cette information est importante compte tenu des coûts de mise en œuvre et d'exploitation et en considérant que le volume de données d'un système de prévision dépend des délais souhaités.

L'incertitude de la prévision est également un élément à considérer dans la décision d'utiliser la capacité de laminage des crues des réservoirs pour réduire le débit de pointe. L'incertitude de la prévision réduit l'efficacité du laminage des crues pour réduire le débit de pointe. Pour les prévisions à court terme, l'incertitude sera réduite mais la capacité de laminage des crues pourrait également être réduite. En fonction du délai et de l'incertitude attendue des prévisions, différents scénarios doivent être envisagés pour évaluer les impacts possibles de l'incertitude.

4.3.3.3. Incertitude à court terme

Pour les prévisions à court terme des apports pour les petits bassins versants d'amont, il faut généralement tenir compte des estimations quantitatives des précipitations (QPE) et, en plus, des prévisions quantitatives des précipitations (QPF). Les QPF introduisent une grande quantité d'incertitude dans ce cas (incertitude des paramètres d'entrée) et devraient donc être les premiers à être considérés lors de l'analyse de l'incertitude.

Dans les prévisions hydrologiques, l'objectif devrait être de réduire l'incertitude totale, par exemple au moyen de la collecte des données, de la mise à jour de l'état du système et des méthodes de correction des biais (WMO, 2011). D'un autre côté, ce qui est encore plus important, la gestion de l'incertitude peut produire une quantification de l'incertitude qui, à son tour, peut fournir une estimation des erreurs de prédiction ou de la fiabilité des valeurs prévues.

En général, **des méthodes d'ensemble** sont utilisées pour l'estimation de l'incertitude sur des horizons de temps plus courts. Cela signifie que les plages d'incertitude épistémique susmentionnées sont échantillonnées parallèlement à une distribution antérieure connue ou estimée des paramètres considérés. Dans le cas de l'incertitude des paramètres d'entrée, cela se fait - par exemple - en utilisant un ensemble de réalisations futures possibles du développement ultérieur des précipitations. Cette stratégie fournit non seulement des résultats (déterministes), mais un ensemble de résultats (le soi-disant ensemble brut).

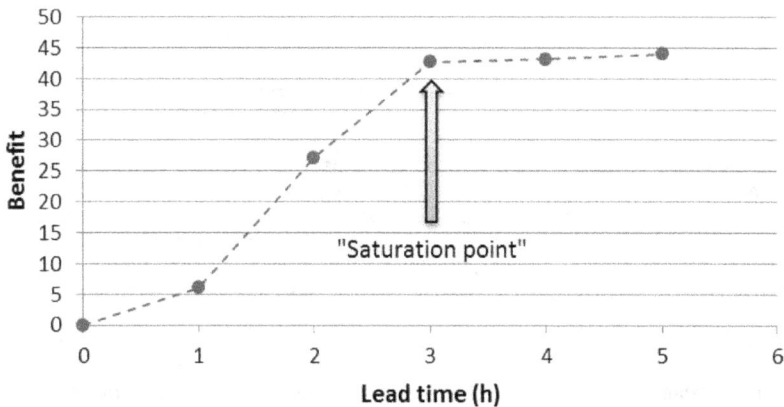

Fig. 4.10
Benefit (peak flow reduction) as a function of lead time (data according to Figure 4.9).

Figure 4.10 shows that the benefit is saturated beyond a specific lead time. By means of such a simple approach, it is at least possible to get a valuable estimate on the minimum required lead time for achieving a noticeable peak reduction. In turn, this is quite important since the implementation and operational costs, as well as the data demand of a forecasting system are directly depending on desired lead times.

The uncertainty of the forecast is also an element to consider in the decision to use reservoir flood retention capacity to minimize the peak outflow. The uncertainty of the forecast will reduce the efficiency of the flood retention to reduce peak outflow. For short-time forecast, the uncertainty will be reduced but the flood retention capacity could also be reduced. Depending of the lead time and the expected forecast uncertainty, different scenarios should be considered to evaluate the possible impacts of the uncertainty.

4.3.3.3. Considering uncertainty on the short-term scale

For short-termed inflow forecasts for smaller headwater catchments, usually quantitative precipitation estimates (QPEs) and—additionally—quantitative precipitation forecasts (QPFs) need to be taken into account. QPFs introduce the vast amount of uncertainty in this case (input parameter uncertainty) and should therefore be the first in the focus when it comes to uncertainty analysis.

In hydrological forecasting, the aim should be to reduce the total uncertainty, e.g., by means of data assimilation, state updating and bias correction methods (WMO, 2011). On the other hand, which is even more important, dealing with uncertainty can produce an uncertainty quantification, which, in turn, can deliver an estimate on prediction errors or the reliability of forecasted values, for instance.

Typically, **ensemble methods** are employed for uncertainty estimation on shorter time scales. This means, that the aforementioned epistemic uncertainty ranges are sampled alongside a known or estimated prior distribution of the considered parameters. In the case of input parameter uncertainty, this is—for instance—typically done by using a set (or ensemble) of possible future realizations of the further rainfall development. This strategy delivers not only one (deterministic) output, but a set of outputs (the so-called raw ensemble).

L'ensemble émergent des résultats n'est pas identique à l'incertitude prédictive. Prendre l'ensemble brut comme base des estimations probabilistes (par exemple, via des analyses quantiles empiriques) est méthodiquement erroné, puisque l'interdépendance statistique des sources d'incertitude (conditionnelle!) est ainsi ignorée (Todini, 2016; Hernández-López & Francés, 2017 et voir la Figure 4.11).

Par souci de concision, les méthodes concernant le traitement de l'incertitude conjointe (principalement bayésienne) et l'estimation de l'incertitude prédictive (comme GLUE, BaRE et BATEA, pour n'en nommer que quelques-unes) ne peuvent pas être discutées en profondeur dans ce chapitre. La littérature pertinente dans ce domaine est plutôt recommandée (Beven, 1993; Kuczera et Parent, 1998; Bates et coll., 2001; Kavetski et coll., 2002; Kuczera et coll., 2006) tandis que Grundmann (2010) et Klein et coll. (2016) présentent une introduction plus facile à ce sujet assez sophistiqué.

Il convient de préciser qu'une évaluation de l'incertitude à la pointe de la technologie nécessite des densités de probabilité correctement conditionnées (par exemple, des prévisions d'ensemble statistiquement représentatives et fiables, des paramètres de processus et de modèle, etc.; Todini, 2016), ce qui est un objectif difficile à atteindre dans la pratique. Notamment, des coûts de calcul potentiellement élevés peuvent très probablement compliquer la mise en œuvre de méthodes (en particulier basées sur Monte-Carlo) pour des contextes sensibles en temps réel.

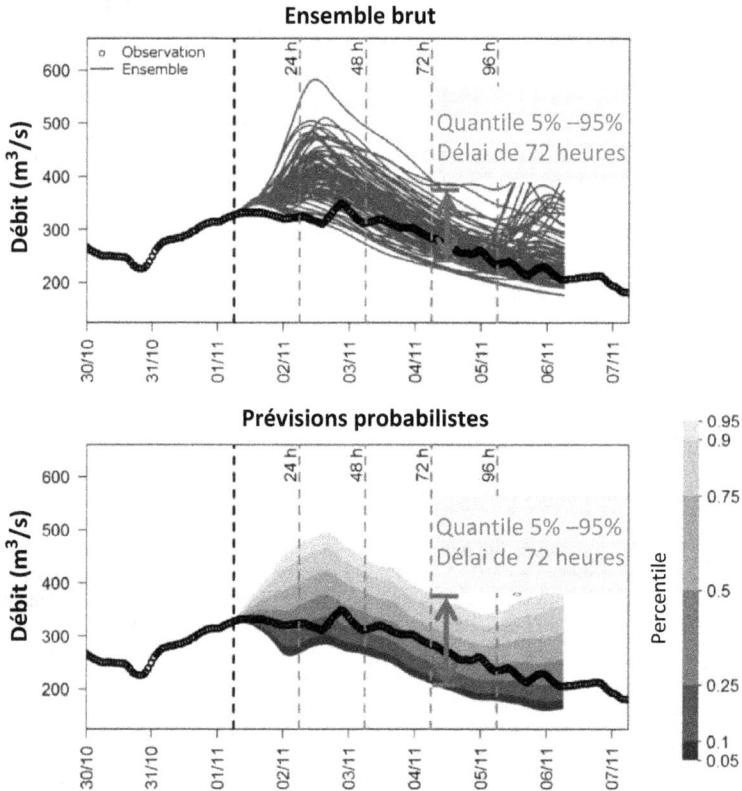

Fig. 4.11
Comparaison d'un ensemble brut (en haut) et d'un ensemble considéré comme estimation réelle de l'incertitude prédictive (en bas). D'après Klein et al. (2016)

The emerging set of outputs is **not** identical with the predictive uncertainty. Taking the raw ensemble as the basis for probabilistic estimations (e.g., via empirical quantile analyses) is methodically wrong, since the statistical interdependence of the (conditional!) uncertainty sources is ignored this way (Todini, 2016; Hernández-López & Francés, 2017 and see Figure 4.11).

For the sake of brevity, the concerning methods for joint (mostly Bayesian) uncertainty processing and predictive uncertainty estimation (like GLUE, BaRE, and BATEA, to name only a few) cannot be discussed in-depth within this frame. Rather the relevant literature in this field is recommended (Beven, 1993; Kuczera and Parent, 1998; Bates et al., 2001; Kavetski et al., 2002; Kuczera et al., 2006) whereas Grundmann (2010) and Klein et al. (2016) provide an easy access to this quite sophisticated topic.

However, it should be stated that a state-of-the-art uncertainty assessment requires properly conditioned probability densities (e.g., statistically representative and reliable ensemble forecasts, process and model parameters, and so forth; Todini, 2016), which is a very challenging objective in practice. Not least, potentially extraordinary high computational costs may and most likely will hinder the implementation of (especially Monte-Carlo based) methods in real-time sensitive contexts.

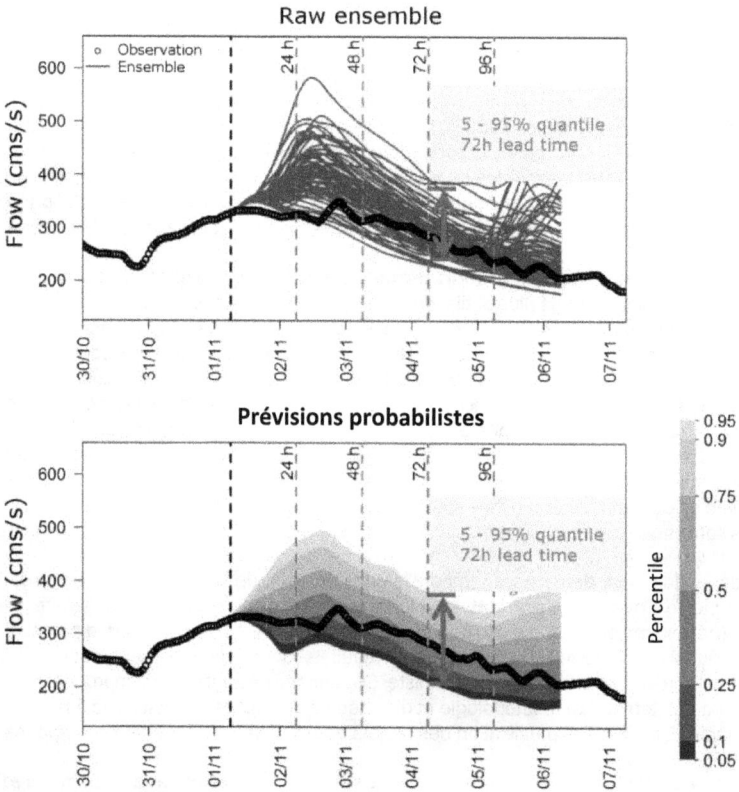

Fig. 4.11
Comparison of a raw ensemble (upper panel) and a processed ensemble as "true" estimate of the predictive uncertainty (below). From Klein et al. (2016).

Cette Figure montre une meilleure représentation des données observées par la prévision probabiliste (graphique inférieur) (les observations sont toujours «à l'intérieur» de l'ensemble de prévision) ainsi qu'une plus grande précision et une dispersion plus faible du résultat probabiliste par rapport à l'ensemble brut. Il faut noter que 10% des résultats estimés du débit fluvial se situent en dehors de la fourchette de 5 à 95% représentée.

4.4. DISCUSSION ET RECOMMANDATIONS

La **prévision à long terme des apports** est importante principalement pour des raisons de dimensionnement. Bien que les modèles statistiques présentent des lacunes majeures (en supposant la stationnarité, la colinéarité ou la dépendance des prédicteurs; Wedgbrow et coll., 2005), ces approches sont toujours supérieures pour les prévisions à long terme et sont beaucoup plus faciles à appliquer que les techniques de modélisation dynamique (du moins, lorsque les résultats de modélisation dynamique ne sont disponibles instantanément). La prévision des apports entrants à long terme est généralement effectuée par modélisation statistique/stochastique ou par mise à l'échelle à partir de la sortie du modèle météorologique/climatique.

À des **fins de prévisions saisonnières**, les modèles de circulation dynamique sont maintenant très sophistiqués, sont généralement basés sur la physique et devraient donc être en mesure de surpasser généralement les approches statistiques. En pratique, cette approche est applicable pour des délais allant jusqu'à un ou deux mois (Arnal, 2018). La connaissance limitée des conditions initiales (principalement en raison du manque de données) et le comportement généralement chaotique du système terrestre ne permettent pas une prévision exacte de l'évolution dynamique de l'atmosphère pour des délais de plus de deux ou trois mois. Cependant, par rapport à la situation d'il y a plus de 10 ans (par exemple, Easey et coll., 2006), la qualité des approches de modélisation dynamique s'est beaucoup améliorée. Les principales raisons à cela sont des modèles utilisant une résolution spatio-temporelle plus élevée, des ressources de calcul améliorées, une meilleure disponibilité des données (principalement grâce à la télédétection par satellite) et des techniques d'assimilation de données fortement améliorées (par exemple, 4D-VAR[16]) pour déterminer l'état initial du système terrestre.

Les **prévisions d'apports à court terme** s'étendent sur quelques jours. Pour les réservoirs situés dans des bassins versants plus petits, de tels délais seraient suffisants pour prendre des décisions appropriées en matière de contrôle des crues. Cependant, l'incertitude des prévisions de précipitations et la fiabilité des prévisions ultérieures des précipitations et du ruissellement sont importantes pour une prise de décision éclairée. Malheureusement, l'habileté prédictive des prévisions quantitatives de précipitations est limitée en ce qui concerne les petits bassins d'amont, en particulier pour les délais de mise en œuvre prolongés à moyen terme (jusqu'à deux semaines). C'est pourquoi il est important d'incorporer l'incertitude et une estimation correcte de l'incertitude prédictive. Pour les bassins versants plus importants, des prévisions à court terme peuvent être effectuées avec une précision plus élevée, même en utilisant des approches statistiques assez simples, étant donné que certaines données disponibles sont étroitement corrélées au débit de la rivière (par exemple, les données de débit en amont).

Indépendamment de l'échelle temporelle considérée et de la tâche de prédiction spécifique, la prise en compte de **l'incertitude prédictive** est fortement recommandée pour mieux éclairer les décisions de gestion (par exemple, Delaney, 2018). En particulier pour les petits bassins d'amont, l'incertitude prédictive influencera fortement la fiabilité des résultats du modèle et peut donc potentiellement compromettre les résultats du modèle déterministe. Cependant, une estimation appropriée de l'incertitude peut être lourde en termes de méthodologie et d'exigences techniques et doit donc être soigneusement prise en compte dans la conceptualisation des projets et des tâches de prévision des apports.

Un horizon temporel de quelques semaines ou de mois (selon la taille du réservoir) semble offrir le meilleur potentiel d'intervention et de gestion des crues. Le principal défi consiste à améliorer la fiabilité des prévisions météorologiques et de crues pour ces horizons.

---

[16] https://www.ecmwf.int/en/about/media-centre/news/2017/20-years-4d-var-better-forecasts-through-better-use-observations

A better coverage of the observed data by the probabilistic (lower panel) forecast (observations are always "within" the forecast ensemble) as well as the better sharpness/lower spread of the probabilistic product vs the raw ensemble can be noted on the Figure. Further note that 10% of the estimated possible realizations of river flow lie outside the depicted 5–95% range.

4.4.   DISCUSSION AND RECOMMENDATIONS

Long-term inflow prediction is important mainly for the sake of dimensioning. Despite statistical models introduce some major shortcomings (assuming stationarity, co-linearity or dependence of predictors; Wedgbrow et al., 2005), such approaches are still superior for long-termed predictions and are much easier to apply than dynamic modeling techniques (at least, when not using instantly available dynamic modeling output). Long-term inflow prediction is usually carried out by statistical/stochastic modeling or downscaling from weather/climate model output.

For **seasonal forecasting** purposes, dynamic circulation models nowadays hold a high degree of sophistication, are usually physically-based and should therefore be able to generally outperform statistical approaches. In practice, this is only the case for lead times of up to one or two months (Arnal, 2018). The limited knowledge of initial conditions (mainly due to lacking data) and the generally chaotic behavior of the Earth system jeopardize an exact prediction of the dynamic evolution of the atmosphere for lead times of more than two or three months. However, compared to the situation before 10 years (e.g., Easey et al., 2006), the skill of dynamic modeling approaches did improve a lot. The main reasons for that are better and spatio-temporally higher-resolved models together with improved computational resources on the one hand, as well as better data availability (mainly from satellite-based remote sensing) and strongly improved data assimilation techniques (e.g., 4D-VAR[17]) for inferring the initial condition of the Earth system, on the other hand.

Short-termed inflow forecasts extend to a couple of days. For reservoirs in smaller headwater catchments, such lead times would be sufficient for undertaking appropriate flood-control decisions. However, uncertainty of rainfall forecasts and the reliability of subsequent rainfall-runoff prediction is important for an informed decision-making. Unfortunately, the predictive skill of quantitative precipitation forecasts is limited with regard to small headwater catchments, especially for extended lead times in the medium range (up to two weeks). That is why the incorporation of uncertainty and proper predictive uncertainty estimation is important. For larger catchments, short-termed predictions can be carried out with essentially higher skill, even by using quite simple statistical approaches, given, that data which firmly correlate to the river flow (e.g., upstream flow data) are available.

Regardless the considered temporal scale and the specific prediction task, the consideration of **predictive uncertainty** is strongly recommended to better inform management decisions (e.g., Delaney, 2018). Especially for smaller headwater catchments, predictive uncertainty will strongly influence the reliability of model results and therefore can potentially jeopardize deterministic model results. However, a proper uncertainty estimation may be cumbersome in terms of methodology and technical demands and therefore should be thoroughly addressed in the conceptualization of inflow prediction projects and tasks.

A time scale of weeks or months (depending of the size of the reservoir) appears to offer the best potential for intervention and flood management. The main challenge consists to improve the reliability of weather and flood forecasts for these time scale.

---

[17] https://www.ecmwf.int/en/about/media-centre/news/2017/20-years-4d-var-better-forecasts-through-better-use-observations

4.5.   ÉTUDES DE CAS

Les trois études de cas suivantes sont présentées à l'annexe A:

- Horizon long terme: optimisation multi-objectifs de systèmes de réservoirs polyvalents sous des contraintes de haute fiabilité – Allemagne

- Horizon saisonnier: prévisions saisonnières (à moyen terme) pour l'adaptation de l'exploitation des réservoirs afin d'atténuer les variations causées par les précipitations - Allemagne

- Horizon court terme: utilisation des réservoirs de stockage pour la gestion de crue dans le bassin du fleuve Kumano - Japon

4.6.   RÉFÉRENCES

Arnal, L.: Skilful seasonal forecasts of streamflow over Europe? HEPEX-Blog: https://hepex.irstea.fr/skilful-seasonal-streamflow-europe/, 2018.

Bates, B. C. & Campbell, E. P.: A Markov chain Monte Carlo scheme for parameter estimation and inference in conceptual rainfall-runoff modeling. Water Resources Research, 37(4), 2001.

Beven, K. J.: Rainfall-Runoff Modelling: The Primer, John Wiley and Sons Chichester, 2012.

Beven, K. J.: Prophecy, Reality and Uncertainty in Distributed Hydrological Modeling. Advances in Water Resources, 16(1), 1993.

Charles, S. P.; Wang, Q. J.; Ahmad, M.; Hashmi, D.; Schepen, A.; Podger, G. & Robertson, D. E.: Seasonal streamflow forecasting in the upper Indus Basin of Pakistan: an assessment of methods. Hydrol. Earth Syst. Sci., 22, 2018.

Crochemore, L.; Ramos, M.-H. & Pappenberger, F.: Bias correcting precipitation forecasts to improve the skill of seasonal streamflow forecasts. Hydrol. Earth Syst. Sci., 20, 2016.

Delaney, C.; Mendoza, J; Whitin, B. & Hartman, R.: Using ensemble forecasts to inform risk-based operations of a reservoir in Northern California. HEPEX-Blog: https://hepex.irstea.fr/using-ensemble-forecasts-to-inform-risk-based-operations-of-a-reservoir-in-northern-california/, 2018.

Druckmann, J. N. & McDermott, R.: Emotion and the Framing of Risky Choice. Political Behaviour, 30, 2008.

Easey, J.; Prudhomme, C. & Hannah, D.: Seasonal forecasting of river flows: a review of the state-of-the-art. Proceedings of the Fifth FRIEND World Conference held at Havana, Cuba, 2006.

Fiering, M. B. & Jackson, B. B.: Synthetic Streamflows. AGU Water Res. Monographs, 1971.

Georgakakos, K. P. & Graham, N. E.: Potential Benefits of Seasonal Inflow Prediction Uncertainty for Reservoir Release Decisions. Journal of Applied Meteorology and Climatology, 47, 2008.

Grundmann, J.: Analyse und Simulation von Unsicherheiten in der flächendifferenzierten Niederschlags-Abfluss-Modellierung. Dissertation, TU Dresden, Institut für Hydrologie, 2010.

Hernández-López, M. R. & Francés, F.: Bayesian joint inference of hydrological and generalized error models with the enforcement of Total Laws. Hydrology and Earth System Sciences, 19, 2017.

Huang, G. H. & Loucks, D. P.: An inexact two-stage stochastic programming model for water resources management under uncertainty. Civil Engineering and Environmental Systems, 17(2), 2000.

Hyndman, R. J. & Athanasopoulos, G.: Forecasting: Principles and Practice. OTexts, 2018.

Ionita, M.: Mid range forecasting of the German Waterways streamflow based on hydrologic, atmospheric and oceanic data, Reports on polar and marine research, Alfred Wegener Institute for Polar and Marine Research Bremerhaven, 711, 2017.

Kahnemann, D. & Tversky, A.: An Analysis of Decision under Risk. Econometrica, 47(2), 1979.

4.5. CASE STUDIES

The following three case studies are presented in Appendix A :

- Long-term scale: Multi-objective optimization of multi-purpose reservoir systems under high reliability constraints - Germany

- Seasonal scale: Seasonal (mid-range) forecasts for reservoir operation adaptation to mitigate shifting precipitation patterns - Germany

- Short-term scale: Use of reservoir storage for flood operation in the Kumano River basin - Japan

4.6. REFERENCES

Arnal, L.: Skilful seasonal forecasts of streamflow over Europe? HEPEX-Blog: https://hepex.irstea.fr/skilful-seasonal-streamflow-europe/, 2018.

Bates, B. C. & Campbell, E. P.: A Markov chain Monte Carlo scheme for parameter estimation and inference in conceptual rainfall-runoff modeling. Water Resources Research, 37(4), 2001.

Beven, K. J.: Rainfall-Runoff Modelling: The Primer, John Wiley and Sons Chichester, 2012.

Beven, K. J.: Prophecy, Reality and Uncertainty in Distributed Hydrological Modeling. Advances in Water Resources, 16(1), 1993.

Charles, S. P.; Wang, Q. J.; Ahmad, M.; Hashmi, D.; Schepen, A.; Podger, G. & Robertson, D. E.: Seasonal streamflow forecasting in the upper Indus Basin of Pakistan: an assessment of methods. Hydrol. Earth Syst. Sci., 22, 2018.

Crochemore, L.; Ramos, M.-H. & Pappenberger, F.: Bias correcting precipitation forecasts to improve the skill of seasonal streamflow forecasts. Hydrol. Earth Syst. Sci., 20, 2016.

Delaney, C.; Mendoza, J; Whitin, B. & Hartman, R.: Using ensemble forecasts to inform risk-based operations of a reservoir in Northern California. HEPEX-Blog: https://hepex.irstea.fr/using-ensemble-forecasts-to-inform-risk-based-operations-of-a-reservoir-in-northern-california/, 2018.

Druckmann, J. N. & McDermott, R.: Emotion and the Framing of Risky Choice. Political Behaviour, 30, 2008.

Easey, J.; Prudhomme, C. & Hannah, D.: Seasonal forecasting of river flows: a review of the state-of-the-art. Proceedings of the Fifth FRIEND World Conference held at Havana, Cuba, 2006.

Fiering, M. B. & Jackson, B. B.: Synthetic Streamflows. AGU Water Res. Monographs, 1971.

Georgakakos, K. P. & Graham, N. E.: Potential Benefits of Seasonal Inflow Prediction Uncertainty for Reservoir Release Decisions. Journal of Applied Meteorology and Climatology, 47, 2008.

Grundmann, J.: Analyse und Simulation von Unsicherheiten in der flächendifferenzierten Niederschlags-Abfluss-Modellierung. Dissertation, TU Dresden, Institut für Hydrologie, 2010.

Hernández-López, M. R. & Francés, F.: Bayesian joint inference of hydrological and generalized error models with the enforcement of Total Laws. Hydrology and Earth System Sciences, 19, 2017.

Huang, G. H. & Loucks, D. P.: An inexact two-stage stochastic programming model for water resources management under uncertainty. Civil Engineering and Environmental Systems, 17(2), 2000.

Hyndman, R. J. & Athanasopoulos, G.: Forecasting: Principles and Practice. OTexts, 2018.

Ionita, M.: Mid range forecasting of the German Waterways streamflow based on hydrologic, atmospheric and oceanic data, Reports on polar and marine research, Alfred Wegener Institute for Polar and Marine Research Bremerhaven, 711, 2017.

Kahnemann, D. & Tversky, A.: An Analysis of Decision under Risk. Econometrica, 47(2), 1979.

Kavetski, D., Franks, S.W. & Kuczera, G.: Confronting input uncertainty in environmental modelling. In: Q. Duan, H.V. Gupta, S. Sorooshian, A.N. Rousseau und R. Turcotte (Editors), Calibration of Watershed Models. AGU Water Science and Applications Series, 2002.

Klein, B.; Meißner, D.; Hemri, S. & Lisniak, D.: Ermittlung der prädiktiven Unsicherheit von hydrologischen Ensemblevorhersagen. Report BfG1853, Federal German Institute of Hydrology, 2016.

Krauße, T.; Cullmann, J.; Saile, P. & Schmitz, G. H.: Robust multi-objective calibration strategies – possibilities for improving flood forecasting. Hydrology and Earth System Sciences, 16, 2012.

Kuczera, G. & Parent, E.: Monte Carlo assessment of parameter uncertainty in conceptual catchment models: The Metropolis algorithm. Journal of Hydrology, 211(1–4), 1989.

Kuczera, G.; Kavetski, D.; Franks, S. & Thyer, M.: Towards a Bayesian total error analysis of conceptual rainfall-runoff models: Characterising model error using storm-dependent parameters. Journal of Hydrology, 331(1–2), 2006.

Meissner, D.; Klein, B.; Lisniak, D. & Pinzinger, R.: Probabilistische Abfluss- und Wasserstandsvorhersagen – Kommunikationsstrategien und Nutzungspotentiale am Beispiel der Binnenschifffahrt. Hydrologie und Wasserbewirtschaftung 58(2), 2014.

Müller, R.: A new strategy for a multi-criteria simulation-based management of multi-purpose dam systems (Dissertation in German). Institute of Hydrology, Dresden University of Technology, 2014.

Ponce, V. M.: Engineering Hydrology: Principles and Practices. Prentice Hall, 1994.

Potter, K. W.: Sequent peak procedure: minimum reservoir capacity subject to constraint on final storage. JAWRA, 13(3), 1977.

Samaniego, L.; Kumar, R.; Thober, S.; Rakovec, O.; Zink, M.; Wanders, N.; Eisner, S.; Müller Schmied, H.; Sutanudjaja, E. H.; Warrach-Sagi, K. & Attinger, S.: Toward seamless hydrologic predictions across spatial scales. Hydrology and Earth System Sciences, 21, 2017.

Schütze, N.; Singer, T. & Wagner, M.: Endbericht Niederschlagsverifikation – Verifikation probabilistischer quantitativer Niederschlagsvorhersageprodukte (QPF) im Hinblick auf deren Eignung als Antrieb für ein Hochwasserfrühwarnsystem für kleine Einzugsgebiete in Sachsen. Institut für Hydrologie und Meteorologie, Technische Universität Dresden, 2016.

Todini, E.; Singh, V. P. (Ed.): Handbook of Applied Hydrology: Predictive Uncertainty Assessment and Decision Making – Theory and Applications. McGraw-Hill, 2016.

Turner, S. W.; Bennett, J. C.; Robertson, D. E. & Galelli, S.: Complex relationship between seasonal streamflow forecast skill and value in reservoir operations. Hydrol. Earth Syst. Sci., 21, 2017.

Visser, J.: Evaluation of Seasonal Inflow Forecasting to Support Multipurpose Reservoir Management – A case study for the Upper Maule River Basin, Chile. MSc Thesis Lund University, 2017.

Vrugt, J. A.; Gupta, H. V.; Bastidas, L. A.; Bouten, W. & Sorooshian, S.: Effective and efficient algorithm for multiobjective optimization of hydrologic models. Water Resour. Res., 39, 2003.

Wedgbrow, C. S.; Wilby, R. L. & Fox, H. R.: Experimental seasonal forecasts of low summer flows in the River Thames, UK, using Expert Systems. Climate Res. 28, 2005.

Wetterhall, F.; Pechlivanidis, I. G.; Ramos, M.-H.; Wood, A.; Wang, Q. J.; Zehe, E. & Ehret, U. (Eds.): Special issue on sub-seasonal to seasonal hydrological forecasting, HESS, 20–22, 2016–2018.

WMO: Manual on Flood Forecasting and Warning. World Meteorological Organization, 2011.

Wood, A.; Pagano, T. & Roos, M.: Tracing The Origins of ESP. HEPEX-Blog: https://hepex.irstea.fr/tracing-the-origins-of-esp/, 2016.

Kavetski, D., Franks, S.W. & Kuczera, G.: Confronting input uncertainty in environmental modelling. In: Q. Duan, H.V. Gupta, S. Sorooshian, A.N. Rousseau und R. Turcotte (Editors), Calibration of Watershed Models. AGU Water Science and Applications Series, 2002.

Klein, B.; Meißner, D.; Hemri, S. & Lisniak, D.: Ermittlung der prädiktiven Unsicherheit von hydrologischen Ensemblevorhersagen. Report BfG1853, Federal German Institute of Hydrology, 2016.

Krauße, T.; Cullmann, J.; Saile, P. & Schmitz, G. H.: Robust multi-objective calibration strategies – possibilities for improving flood forecasting. Hydrology and Earth System Sciences, 16, 2012.

Kuczera, G. & Parent, E.: Monte Carlo assessment of parameter uncertainty in conceptual catchment models: The Metropolis algorithm. Journal of Hydrology, 211(1–4), 1989.

Kuczera, G.; Kavetski, D.; Franks, S. & Thyer, M.: Towards a Bayesian total error analysis of conceptual rainfall-runoff models: Characterising model error using storm-dependent parameters. Journal of Hydrology, 331(1–2), 2006.

Meissner, D.; Klein, B.; Lisniak, D. & Pinzinger, R.: Probabilistische Abfluss- und Wasserstandsvorhersagen – Kommunikationsstrategien und Nutzungspotentiale am Beispiel der Binnenschifffahrt. Hydrologie und Wasserbewirtschaftung 58(2), 2014.

Müller, R.: A new strategy for a multi-criteria simulation-based management of multi-purpose dam systems (Dissertation in German). Institute of Hydrology, Dresden University of Technology, 2014.

Ponce, V. M.: Engineering Hydrology: Principles and Practices. Prentice Hall, 1994.

Potter, K. W.: Sequent peak procedure: minimum reservoir capacity subject to constraint on final storage. JAWRA, 13(3), 1977.

Samaniego, L.; Kumar, R.; Thober, S.; Rakovec, O.; Zink, M.; Wanders, N.; Eisner, S.; Müller Schmied, H.; Sutanudjaja, E. H.; Warrach-Sagi, K. & Attinger, S.: Toward seamless hydrologic predictions across spatial scales. Hydrology and Earth System Sciences, 21, 2017.

Schütze, N.; Singer, T. & Wagner, M.: Endbericht Niederschlagsverifikation – Verifikation probabilistischer quantitativer Niederschlagsvorhersageprodukte (QPF) im Hinblick auf deren Eignung als Antrieb für ein Hochwasserfrühwarnsystem für kleine Einzugsgebiete in Sachsen. Institut für Hydrologie und Meteorologie, Technische Universität Dresden, 2016.

Todini, E.; Singh, V. P. (Ed.): Handbook of Applied Hydrology: Predictive Uncertainty Assessment and Decision Making – Theory and Applications. McGraw-Hill, 2016.

Turner, S. W.; Bennett, J. C.; Robertson, D. E. & Galelli, S.: Complex relationship between seasonal streamflow forecast skill and value in reservoir operations. Hydrol. Earth Syst. Sci., 21, 2017.

Visser, J.: Evaluation of Seasonal Inflow Forecasting to Support Multipurpose Reservoir Management – A case study for the Upper Maule River Basin, Chile. MSc Thesis Lund University, 2017.

Vrugt, J. A.; Gupta, H. V.; Bastidas, L. A.; Bouten, W. & Sorooshian, S.: Effective and efficient algorithm for multiobjective optimization of hydrologic models. Water Resour. Res., 39, 2003.

Wedgbrow, C. S.; Wilby, R. L. & Fox, H. R.: Experimental seasonal forecasts of low summer flows in the River Thames, UK, using Expert Systems. Climate Res. 28, 2005.

Wetterhall, F.; Pechlivanidis, I. G.; Ramos, M.-H.; Wood, A.; Wang, Q. J.; Zehe, E. & Ehret, U. (Eds.): Special issue on sub-seasonal to seasonal hydrological forecasting, HESS, 20–22, 2016–2018.

WMO: Manual on Flood Forecasting and Warning. World Meteorological Organization, 2011.

Wood, A.; Pagano, T. & Roos, M.: Tracing The Origins of ESP. HEPEX-Blog: https://hepex.irstea.fr/tracing-the-origins-of-esp/, 2016.

PRÉDICTION DES APPORTS AU RÉSERVOIR POUR UNE GESTION PROACTIVE DES RISQUES DE CRUES - ÉTUDES DE CAS

A1- HORIZON À LONG TERME

OPTIMISATION MULTI-OBJECTIFS DE SYSTÈMES DE RÉSERVOIR MULTI-USAGES SOUS DES CONTRAINTES DE FIABILITÉ ÉLEVÉE - ALLEMAGNE

Dr. Ruben Müller

BAH Consulting (Büro für Angewandte Hydrologie), Berlin, Allemagne

1. Introduction

La plupart des réservoirs des régions non arides sont gérés dans le but de se conformer aux politiques municipales de sécurité d'approvisionnement en eau qui exigent une fiabilité basée sur des probabilités de 99,0% et plus (Hashimoto et al. 1982). Les modèles de simulation permettent de tenir compte d'un ensemble de règles assez complexe et sont généralement utilisés pour valider si l'exploitation d'un réservoir (donnée par un ensemble de règles opérationnelles) peut fournir des fiabilités aussi élevées. Les méthodes d'optimisation basées sur la simulation sont capables de résoudre des problèmes impliquant la fiabilité (Koutsoyiannis et Economou, 2003) et peuvent être utilisées pour trouver de nouvelles règles opérationnelles ou pour optimiser des règles existantes.

Pour cette étude de cas, l'approche proposée par Müller et Schütze (2017) est utilisée pour un système de réservoirs de l'est de l'Allemagne soumis à de fortes contraintes de fiabilité, l'objectif étant de dériver les meilleures règles opérationnelles pour la période de 2021 à 2050 pour les conditions climatiques, telles que définies par les projections WETTREG-2010 (Kreienkamp et al., 2010) sous les scénarios du GIEC (A1B, B1 et A2).

L'optimisation multicritère est utilisée afin de comparer les compromis possibles entre des objectifs contradictoires dans des conditions climatiques modifiées, par rapport à l'état actuel. De plus, des règles opérationnelles adaptées de manière optimale sont nécessaires pour une évaluation impartiale de la performance du réservoir dans des conditions modifiées (Eum et Simonovic, 2010).

2. Méthodologie

Estimation des conditions d'apports futures

Pour estimer les apports dans le système de réservoirs dans le cadre des projections climatiques WETTREG-2010, des simulations de bilan hydrique ont été réalisées avec le modèle hydrologique WASIM-ETH. Les apports totaux dans le système devraient diminuer en moyenne de 2,1 m³/s (période 1921 à 2007) à 1,5 m³/s dans le scénario A1B, de 1,8 m³/s pour le scénario B1 et de 1,6 m³/s dans le scénario A2, ce qui équivaut à une réduction des volumes entrants pouvant atteindre 25%. Bien entendu, d'autres propriétés statistiques des apports sont susceptibles de changer dans le cadre de scénarios de changement projeté. Plus de détails sont présentés par Müller (2014).

APPENDIX A
RESERVOIR INFLOW PREDICTION FOR PROACTIVE FLOOD RISK MANAGEMENT - CASE STUDIES

A1- LONG-TERM SCALE

MULTI-OBJECTIVE OPTIMIZATION OF MULTI-PURPOSE RESERVOIR SYSTEMS UNDER HIGH RELIABILITY CONSTRAINTS - GERMANY

Dr. Ruben Müller

BAH Consulting (Büro für Angewandte Hydrologie), Berlin, Germany

1. Introduction

Most reservoirs in non-arid regions are managed with the aim to comply with municipal water supply security policies that require an occurrence-based reliability (Hashimoto et al. 1982) of 99.0% or more. Simulation models allow for a rather complicated rule set and therefore are typically used to validate if the operation of a reservoir (given by a set of operational rules) can provide such high reliabilities. Simulation-based optimization methods are capable to solve problems that involve reliability (Koutsoyiannis and Economou, 2003) and can be used to find new operational rules or to optimize existing rules.

For this case study, a method by Müller and Schütze (2017) is used to derive best operational rules for the time period between 2021 to 2050 for climatic conditions, as given by the WETTREG-2010 projections (Kreienkamp et al., 2010) under the IPCC storylines (A1B, B1 and A2) for a reservoir system in Eastern Germany under high reliability constraints.

Multi-objective optimization is used in order to compare possible trade-offs between conflicting goals under changed climatic conditions, compared to the current status quo. Furthermore, optimally adapted operational rules are necessary for an unbiased assessment of reservoir performance under changed conditions (Eum and Simonovic, 2010).

2. Methodology

Estimation of future inflow conditions

To estimate inflows into the reservoir system under the WETTREG-2010 climate projections, water-balance simulations were carried out with the WASIM-ETH hydrologic model. Total inflows to the system are projected to decrease in average from 2.1 m³/s (period 1921 to 2007) to 1.5 m³/s in the scenario A1B, 1.8 m³/s for scenario B1, and 1.6 m³/s in the scenario A2, equaling a reduction of inflow volumes of up to 25%. Of course, other statistical properties of the inflow are subject to change under projected change scenarios. More details can be found in Müller (2014).

Modélisation/génération de séries temporelles

Les séries temporelles d'apports projetées (déterministes!) à partir du modèle hydrologique sont utilisées comme base pour générer des séries temporelles suffisamment longues/nombreuses pour répondre aux objectifs d'estimation de la fiabilité. Une approche de réseau de neurones non paramétrique, « K-nearest-neighbor (KNN) » (Ashrafzadeh et Rizi, 2009) a été utilisée pour la simulation stochastique des écoulements auto-corrélés avec décalage-1. Le principal avantage du modèle utilisé, par rapport à d'autres modèles de séries chronologiques KNN, est la génération de valeurs d'apports qui excèdent les archives historiques. Pour éviter une sous-estimation des périodes de sécheresse, le modèle a été étendu avec un filtre de moyenne mobile symétrique, similaire à une méthode introduite par Langousis et Koutsoyiannis (2006). Pour plus de détails concernant le modèle de série chronologique, voir Müller et Schütze (2017) et Müller (2014). Les statistiques des séries chronologiques généré sont présentées à la Figure A1.1. La longueur de la série temporelle générée est de 10 000 ans.

Diminution de la complexité : Réduction des séries temporelles en appliquant des techniques de recombinaison

Koutsoyiannis et Economou (2003) montrent que sous des hypothèses simplifiées, une période de simulation de plusieurs milliers d'années peut être nécessaire afin d'évaluer correctement les opérations de réservoir sous des contraintes de haute fiabilité (par exemple, pour 99%). L'exécution d'une simulation avec des séries temporelles aussi longues n'est pas une demande énorme avec la puissance de calcul disponible avec les ordinateurs personnels d'aujourd'hui. Cependant, dans les cadres d'optimisation multicritères basés sur la simulation, les modèles de simulation peuvent devoir être exécutés plusieurs milliers de fois. Dans ce contexte, la demande de calcul s'avère être un fardeau inacceptable. Müller et Schütze (2017) ont proposé une approche pour réduire considérablement la longueur des séries chronologiques tout en préservant les caractéristiques statistiques et stochastiques cruciales qui sont nécessaires pour décrire avec précision le régime d'apport d'un système de réservoirs.

Les étapes méthodologiques comprennent (a) la génération multivariée de séries temporelles longues avec des réseaux de neurones KNN (section précédente) et (b) les périodes de sécheresse dans la série chronologique sont identifiées à l'aide de l'algorithme des pics séquentiels. Dans une dernière étape d'échantillonnage de Monte-Carlo (c), un sous-ensemble de périodes de sécheresse est sélectionné, de sorte que la distribution originale des volumes déficitaires soit préservée. Pour plus de détails, voir Müller et Schütze (2017). Les propriétés du groupe de séries chronologiques rééchantillonnées sont illustrées à la Figure A1.1. Le rééchantillonnage de la série chronologique a conduit à une durée de 800 à 1 000 ans par série.

Time series modeling/generation

The projected (deterministic!) inflow time series from the hydrologic model are then used as a basis to generate sufficiently long/many time series to further address reliability estimation purposes. A nonparametric, K-nearest-neighbor (KNN) neural network approach (Ashrafzadeh and Rizi, 2009) has been used for the stochastic simulation of lag-1 auto-correlated streamflows. The main advantage of the employed model, compared to other state-of-the-art KNN time series models, is the generation of inflow value magnitudes, which were not observed in the historical record. To prevent an underestimation of drought periods, the model was extended with a symmetric moving-average filter, similar to a method introduced by Langousis and Koutsoyiannis (2006). For further details concerning the time series model, see Müller and Schütze (2017) and Müller (2014). Statistics of the generated time series pool are shown in Figure A1.1. The length of the generated time series is 10,000 a.

Reduction of complexity: Shortening of time series by applying recombination techniques

Koutsoyiannis and Economou (2003) show that under simplified assumptions, a simulation period of several thousand years may be required in order to properly assess reservoir operations under high-reliability constraints (e.g., for 99%). Running a simulation with such long time series is no huge demand with the computational power available with personal computers today. However, in simulation-based, multi-objective optimization frameworks, simulation models may need to be run for several thousand times. Here the computational demand proves to be an unacceptable burden. Müller and Schütze (2017) therefore proposed a method to reduce the length of time series significantly while preserving crucial statistical and stochastic features which are needed to accurately describe the inflow regime of a reservoir system.

The methodological steps comprise (a) the multivariate generation of long time series with KNN neuronal networks (previous section). Then, (b) drought periods in the time series are identified using the sequent-peak algorithm. In a final Monte-Carlo sampling step (c) a subset of drought periods is selected, such that the original distribution of deficit volumes is preserved. For details, see Müller and Schütze (2017). Properties of the resampled time series pool can be seen from Figure A1.1. Resampling of the time series led to a length of 800 to 1,000 years per series.

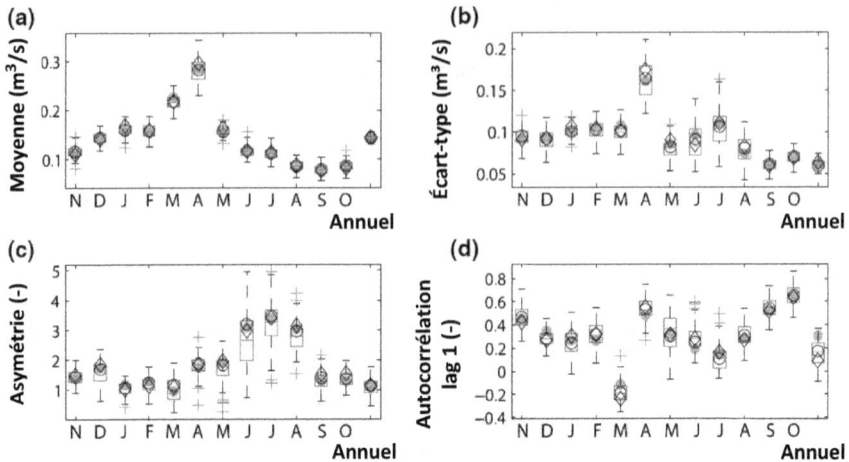

Fig. A1.1
Comparaison des propriétés statistiques mensuelles et annuelles de données d'apports (apports vers le réservoir de Lehnmühle) pour 120 simulations du modèle KNN (cercles), les débits historiques (cercles gris pleins) et le temps « raccourci » (c'est-à-dire rééchantillonné) série (diamant). Tiré de Müller et Schütze (2017).

Modèle généralisé d'exploitation du système de réservoirs (GRSOM) et optimisation multicritères

Pour la simulation du système de ressources en eau, le GRSOM OASIS (Hydrologics, 1991) largement utilisé est appliqué. OASIS utilise un algorithme de programmation linéaire en nombres entiers pour distribuer l'eau par pas de temps de manière optimale. Le langage de programmation OCL intégré rend OASIS flexible et facile à adopter. La stratégie d'évolution de l'adaptation de la matrice de covariance multicritères (MO-CMA-ES; Igel et al., 2007) a été utilisée pour résoudre le problème d'optimisation multicritères/objectif (Section A1.4).

Diagrammes de niveau comme outil d'évaluation visuelle des résultats Pareto-optimaux

Blasco et al. (2008) ont introduit des diagrammes de niveau pour visualiser les fronts de Pareto de grande dimension. L'idée de base est de calculer la distance entre chaque solution au sein d'un ensemble de Pareto, donnée dans l'espace des fonctions de « fitness », et le point d'Utopie (la meilleure solution, mais inexistante, que l'on pourrait construire de chaque meilleure valeur de chaque fonction de fitness). Pour la visualisation, chaque fonction a sa propre représentation dans le diagramme de niveau. Chaque solution est tracée avec sa valeur de fonction de fitness en abscisse, et la valeur respective de la distance calculée au point d'Utopie en ordonnée. Une solution spécifique à la même position en ordonnée dans chaque représentation est présentée. Cette synchronisation au moyen de la norme calculée sur l'ordonnée détient la clé pour visualiser facilement des ensembles de données de grande dimension. À titre d'exemple, à la Figure A1.3, la solution (2) est représentée pour chaque sous-parcelle avec la même valeur d'ordonnée.

3. Le système de réservoirs

Le système de réservoirs de l'étude de cas est situé dans les monts Métallifères de l'Est (Osterzgebirge) en Saxe, en Allemagne, au sud-ouest de la ville de Dresde et comprend trois réservoirs, à savoir Lehnmühle (LM), Klingenberg (KL) et Rauschenbach (RB) (Figure A1.2(a)). Les capacités de stockage opérationnelles des réservoirs sont de 16,32 hm³ pour KL, 19,42 hm³ pour LM et 15,20 hm³ pour RB.

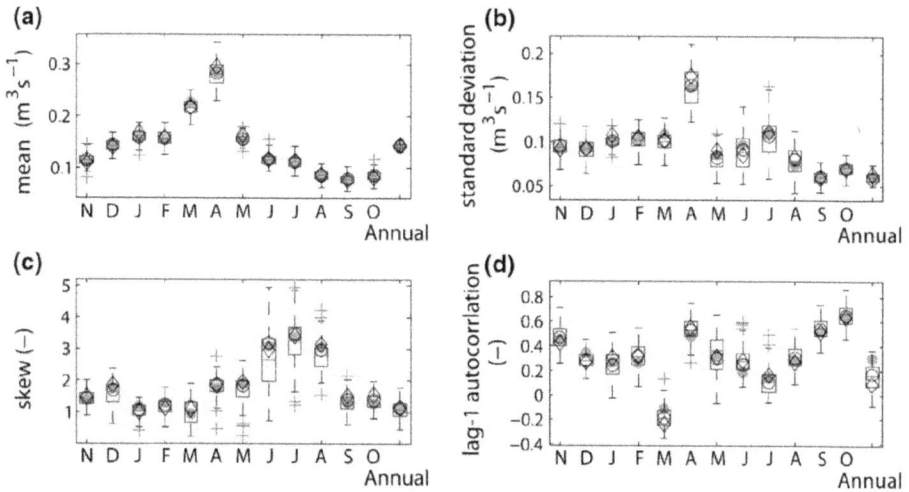

Fig. A1.1
Comparison of monthly and annual statistical properties of exemplary inflow data
(inflow to Lehnmühle Reservoir) for 120 simulations from the KNN model (circles),
historical flows (solid gray circles) and "shortened" (i.e., resampled)
time series (diamond). Taken from Müller and Schütze (2017).

Generalized reservoir-system operation model (GRSOM) and multi-objective optimization

For the simulation of the water resources system, the widely used GRSOM OASIS (Hydrologics, 1991) is applied. OASIS uses a fast-mixed integer linear programming algorithm to distribute water per time step in an optimal manner. The built-in OCL programming language makes OASIS flexible and easy adoptable. The Multi-Objective Covariance Matrix Adaptation Evolution Strategy (MO-CMA-ES; Igel et al., 2007) was used for solving the multi-criteria/objective optimization problem (Section A1.4).

Level diagrams as a tool for the visual assessment of Pareto-optimal results

Blasco et al. (2008) introduced so-called level diagrams for visualizing high-dimensional Pareto fronts. The basic idea is to calculate the distance between each solution within a Pareto set, given in the fitness function space, and the Utopia point (the best, but non-existing, solution one could construct of each best value of each fitness function). For visualization, each fitness function has its own representation in the level diagram. Each solution is plotted with its fitness function value on the abscissa, and the respective value of the calculated distance to the Utopia point on the ordinate. A specific solution has the same position on the ordinate in each representation ("they are leveled"). This synchronization by means of the calculated norm on the ordinate holds the key to easily visualize high-dimensional data sets. As an example, in Figure A1.3, solution (2) is depicted for each sub plot with the same ordinate value.

3. The reservoir system

The reservoir system for the case study is located in the Eastern Ore Mountains in Saxony, Germany, to the southwest of the city of Dresden and comprises three reservoirs, namely Lehnmühle (LM), Klingenberg (KL) and Rauschenbach (RB), see Figure A1.2(a). The operational storage capacities of the reservoirs are 16.32 hm³ for KL, 19.42 hm³ for LM and 15.20 hm³ for RB.

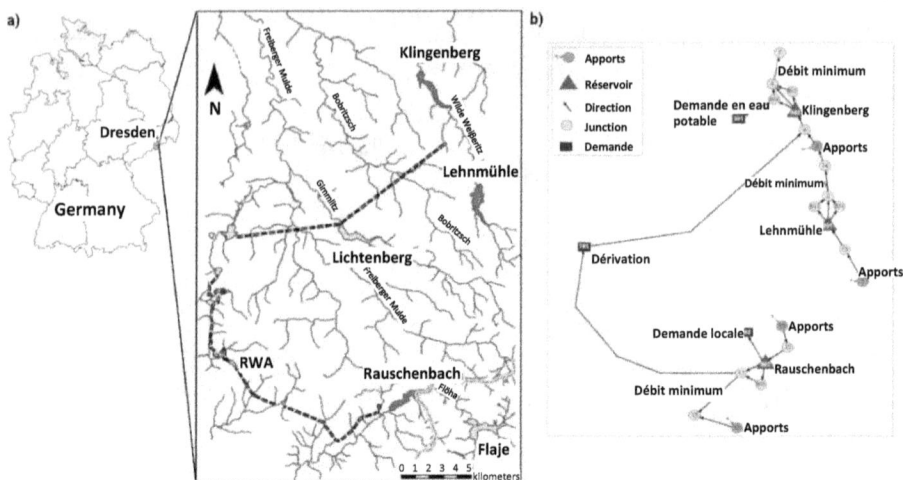

Fig. A1.2
(a) Carte du système de réservoir dans l'État fédéral de Saxe en Allemagne et
(b) illustration du système de réservoir dans le modèle de simulation OASIS.

Le système de réservoir a plusieurs objectifs. L'eau domestique, industrielle et municipale des villes de Dresde et Freital est fournie par le réservoir KL et des débits écologiques minimaux doivent être assurés (Figure A1.2(b)). De plus, tous les réservoirs servent à la protection contre les crues, ce qui est pris en compte implicitement dans cette étude, car les stockages de crues des réservoirs doivent être maintenus libres en fonctionnement normal.

L'eau domestique, industrielle et municipale est fournie selon les niveaux d'approvisionnement 1 à 3. Ces niveaux sont régis par deux courbes de règles d'opération mensuelles, $Z^{KL,1}$ et $Z^{KL,2}$, qui divisent les volumes de stockage combinés des réservoirs KL et LM en trois sections. Avec un stockage en baisse dans les deux réservoirs, le débit d'alimentation est réduit conformément au Tableau A1.1(a). Avec une offre décroissante, la fiabilité associée augmente. Pour assurer une bonne qualité de l'eau de l'approvisionnement pendant une sécheresse, le réservoir LM est d'abord abaissé jusqu'à un niveau de seuil spécifique et seulement après que ce seuil est atteint, le réservoir KL est ensuite utilisé.

Le réservoir RB soutient le réservoir KL en fournissant de l'eau au moyen d'un système de dérivation transversant (« RWA » dans la Figure A1.2 (a)). Comme pour l'alimentation en eau par le réservoir KL, la dérivation est également régie par deux courbes de règles mensuelles, Zdiv,1 et Zdiv,2, qui divisent le stockage combiné des réservoirs KL et LM en trois sections avec des taux de dérivation individuels, voir Tableau A1.1(b).

Tableau A1.1
(a) Taux d'approvisionnement et fiabilités requises pour les trois niveaux d'approvisionnement et
(b) les taux de dérivation du réservoir RB pour les trois niveaux de dérivation.

(a)	Niveau d'approvi-sionnement	Taux (m³/s)	Fiabilité (%)	(b)	Niveau de dérivation	Taux (hm³/mois)
	Niveau 3	1.000	99.00%		Niveau 3	0.0
	Niveau 2	0.925	99.50%		Niveau 2	0.4
	Niveau 1	0.850	99.95%		Niveau 1	0.6

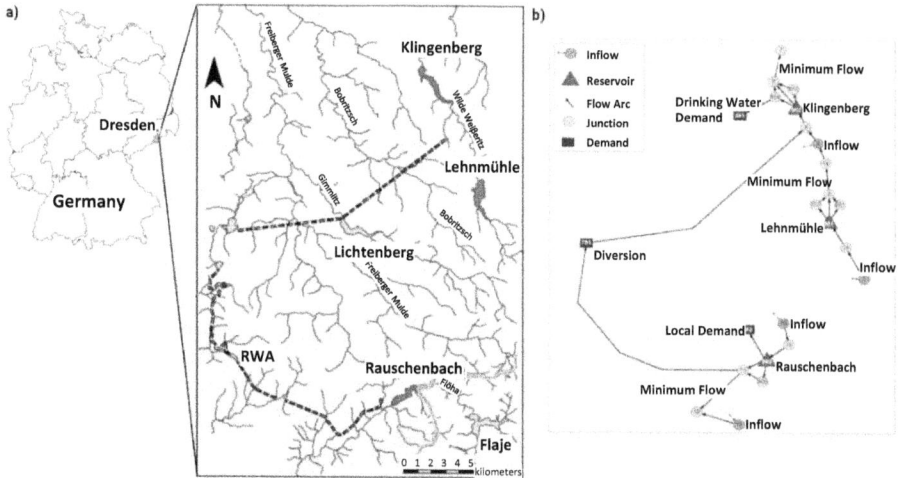

Fig. A1.2
(a) Map of the reservoir system in the federal state Saxony in Germany and
(b) illustration of the reservoir system in the simulation model OASIS.

The reservoir system has multiple purposes. Domestic, industrial and municipal water for the cities of Dresden and Freital is supplied by the reservoir KL. Ecological minimum flows need to be ensured; see Figure A1.2(b). Additionally, all reservoirs serve for flood protection, which is considered implicitly in this study, as the flood storages of the reservoirs need to be kept free in normal operation.

Domestic, industrial and municipal water is supplied according to the supply levels 1 to 3. These levels are governed by two monthly rule curves, $Z^{KL,1}$ and $Z^{KL,2}$, which divide the combined storage volumes of reservoirs KL and LM into three sections. With falling storage in both reservoirs, the supply rate is reduced according to Table A1.1(a). With decreasing supply, the associated reliability increases. To ensure a good water quality of the supply during a drought, reservoir LM is drawn down first to a specific threshold level and only after that threshold is reached, reservoir KL is drawn down subsequently.

Reservoir RB is supporting reservoir KL by providing water by means of a trans-catchment diversion system ("RWA" in Figure A1.2(a)). As applies for the supply of water by reservoir KL, the diversion is also governed by two monthly rule curves, $Z^{div,1}$ and $Z^{div,2}$, which divides the combined storage of the reservoirs KL and LM into three sections with individual diversion rates, see Table A1.1(b).

Table A1.1
(a) Supply Rates and required reliabilities for the three supply levels and (b) the diversion rates from reservoir RB for the three diversion levels.

(a)	Level	Rate (m³/s)	Reliability (%)	(b)	Level	Rate (hm³/month)
	Supply level 3	1.000	99.00%		Diversion level 3	0.0
	Supply level 2	0.925	99.50%		Diversion level 2	0.4
	Supply level 1	0.850	99.95%		Diversion level 1	0.6

4. Formulation du problème d'optimisation multicritères

Les objectifs opérationnels multiples sont souvent en conflit. Trois fonctions de fitness (FF) sont considérées afin de répondre aux objectifs opérationnels les plus importants dans le cadre d'une optimisation multicritères :

- FF1 maximise les fiabilités prévues (R) qui sont associées aux trois niveaux d'approvisionnement (SL) et peuvent être formellement écrites comme $max(FF1) = max(R(SL1) + R(SL2) + R(SL3))$

- FF2 maximise la probabilité que le réservoir soit rempli jusqu'au stockage cible (c'est-à-dire « plein ») à la fin avril afin de fournir une bonne qualité d'eau pendant l'été

- FF3 minimise la quantité totale d'eau fournie par le réservoir RB afin de minimiser les coûts de pompage pour la dérivation de l'eau

Pour obtenir des règles de fonctionnement optimales, les quatre courbes de règles ($Z^{KL,1}$, $Z^{KL,2}$, $Z^{div,1}$, $Z^{div,2}$) sont soumises à une optimisation. Étant donné que les valeurs de stockage pour les courbes de règles sont nécessaires pour chaque mois, le problème d'optimisation résultant considère 48 paramètres de décision (4 par 12).

5. Résultats

Des optimisations multicritères ont été réalisées pour les conditions récentes (1921–2007) et trois scénarios de changement climatique projetés. Les fronts de Pareto de toutes les optimisations multicritères sont présentés dans un diagramme à un seul niveau et sont classés (selon trois fonctions de fitness FF1–3) les uns par rapport aux autres (Figure A1.3). La fiabilité R(SL1–3)) des trois niveaux d'alimentation sont également présentées. La représentation d'un seul front de Pareto d'une optimisation est entourée d'une zone, pour une meilleure visibilité. Il s'agit d'une nouvelle présentation de l'interprétation originale des diagrammes de niveaux par Blasco et al. (2008).

En ce qui concerne la Figure A1.3, plus le front de Pareto (à l'intérieur d'une zone) est « élevé » (c'est-à-dire dans le sens des ordonnées positives), moins le système de réservoir est compétitif par rapport au valeurs « inférieurs » (c'est-à-dire dans le sens des ordonnées négatives). Cependant, chaque solution d'un seul front Pareto (dans une zone) reste une option de gestion optimale pour ce scénario et les contraintes associées.

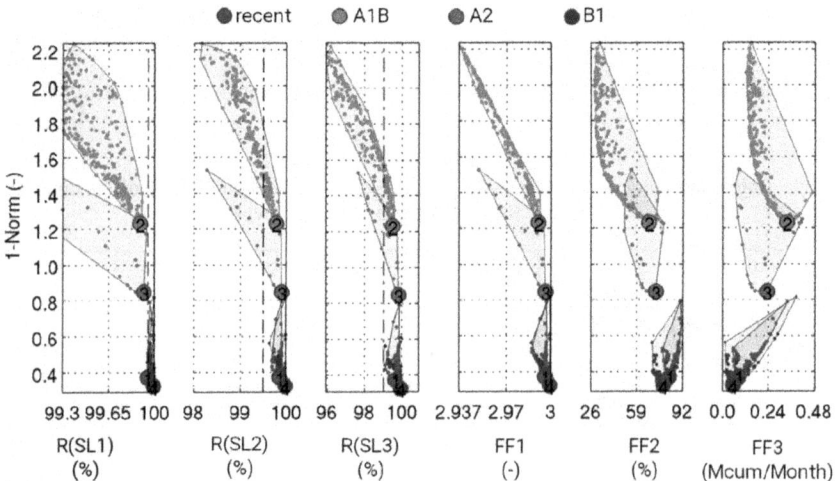

Fig. A1.3
Diagramme de niveau modifié montrant les fronts de Pareto pour toutes les époques d'optimisation : conditions récentes (bleu); 2021–2050 conditions A1B (rouge), A2 (rose) et B1 (gris).

4. Formulation of the multi-criteria optimization problem

Multiple operational purposes are often in conflict. Three fitness functions (FF) are considered in order to address the most important operational purposes in the frame of a multi-criteria optimization:

- FF1 maximizes the intended reliabilities (R) which are associated with the three supply levels (SL) and can be formally written as $max(FF1) = max(R(SL1) + R(SL2) + R(SL3))$

- FF2 maximizes the probability that the reservoir is filled up to target storage (i.e., "full") at the end of April in order to provide a good water quality during summer

- FF3 minimizes the total amount of water provided by reservoir RB in order to minimize pumping costs for water diversion

To obtain optimal operational rules, the four rule curves ($Z^{KL,1}$, $Z^{KL,2}$, $Z^{div,1}$, $Z^{div,2}$) are subject to optimization. Since storage values for the rule curves are needed for every month, the resulting optimization problem considers 48 decision parameters (4 by 12).

5. Results

Multi-objective optimizations were carried out for recent conditions (1921–2007) and three projected climate-change scenarios. In Figure A1.3, all Pareto fronts from all multi-objective optimization runs are plotted in a single level diagram and are ranked (three fitness functions FF1–3) against each other. Additionally, the achieved reliabilities R(SL1–3)) for the three supply levels are given. The representation of a single Pareto front of one optimization is surrounded by a hull, for better visibility. This is a novel interpretation of the original take on level diagrams by Blasco et al. (2008).

Regarding Figure A1.3, the "higher" (i.e., in positive ordinate direction) a single Pareto-front (within a hull) is, the less competitive the reservoir system is compared against "lower" (i.e., in negative ordinate direction) Pareto fronts from other scenarios (another hull). However, every solution of a single Pareto front (within one hull) is still an *optimal* management option for that scenario and the associated constraints!

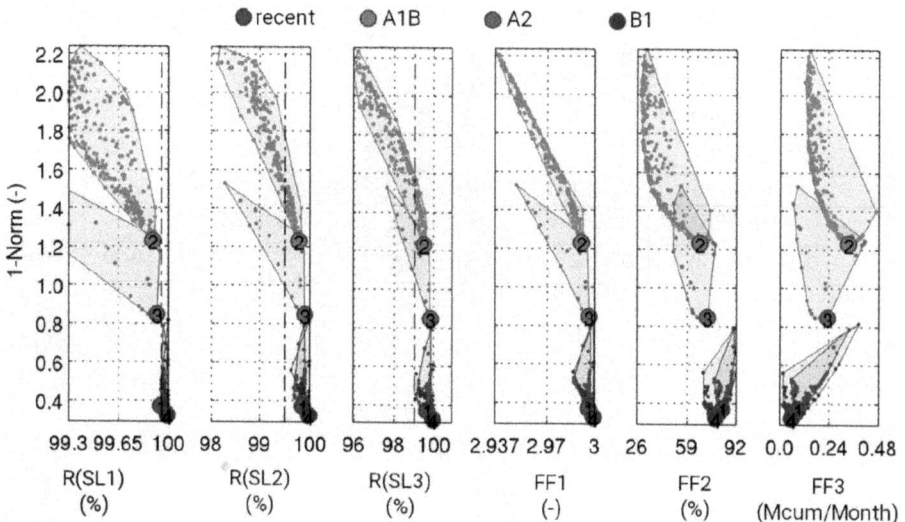

Fig. A1.3
Modified Level-diagram showing the Pareto fronts for all optimization epochs: recent conditions (blue); 2021–2050 conditions A1B (red), A2 (pink) and B1 (gray).

Les solutions numérotées pour un seul front de Pareto sont les compromis les plus équilibrés entre tous les buts/objectifs de gestion contradictoires. En raison des apports décroissants lorsque l'on compare le statu quo avec les conditions A2 à A1B, les performances du système de réservoirs diminuent en général, les solutions numérotées sont situées "plus haut" sur l'ordonnée. Avec l'augmentation des valeurs de FF3 des conditions récentes à A1B, davantage d'eau doit être détournée vers le réservoir KL pour atténuer la diminution des apports moyens. Néanmoins, la probabilité d'un réservoir rempli KL en avril diminue, comme le montrent simultanément des valeurs FF2 plus faibles. En dehors de cela, le scénario B1 est un cas particulier. Malgré des apports moyens légèrement inférieurs au système de réservoir, des conditions de sécheresse moins sévères sont prévues. Par conséquent, la performance globale de B1 est en fait légèrement meilleure que dans les conditions récentes. La solution la plus équilibrée de B1 a même une valeur d'ordonnée inférieure à celle du scénario récent.

Le Tableau A1.2 fournit des informations supplémentaires pour un décideur en énumérant les solutions de compromis les plus extrêmes et les plus équilibrées. En regardant les solutions avec les valeurs maximales de FF1, max(FF1), les fiabilités requises ne peuvent être atteintes que dans des conditions récentes et pour B1. Dans les conditions A1B et A2, la fiabilité pour le niveau d'approvisionnement 1 n'est pas atteinte pour A1B et A2. De plus, des taux de dérivation plus élevés (FF3) sont nécessaires et la qualité de l'eau peut diminuer en raison de valeurs FF2 plus faibles.

Tableau A1.2

Résumé des résultats de l'évaluation de la fiabilité pour les trois niveaux d'approvisionnement R(SL1) à R(SL3) et les fonctions de fitness FF1 à FF3 pour les solutions sélectionnées pour les scénarios (A1B, B1, B2) en 2021–2050 et moins conditions récentes (statu quo). Les résultats qui ne respectent pas les cibles fixées sont indiquées en couleur.

Scénario	Solution	R(SL1) (%) Cible: 99.950	R(LS2) (%) Cible: 99.50	R(LS3) (%) Cible: 99.00	FF1 (-)	FF2 (%)	FF3 (hm³/mois)
Récent	max(FF1)	99,972	99,93	99,88	2,998	81,56	0,093
	max(FF2)	99,995	99,89	99,71	2,996	91,35	0,280
	min(FF3)	99,957	99,73	99,14	2,988	77,44	0,056
A1B	max(FF1) = max(FF2)	99,909	99,83	99,53	2,993	74,38	0,468
	min(FF3)	99,328	98,71	96,63	2,947	29,01	0,121
B1	max(FF1) = max(FF2)	99,998	99,99	99,97	3,000	92,91	0,290
	min(FF3)	99,964	99,63	99,09	2,987	69,93	0,015
A2	max(FF1)	99,921	99,90	99,82	2,996	72,55	0,232
	max(FF2)	99,937	99,88	99,27	2,991	77,80	0,400
	min(FF3)	96,252	93,71	87,01	2,771	39,00	0,001

The numbered solutions for a single Pareto front are the most balanced compromises between all contradictory purposes/management goals. Because of decreasing inflows when comparing the status quo with A2 to A1B conditions, the performance of the reservoir system decreases in general, the numbered solutions are situated "higher" on the ordinate. With increasing FF3 values from recent conditions to A1B, more water has to be diverted to reservoir KL to mitigate the decreasing mean inflows. Nevertheless, the chance of a filled reservoir KL in April decreases, as documented by simultaneously smaller FF2 values. Apart from that, scenario B1 is a special case. Despite slightly lower mean inflows to the reservoir system, less severe drought conditions are projected. Therefore, the overall performance of B1 is actually slightly better than under recent conditions. The most balanced solution of B1 has even a lower ordinate value than that of the recent scenario.

Table A1.2 provides additional information for a decision maker by listing the most extreme and balanced compromise solutions. Looking at the solutions with the maximum FF1 values, max(FF1), the required reliabilities can only be achieved in recent conditions and for B1. Under A1B and A2 conditions, the reliability for supply level 1 falls short of being met for A1B and A2. Additionally, higher diversion rates (FF3) are needed and the water quality may decrease because of smaller FF2 values.

Table A1.2

Summary of reliability assessment results for the three supply levels R(SL1) to R(SL3) and the fitness functions FF1 to FF3 for selected solutions for the scenarios (A1B, B1, B2) in 2021–2050 and under recent conditions (status quo). Reliabilities, which do not meet target reliabilities according to Table A1.2(a) are marked in red color.

Scenario	Solution	R(SL1) (%) Target: 99.950	R(LS2) (%) Target: 99.50	R(LS3) (%) Target: 99.00	FF1 (-)	FF2 (%)	FF3 (hm³/ month)
Recent	max(FF1)	99.972	99.93	99.88	2.998	81.56	0.093
	max(FF2)	99.995	99.89	99.71	2.996	91.35	0.280
	min(FF3)	99.957	99.73	99.14	2.988	77.44	0.056
A1B	max(FF1) = max(FF2)	99.909	99.83	99.53	2.993	74.38	0.468
	min(FF3)	99.328	98.71	96.63	2.947	29.01	0.121
B1	max(FF1) = max(FF2)	99.998	99.99	99.97	3.000	92.91	0.290
	min(FF3)	99.964	99.63	99.09	2.987	69.93	0.015
A2	max(FF1)	99.921	99.90	99.82	2.996	72.55	0.232
	max(FF2)	99.937	99.88	99.27	2.991	77.80	0.400
	min(FF3)	96.252	93.71	87.01	2.771	39.00	0.001

6. Références

A. Ashrafzadeh and A. P. Rizi: A hybrid neural network based model for synthetic time series generation. In: International Symposium on Water Management and Hydraulic Engineering, 2009.

X. Blasco, J. M. Herrero, J. Sanchis, and M. Martinez: A new graphical visualization of n-dimensional pareto front for decision-making in multi-objective optimization. Information Sciences, 178(20):3908–3924, 2008. ISSN 0020–0255. DOI: 10.1016/j.ins. 2008.06.010.

H.-I. Eum and S. P. Simonovic: Integrated reservoir management system for adaptation to climate change: The Nakdong River basin in Korea. Water Resources Management, 24:3397–3417, 2010. ISSN 0920–4741. DOI: 10.1007/s11269-010-9612-1.

T. Hashimoto, J. R. Stedinger, and D. P. Loucks: Reliability, resiliency, and vulnerability criteria for water resource system performance evaluation. Water Resour. Res., 1:14–20, 1982. DOI: 10.1029/WR018i001p00014.

Hydrologics Inc.: User manual for OASIS with OCL, 2009. URL http://www.hydrologics.net/documents/OASIS_Manual4-2010.pdf.

C. Igel, N. Hansen, and S. Roth: Covariance matrix adaptation for multi-objective optimization. Massachusetts Institute of Technology, Evolutionary Computation, 15(1):1–28, 2007.

D. Koutsoyiannis and A. Economou: Evaluation of the parameterization-simulation-optimization approach for the control of reservoir systems. Water Resources Research, 39(6):1170–1187, 2003. ISSN 1944–7973. DOI: 10.1029/2003WR002148.

F. Kreienkamp, A. Spekat, and W. Enke: Ergebnisse eines regionalen Szenarienlaufs für Deutschland mit dem statistischen Modell WETTREG-2010. Technical report, Climate & Environment Consulting Potsdam GmbH. Bericht an Umweltbundesamt, 2010.

A. Langousis and D. Koutsoyiannis: A stochastic methodology for generation of seasonal time series reproducing over-year scaling behavior. Journal of Hydrology, 322:138–154, 2006.

R. Müller and N. Schütze: Multi-objective optimization of multi-purpose multi-reservoir systems under high reliability constraints. Environmental Earth Sciences, 75:1278, 2016. DOI: 10.1007/s12665-016-6076-5.

R. Müller: Eine neue Strategie zur multikriteriellen simulationsbasierten Bewirtschaftungsoptimierung von Mehrzweck-Talsperrenverbundsystemen. PhD thesis, Technische Universität Dresden, Fakultät Umweltwissenschaften. 2014. http://nbn-resolving.de/urn:nbn:de:bsz:14-qucosa-160659.

Palmer, T.N., Doblas-Reyes, F.J., Weisheimer, A., and Rodwell, M.J. : Toward Seamless Prediction - Calibration of Climate Change Projections Using Seasonal Forecasts, American Meteorological Society, April 2008.

6. References

A. Ashrafzadeh and A. P. Rizi: A hybrid neural network based model for synthetic time series generation. In: International Symposium on Water Management and Hydraulic Engineering, 2009.

X. Blasco, J. M. Herrero, J. Sanchis, and M. Martinez: A new graphical visualization of n-dimensional pareto front for decision-making in multi-objective optimization. Information Sciences, 178(20):3908–3924, 2008. ISSN 0020–0255. DOI: 10.1016/j.ins. 2008.06.010.

H.-I. Eum and S. P. Simonovic: Integrated reservoir management system for adaptation to climate change: The Nakdong River basin in Korea. Water Resources Management, 24:3397–3417, 2010. ISSN 0920–4741. DOI: 10.1007/s11269-010-9612-1.

T. Hashimoto, J. R. Stedinger, and D. P. Loucks: Reliability, resiliency, and vulnerability criteria for water resource system performance evaluation. Water Resour. Res., 1:14–20, 1982. DOI: 10.1029/WR018i001p00014.

Hydrologics Inc.: User manual for OASIS with OCL, 2009. URL http://www.hydrologics.net/documents/OASIS_Manual4-2010.pdf.

C. Igel, N. Hansen, and S. Roth: Covariance matrix adaptation for multi-objective optimization. Massachusetts Institute of Technology, Evolutionary Computation, 15(1):1–28, 2007.

D. Koutsoyiannis and A. Economou: Evaluation of the parameterization-simulation-optimization approach for the control of reservoir systems. Water Resources Research, 39(6):1170–1187, 2003. ISSN 1944–7973. DOI: 10.1029/2003WR002148.

F. Kreienkamp, A. Spekat, and W. Enke: Ergebnisse eines regionalen Szenarienlaufs für Deutschland mit dem statistischen Modell WETTREG-2010. Technical report, Climate & Environment Consulting Potsdam GmbH. Bericht an Umweltbundesamt, 2010.

A. Langousis and D. Koutsoyiannis: A stochastic methodology for generation of seasonal time series reproducing over-year scaling behavior. Journal of Hydrology, 322:138–154, 2006.

R. Müller and N. Schütze: Multi-objective optimization of multi-purpose multi-reservoir systems under high reliability constraints. Environmental Earth Sciences, 75:1278, 2016. DOI: 10.1007/s12665-016-6076-5.

R. Müller: Eine neue Strategie zur multikriteriellen simulationsbasierten Bewirtschaftungsoptimierung von Mehrzweck-Talsperrenverbundsystemen. PhD thesis, Technische Universität Dresden, Fakultät Umweltwissenschaften. 2014. http://nbn-resolving.de/urn:nbn:de:bsz:14-qucosa-160659.

Palmer, T.N., Doblas-Reyes, F.J., Weisheimer, A., and Rodwell, M.J. : Toward Seamless Prediction - Calibration of Climate Change Projections Using Seasonal Forecasts, American Meteorological Society, April 2008.

PRÉVISIONS SAISONNIÈRES (HORIZON MOYEN TERME) POUR L'ADAPTATION DE L'OPÉRATION DES RÉSERVOIRS AFIN D'ATTÉNUER LES VARIATIONS DES PATRONS DES PRÉCIPITATIONS – ALLEMAGNE

Dr. Hubert Lohr,

SYDRO Consult GmbH, Allemagne

1. Introduction

Ces dernières années, des changements dans les régimes de précipitations ont été observés en Allemagne. Les précipitations de février à avril se sont davantage déplacées vers l'été. Bien que les précipitations annuelles totales soient restées à peu près au même niveau, le débit résultant a diminué en raison des pertes par évaporation plus élevées pendant les mois d'été. En conséquence, les exploitants de réservoirs éprouvent des difficultés à atteindre les niveaux d'approvisionnement cibles au printemps, ce qui compromet le respect de la demande en eau et les exigences existantes et concurrentes au cours de l'année. Cela a également un impact sur les communautés locales et les fournisseurs d'eau. De plus, le stockage de crues doit être exploité de manière dynamique, car le modèle de précipitation réel peut différer des modèles utilisés pour la conception des volumes de stockage de crues.

Ainsi, une reconnaissance de préférence précoce des périodes de sécheresse (ou de conditions humides) afin de planifier et de mettre en œuvre des contre-mesures opérationnelles est l'objectif de la prévision saisonnière des apports et de son application pour l'exploitation adaptative du réservoir. L'approche présentée utilise des indices hydrométéorologiques basés sur des observations de stations au sol et des prévisions saisonnières de précipitations jusqu'à 9 mois afin d'identifier le besoin de réactions opérationnelles à un stade de préférence précoce. Les prévisions de circulation saisonnières de la NOAA sont utilisées.

L'approche est testée pour cinq systèmes de réservoirs avec un total de dix réservoirs à buts multiples en Allemagne. Les premières études ont débuté en 2013 avec l'Office des eaux Eifel-Rur (Rhénanie du Nord-Westphalie). La méthodologie n'est pas seulement intéressante pour les exploitants de réservoirs, mais aussi pour les sociétés minières qui gèrent des systèmes complexes d'évacuation des eaux usées. Par exemple, la méthodologie est actuellement dans la première phase de mise en œuvre en Hesse dans le contexte de la gestion de l'eau minière.

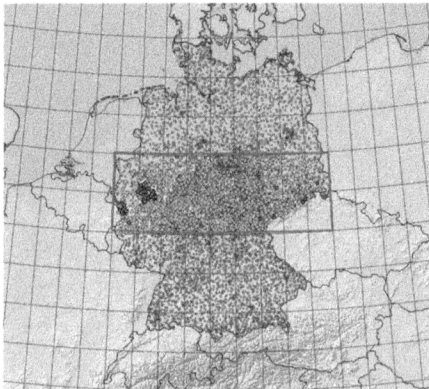

Fig. A2.1
Zone d'investigation et stations de mesures de précipitations

SEASONAL (MID-RANGE) FORECASTS FOR RESERVOIR OPERATION ADAPTATION TO MITIGATE SHIFTING PRECIPITATION PATTERNS – GERMANY

Dr. Hubert Lohr,

SYDRO Consult GmbH, Germany

1. Introduction

In recent years, changes in the precipitation patterns have been observed in Germany. Rainfall in February to April shifted more into the summer. Although total annual rainfall remained at nearly the same level, the resulting discharge decreased due to higher evaporation losses in the summer months. As a consequence, reservoir operators experience difficulties in reaching full supply levels in spring, which jeopardizes existing and competing demands and requirements over the course of the remaining year. This also impacts local communities and water suppliers. In addition, flood storage needs to be operated in a dynamic way, as the actual precipitation pattern might differ from the patterns used for designing flood storage volumes.

Thus, a preferably early recognition of droughts (or wet conditions) in order to plan and implement operational counter-measures is the objective of seasonal forecasting and its application for adaptive reservoir operation. The presented approach uses hydro-meteorological indices based on observations from ground stations and seasonal forecasts of precipitation for up to 9 months in order to identify the need for operational counter-actions at a preferably early stage. Seasonal circulation forecasts of NOAA are used.

The approach is being tested for five reservoir systems with a total of ten multipurpose reservoirs in Germany. The first investigations started in 2013 together with the Water Board Eifel-Rur (North Rhine-Westphalia). The methodology is not only interesting for reservoir operators but also e.g. for mining companies which run complex wastewater-discharge schemes. For instance, the methodology is currently in the first stage of implementation in Hesse in the context of mining water management.

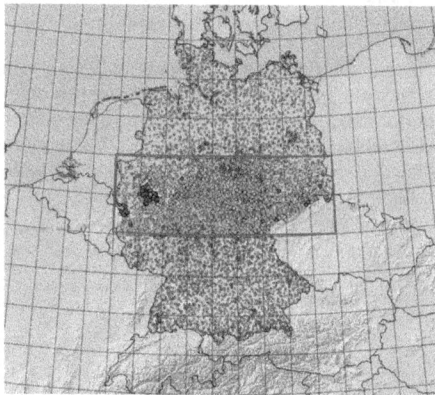

Fig. A2.1
Investigation area and precipitation ground stations

2. Base de données

Des bases de données des précipitations, de la température de l'air, d'évaporation et des conditions actuelles du réservoir (par exemple, les niveaux d'eau) sont requis. En mode opérationnel, le service météo et le système de surveillance du réservoir doivent fournir ces données de façon régulière à des intervalles prédéfinis.

Les données de prévision des précipitations saisonnières sont téléchargées quotidiennement à partir du modèle de système de prévision couplé NCEP version 2 (CFSv2) de la NOAA. Depuis mai 2011, la NOAA publie des prévisions saisonnières, constituées de valeurs mensuelles. Les données de prévision sont disponibles dans un format de grille avec une résolution de 0,9 degrés. Le modèle CFSv2 couvre le monde entier et est mis à jour quatre fois par jour.

3. Conditions préalables

Dans un premier temps, une correction du biais est effectuée. Par conséquent, les résultats du modèle sont comparés aux données de la station au sol et des facteurs de correction mensuels sont dérivés sur la base d'analyses des données antérieures, en commençant par les données de 2011. Premièrement, les précipitations totales pour chaque mois sont calculées pour les données d'observation et de prévision. Ensuite, un facteur de correction mensuel est calculé à partir du rapport entre les valeurs observées et les valeurs prévues. Les facteurs de correction sont spécifiques à chaque station au sol. Des prévisions corrigées du biais pourraient alors être obtenues sur le plan opérationnel en multipliant chaque valeur de la série chronologique prévue par le facteur de correction mensuel approprié.

4. Méthodologie

Comme les indices ont des inerties différentes et s'appliquent à des périodes différentes, ils peuvent être utilisés pour un fonctionnement prédictif. La pertinence de ces indices, la manière dont ils doivent être interprétés et leur utilité pour la détection précoce des stress hydrologiques sont testés en réalisant des expériences de simulation rétrospective. Les indices fournissant la meilleure compétence sont sélectionnés pour effectuer des prévisions.

Pour commencer, l'indice de précipitation standardisé (IPS) a été utilisé à tous les emplacements. Le IPS est recommandé par l'Organisation météorologique mondiale pour la surveillance météorologique de la sécheresse. Le IPS peut être calculé pour différentes périodes d'agrégation, par exemple seulement un mois ou même jusqu'à 60 mois.

Afin de remédier à l'incertitude dans les prévisions, le IPS est calculé pour des périodes qui s'étendent à la fois dans le passé et dans le futur, consistant ainsi en différentes quantités de valeurs observées et prévues. Les performances des indices calculés avec différentes périodes d'agrégation observées et prévues ont été comparées aux résultats utilisant uniquement les valeurs observées pour le calcul des IPS. Ce faisant, il est possible de déterminer la fiabilité du IPS incorporant les données de prévision pour différentes durées de prévision.

2. Database

Records of precipitation, temperature, evaporation and current reservoir conditions (e.g., water levels) are required. In operational mode, the weather service and the reservoir monitoring system must provide these data on a regular basis at predefined intervals.

Seasonal precipitation forecast data is downloaded on a daily basis from NOAA's NCEP coupled forecast system model version 2 (CFSv2)[18]. Since May 2011, NOAA issues seasonal forecasts, consisting of monthly values. Forecasting data is available in a grid format with a resolution of 0.9 degrees. The CFSv2 model covers the whole world and is updated four times a day.

3. Prerequisites

As a first step, a bias correction is performed. Therefore, model output is compared against ground station data and monthly correction factors are derived on the basis of hindcast analyses, starting with data from 2011. First, average rainfall totals for each month were calculated for observation and forecast data. Then, a monthly correction factor was calculated by computing the ratio between the observed and the forecasted values. The correction factors are specific for each ground station. Bias corrected forecasts could then be obtained operationally by multiplying each value of the forecasted time series with the appropriate monthly correction factor.

4. Methodology

As indices have differing inertia and apply to different periods, they can be used for predictive operation. The appropriateness of these indices, the way they should be interpreted and their usefulness regarding early detection of hydrological stress, is tested by conducting hindcast experiments. Indices providing the best skill are selected for conducting forecasts.

For a start, the Standardized Precipitation Index (SPI) was used at all locations. The SPI is recommended by the World Meteorological Organization for meteorological drought monitoring. The SPI can be calculated for different aggregation periods, e.g. only one month or even up to 60 months.

In order to address uncertainty contained in the forecasts, the SPI is calculated for time periods that extend both into the past as well as into the future, thus consisting of different amounts of observed and forecasted values. The performance of indices calculated with different observed and forecasted aggregation periods was compared with results that used only observed values for computing SPIs. In doing so, it is possible to determine how reliable the SPI incorporating forecast data is for different forecast lengths.

---

[18] http://www.cpc.ncep.noaa.gov/products/CFSv2/CFSv2seasonal.shtml

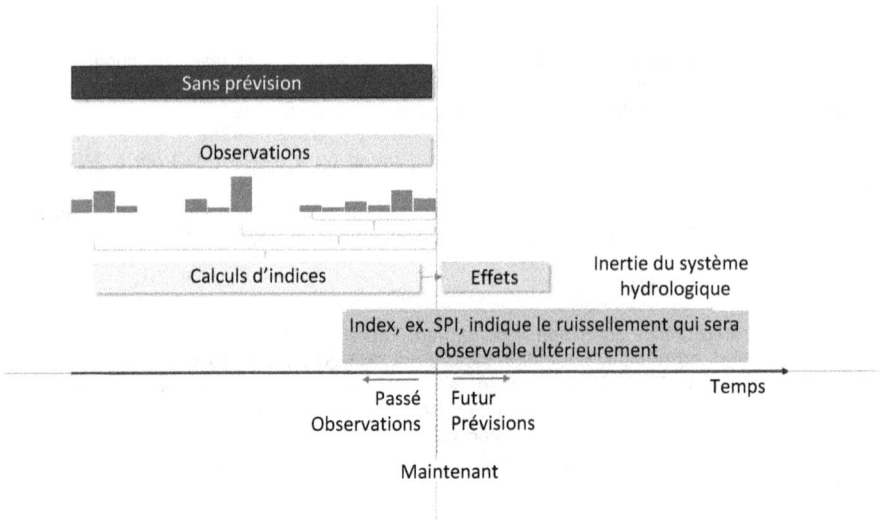

Fig. A2.2
Utilisation d'indices sans prévisions

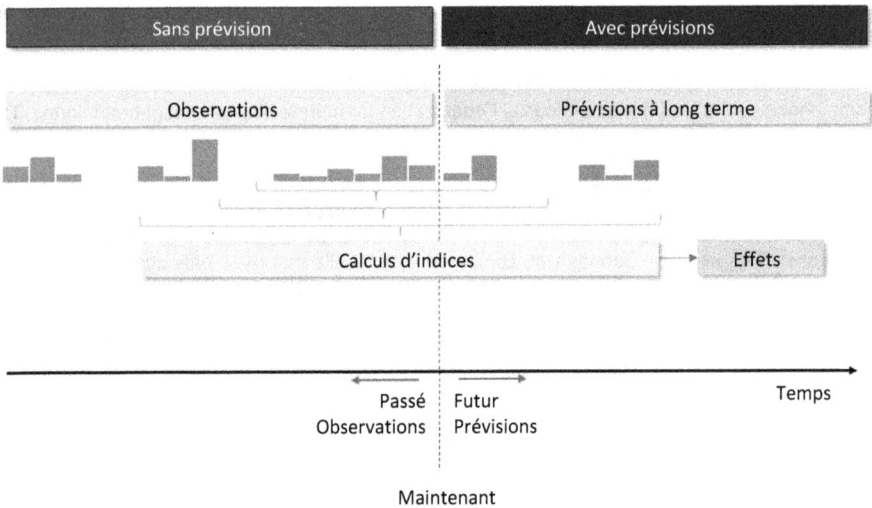

Fig. A2.3
Utilisation des indices avec les prévisions saisonnière de la NOAA

Calcul des indices

Sur la base des données de prévision observées et corrigées des biais, le IPS a été calculé pour différentes périodes d'agrégation. Le IPS calculé en utilisant uniquement les données observées ("valeurs connues") a été comparé au IPS calculé en considérant différentes fractions d'enregistrements observés et les prévisions de la NOAA.

La Figure A2.4 montre les résultats pour une période d'agrégation de 12 mois pour trois stations au sol dans l'est de l'Allemagne. Le IPS calculé à l'aide des prévisions de la NOAA révèle un bon ajustement par rapport au IPS basé sur des données mesurées et, de manière plus significative, présente la même tendance pour les périodes sèches à venir.

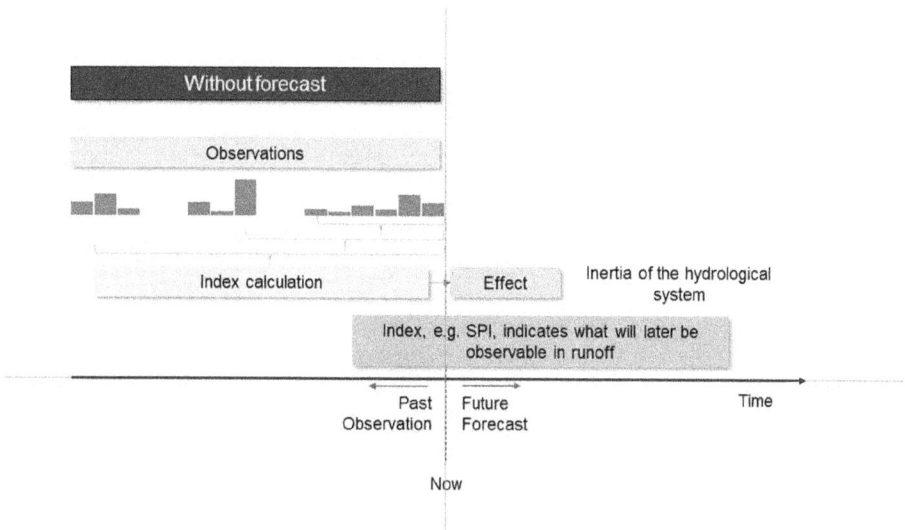

Fig. A2.2
Use of indices without forecasts

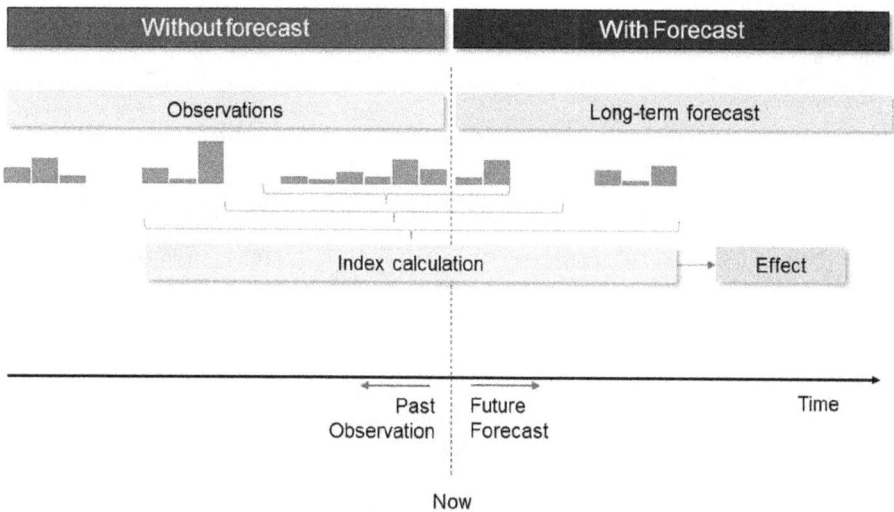

Fig. A2.3
Use of indices with seasonal circulation forecasts from NOAA

Calculation of Indices

Based on observed and bias-corrected forecast data, the SPI was calculated for different aggregation periods. The SPI calculated using only observed data ("certain knowledge") was compared with the SPI obtained by considering different fractions of observed records and NOAA forecasts.

Fig 4. shows results for a 12-month aggregation period for three ground stations in eastern Germany. The SPI calculated using NOAA forecasts reveals a good fit in comparison to the SPI based on measured data and more significantly exhibits the same tendency for upcoming dry periods.

IPS original / avec prévisions NOAA, agrégation sur 12 mois

(a)

IPS original / avec prévisions NOAA, agrégation sur 12 mois

(b)

Original/Prévisions NOAA (agrégation 12 mois)

(c)

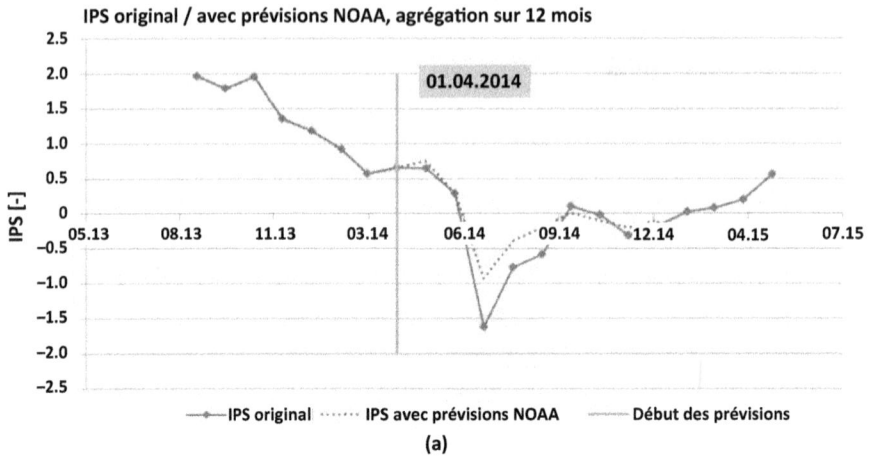

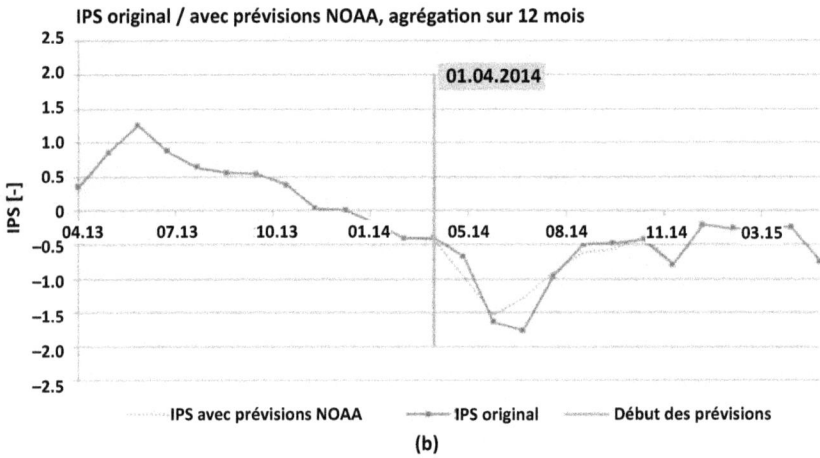

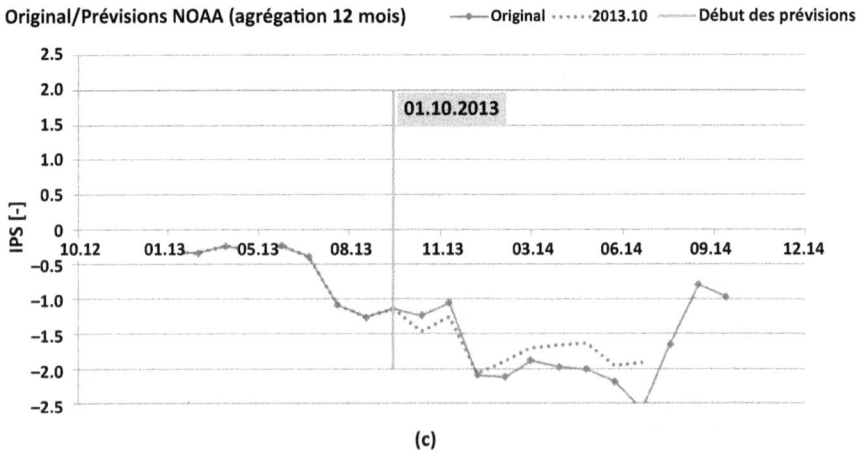

Fig. A2.4
IPS calculé avec les données de prévision observées/NOAA à différents sites

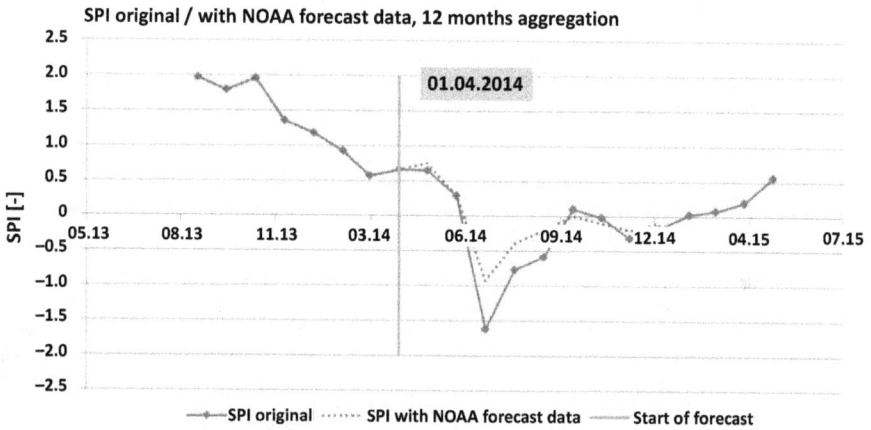

(a)

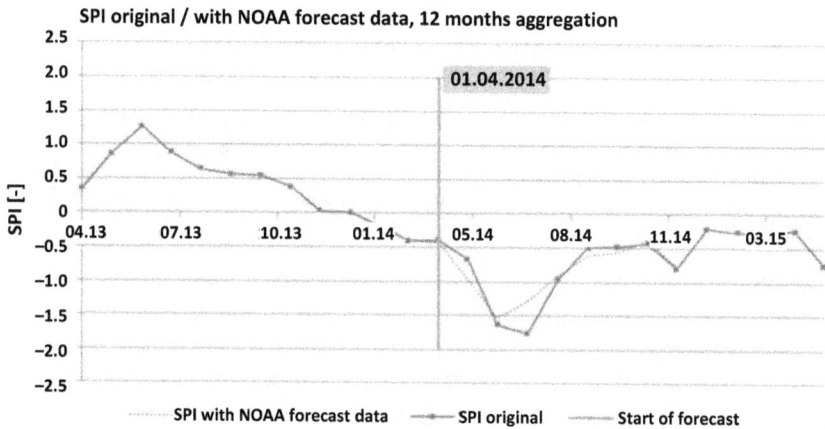

(b)

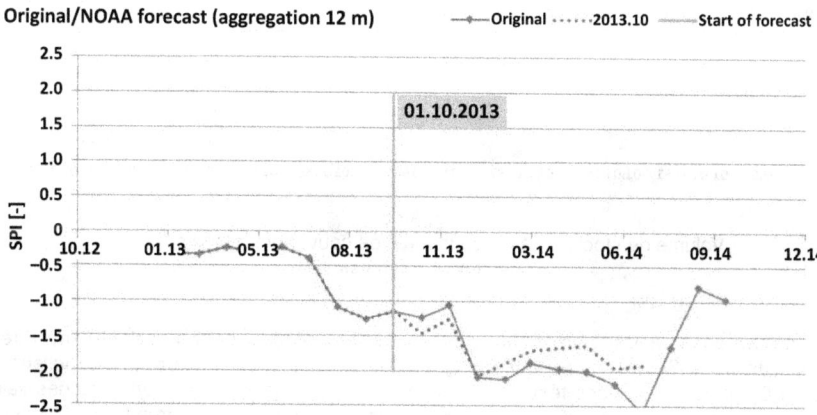

(c)

Fig. A2.4
SPI calculated with observed / NOAA forecast data, examples from different sites

5. Adaptation du mode d'exploitation du réservoir

Une fois que le IPS (ou les indices en général) est calculé sur la base des valeurs passées et prévues combinées, il peut être utilisé pour ajuster l'exploitation des réservoirs. L'ajustement ne peut pas être établi de manière générale mais nécessite des règles spécifiques au site. Cependant, ce qui peut être généralisé, c'est la manière dont les résultats des indices sont considérés. Tout d'abord, les règles d'exploitation spécifiques au site les mieux adaptées à l'intervention doivent être identifiées. Deuxièmement, les valeurs seuils des indices doivent être identifiées pour le moment où l'intervention doit être déclenchée. Troisièmement, la période d'agrégation dépend fortement de la situation locale et doit être déterminée pour chaque cas individuellement.

Les règles d'opération des réservoirs de l'ouest de l'Allemagne, avec des bassins versants allant de 250 à 600 km² et exploités avec des règles basées sur des seuils, pourraient être améliorés en utilisant une période d'agrégation de 9 à 12 mois et une valeur seuil de -1,5 (IPS + indices basés sur l'évaporation). Lorsque l'indice descend sous la valeur de -1,5, des règles de déversement associées au niveau de seuil de stockage inférieur suivant ont été appliquées pour contrer une diminution attendue des apports entrants. Cela signifie une réduction des déversement en aval en fonction de la période de l'année et du volume de stockage actuel. Sans surprise, toutes les périodes critiques n'ont pu être identifiées en appliquant cette approche. Cependant, les deux tiers des conditions critiques d'étiage avec des faibles niveaux d'eau correspondants dans les réservoirs pourraient être traités en temps opportun. L'approche a été utilisée sans prévisions avant 2011 et avec prévisions après 2011 pour tirer pleinement parti de la période d'observation de plus de 100 ans pour l'évaluation.

La Figure A2.5 illustre le volume d'eau de deux réservoirs en considérant (trait bleu) ou non (trait rouge) une intervention de correction au moyen de l'IPS. Toutes les sections jaunes montrent un IPS inférieur à la valeur seuil d'intervention et avec une réduction des déversements. Autrement dit, pendant les périodes jaunes, les déversements sont réduits afin d'éviter une nouvelle baisse du niveau d'eau.

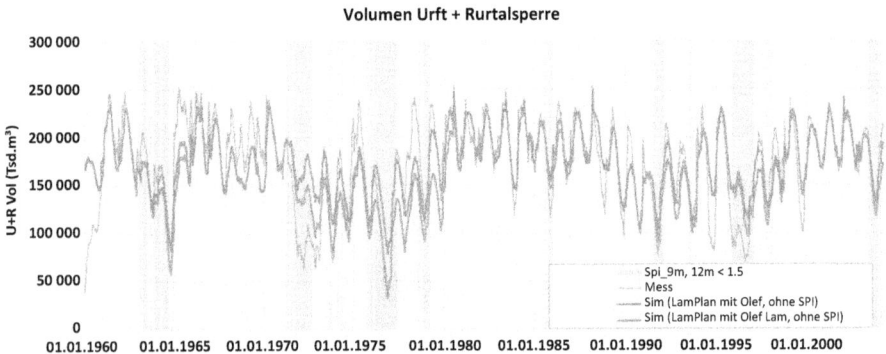

Fig. A2.5
Volume de stockage avec/sans règle de couverture basée sur IPS
(bleu=avec, rouge=sans)

En Allemagne centrale, un réservoir avec un bassin versant de moins de 50 km² a révélé un schéma différent. Seules les périodes d'agrégation de plus de 18 mois avec une valeur seuil de moins 1,0 ont donné de bons résultats. Des périodes d'agrégation plus courtes ou des valeurs seuils inférieures n'étaient pas suffisamment cohérentes ou ont commencé trop tard à donner lieu à des mesures efficaces. Dans ce cas, la règle de fonctionnement cible pour l'intervention était l'approvisionnement en eau. L'approvisionnement en eau était soumis à un quota d'un pourcentage plutôt faible dès que l'indice descendait en dessous de -1,0 pour éviter des réductions plus importantes par la suite. Ce faisant, le réservoir pourrait être maintenu au-dessus d'un niveau d'eau qui devient critique du point de vue de la qualité de l'eau.

5. Adaptation of reservoir operation

Once the SPI (or indices in general) is calculated based on combined past and forecasted values, it can be used to adjust operation of reservoirs. Adjustment cannot be established in a general way but requires site-specific rules. However, what can be generalized, is the way in which the results of indices are introduced. First, site-specific operation rules best suited for intervention must be identified. Second, threshold values for indices must be identified for when intervention should be triggered. Third, the aggregation period is highly dependent on the local situation and needs to be determined for each single individual case.

Reservoirs in West-Germany with catchment areas ranging from 250 to 600 km², operated with threshold-based rules, could be improved by using a 9 to 12 month aggregation period and a threshold value of -1.5 (SPI + Evaporation based indices). When the index dropped below -1.5, release rules associated with the next lower storage-threshold level were applied to counter an expected decrease of inflow. This meant a reduction of downstream releases depending on the time of year and current storage volume. Not surprisingly, not all critical periods could be identified by applying this approach. However, two thirds of critical low flow conditions with corresponding low water levels in the reservoirs could be tackled in a timely way. The approach was used without forecasts prior to 2011 and as of 2011 with forecasts to make full use of the observation period with more than 100 years for evaluation.

The Figure below indicates the volume of two reservoirs with (blue line) and without (red line) correcting intervention by means of (here) SPI. All yellow sections show SPI less than the threshold value for intervention and with reduction of releases. In other words, during the yellow periods, releases are reduced in order to avoid a further drop of the water level.

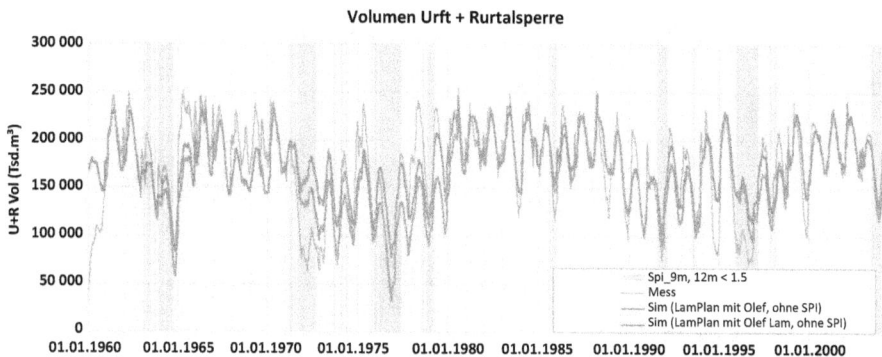

Fig. A2.5
Storage volume with/without SPI-based hedging rule
(blue=with, red=without)

In Central Germany, a reservoir with a catchment area of less than 50 km² revealed a different pattern. Only aggregation periods longer than 18 months with a threshold value of minus 1.0 showed good results. Shorter aggregation periods or lower threshold values were either not consistent enough or started too late to result in counter measures that took effect. In this case, the target operation rule for intervention was water supply provision. Similar to a hedging rule, water provision was subjected to a quota of a rather small percentage as soon as the index dropped below -1.0 to prevent larger reductions later on. In doing so, the reservoir could be kept above a water level that becomes critical from the viewpoint of water quality.

L'hypothèse initiale selon laquelle la taille d'un bassin versant est un paramètre raisonnable pour pré-estimer les périodes d'agrégation n'a pas pu être confirmée. L'interaction entre le climat, la géologie du bassin versant comme indicateur d'«inertie» (ou de «mémoire hydrologique») et le réservoir lui-même semble plus complexe. En conséquence, chaque réservoir ou système de réservoir doit être examiné individuellement pour trouver le meilleur ensemble de périodes d'agrégation et de valeurs seuils.

Ce projet est financé par le ministère fédéral allemand de l'environnement, de la conservation de la nature et de la sûreté nucléaire.

Une méthode comparable, basée sur l'utilisation directe des précipitations prévues au lieu d'indices hydrométéorologiques, a été testée pour le bassin inférieur du Mékong en 2016 par l'auteur à la demande de la Commission du fleuve Mékong et de la GIZ. Les résultats ont révélé un degré d'incertitude plus élevé et confirment l'hypothèse selon laquelle les indices sont plus robustes.

6. Références

National oceanic and atmospheric adminstration (NOAA)

https://www.ncdc.noaa.gov/data-access/model-data/model-datasets/climate-forecast-system-version2-cfsv2#CFSv2%20Operational%20Forecasts, 2016.

SVOBODA, M. & FUCHS, BRIAN Integrated Drought Management Programme (IDMP), Handbook of Drought Indicators and Indices. Drought Mitigation Center Faculty Publications, 117, 2016.

GUDMUNDSSON, L.; BREMNES, J. B.; HAUGEN, J. E. & ENGEN-SKAUGEN, T. Technical Note: Down-scaling RCM precipitation to the station scale using statistical transformations - a comparison of methods. Hydrology and Earth System Sciences, 2012, 16, 3383–3390, doi:10.5194/hess-16-3383-2012.

MRC 2016: Long-range streamflow forecasts for the LMB. Mekong River Commission, Phnom Penh, 2016. Unpublished report.

The initial assumption that the size of a catchment area is a reasonable parameter in order to pre-estimate aggregation periods could not be confirmed. The interplay between climate, the catchment's geology as an indicator for "inertia" (or "hydrological memory") and the reservoir itself seems more complex. As a result, each reservoir or reservoir system must be individually scrutinized to find the best set of aggregation periods and threshold values.

This project is funded by the German Federal Ministry for the Environment, Nature Conservation and Nuclear Safety, BMUB.

A comparable method, based on direct utilisation of forecasted precipitation instead of hydro-meteorological indices, was tested for the Lower Mekong Basin in 2016 by the Author by order of the Mekong River Commission and GIZ. Results revealed a higher degree of uncertainty and confirm the assumption that indices are more robust.

6. References

National oceanic and atmospheric adminstration (NOAA)

https://www.ncdc.noaa.gov/data-access/model-data/model-datasets/climate-forecast-system-version2-cfsv2#CFSv2%20Operational%20Forecasts, 2016.

SVOBODA, M. & FUCHS, BRIAN Integrated Drought Management Programme (IDMP), Handbook of Drought Indicators and Indices. Drought Mitigation Center Faculty Publications, 117, 2016.

GUDMUNDSSON, L.; BREMNES, J. B.; HAUGEN, J. E. & ENGEN-SKAUGEN, T. Technical Note: Down-scaling RCM precipitation to the station scale using statistical transformations - a comparison of methods. Hydrology and Earth System Sciences, 2012, 16, 3383–3390, doi:10.5194/hess-16-3383-2012.

MRC 2016: Long-range streamflow forecasts for the LMB. Mekong River Commission, Phnom Penh, 2016. Unpublished report.

UTILISATION DU VOLUME DU RÉSERVOIR POUR lA GESTION DES CRUES DANS LE BASSIN DE LA RIVIÈRE KUMANO – JAPON

Masayuki Kashiwayanagi

Electric Power Development Co., Ltd. Chigasaki, Japon

1. Introduction

La rivière Kumano est située dans la péninsule de Kii, au centre du Japon, le long de l'océan Pacifique. Son bassin couvre presque entièrement des zones montagneuses, à savoir 97%, ce qui se traduit par une forte pente du lit de la rivière et des précipitations abondantes de l'ordre de 3000 mm par an. La superficie du bassin versant couvre 2360 km^2 comprenant 18 municipalités avec une population de 84 000 personnes. De nombreux typhons traversent périodiquement le bassin et provoquent occasionnellement des catastrophes en raison des précipitations abondantes. A titre d'exemple, le typhon Isewan (catégorie 5), dans la partie centrale du Japon, a engendré une énorme catastrophe causant 5 morts et 2 300 maisons inondées dans le bassin de la rivière Kumano en 1959.

Il y a 11 barrages pour l'hydroélectricité et l'irrigation dans le bassin, tel que l'illustre la Figure A3.1, mais aucun pour la protection contre les crues. J-Power a exploité 6 barrages hydroélectriques dans le bassin et a contribué à l'atténuation des inondations en fournissant un stockage des inondations dans des réservoirs pendant la saison des pluies. Suite à la dernière catastrophe due au typhon n°12 en 2011, une action corporative entre l'administrateur gouvernemental de la rivière et J-Power a été lancée pour améliorer l'atténuation des crues en utilisant les barrages hydroélectriques dans la rivière Kumano. Depuis lors, l'atténuation des crues est devenue plus efficace en utilisant des barrages hydroélectriques dans les limites de l'exploitation commerciale des centrales hydroélectriques. A cet effet, une étude a été menée sur la validité des informations météorologiques diffusées pour l'exploitation proactive du réservoir lors de crues.

USE OF RESERVOIR STORAGE FOR FLOOD OPERATION IN THE KUMANO RIVER BASIN – JAPAN

Masayuki Kashiwayanagi

Electric Power Development Co., Ltd. Chigasaki, Japan

1. Background

Kumano river is located in Kii peninsula at the middle part of Japan along the Pacific Ocean. Its basin spreads almost all in mountain area, namely 97%, which results in the steep slope of the river bed and much precipitation about 3000 mm per annum. It has (the comment is illegible.) 2360 km² drainage area including 18 municipalities with a population of 84000. Many typhoons periodically pass the basin and occasionally bring disaster due to much precipitation. As an example, Typhoon Isewan (category 5) caused huge disaster in the middle part of Japan and 5 fatalities and 2300 inundated houses in the Kumano river basin in 1959.

There are 11 dams for hydropower and irrigation, not for flood protection, in the basin as shown in Figure A3.1. J-Power has been operating 6 hydropower dams in the basin and has contributed to flood mitigation by providing flood storage in reservoirs during the rainy season. Taking the opportunity of the last disaster due to the typhoon No.12 in 2011, the corporative action among the governmental river administrator and J-Power has been commenced for enhancing the flood mitigation using the hydropower dams in the Kumano river basin. Since then J-Power has explored and verified more effective flood mitigation using hydropower dams within the limitation of the commercial operation of the hydropower plants. For this purpose, the study has been conducted on the validity of released meteorological information for the proactive reservoir operation during floods.

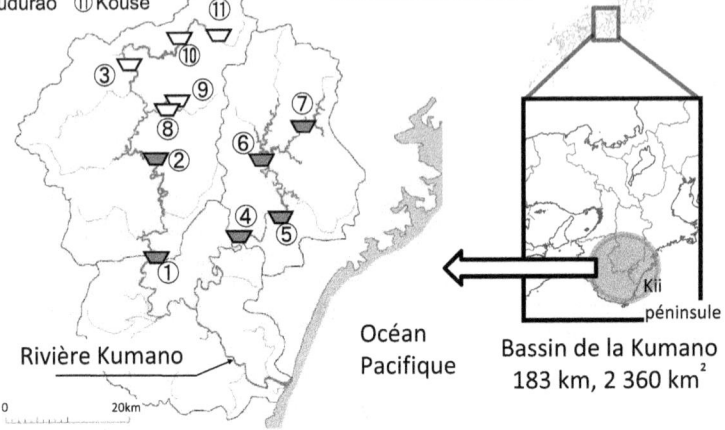

(a)

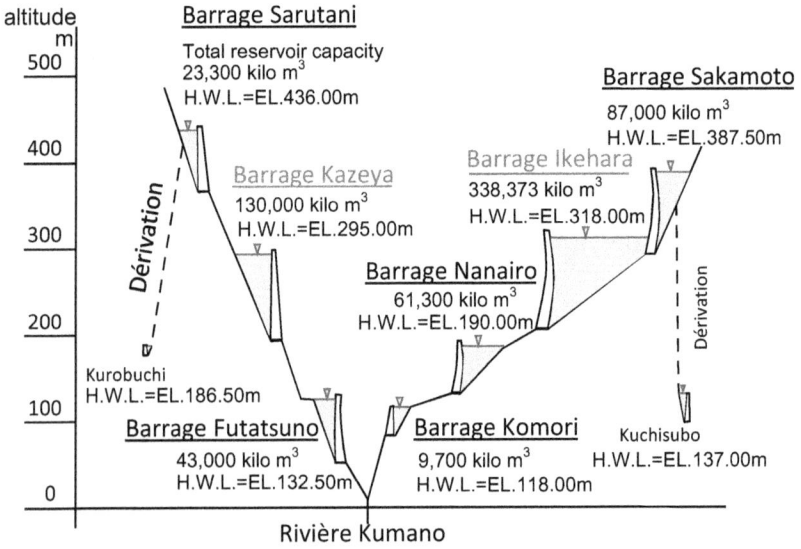

(b)

Fig. A3.1
Barrages du bassin du fleuve Kumano

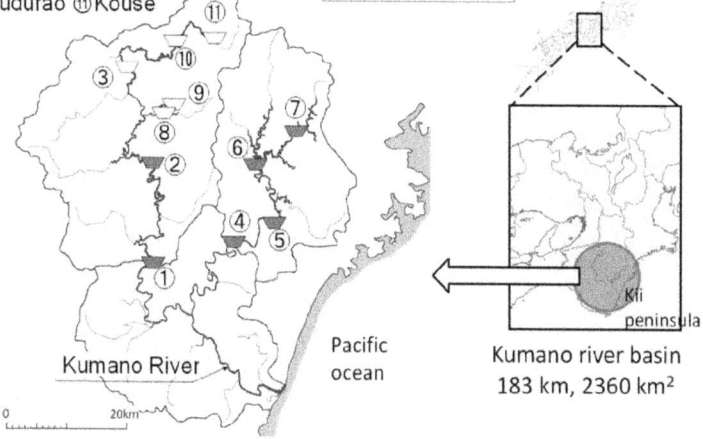

Name of dams
①Futatsuno ②Kazeya ③Sarutani
④Komori ⑤Nanairo ⑥Ikehara
⑦Sakamoto ⑧Asahi ⑨Seto
⑩Tsudurao ⑪Kouse

Owner of Dams
▼ J-Power
▽ Others

Japan

Kumano River

Pacific ocean

Kumano river basin
183 km, 2360 km²

a) Plan

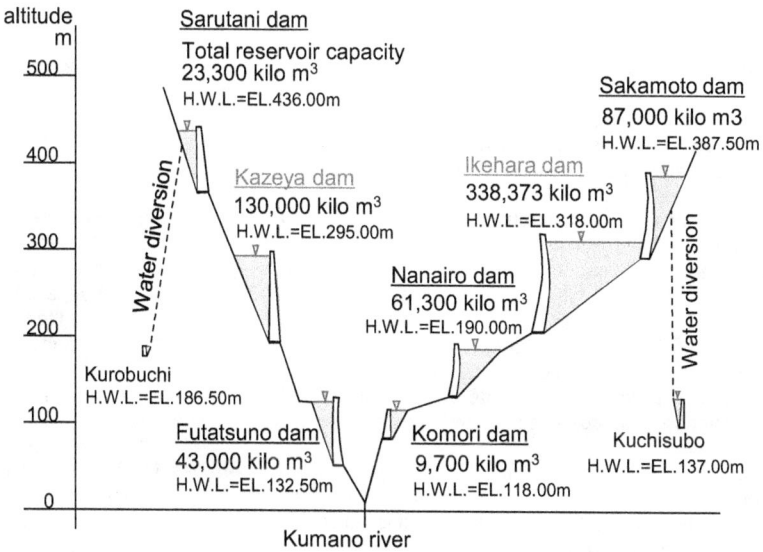

altitude m

Sarutani dam
Total reservoir capacity
23,300 kilo m³
H.W.L.=EL.436.00m

Sakamoto dam
87,000 kilo m3
H.W.L.=EL.387.50m

Kazeya dam
130,000 kilo m³
H.W.L.=EL.295.00m

Ikehara dam
338,373 kilo m³
H.W.L.=EL.318.00m

Nanairo dam
61,300 kilo m³
H.W.L.=EL.190.00m

Water diversion

Water diversion

Kurobuchi
H.W.L.=EL.186.50m

Futatsuno dam
43,000 kilo m³
H.W.L.=EL.132.50m

Komori dam
9,700 kilo m³
H.W.L.=EL.118.00m

Kuchisubo
H.W.L.=EL.137.00m

Kumano river

(b) Profile

Fig. A3.1
Dams in Kumano river basin

8. Atténuation des risques de crues grâce aux barrages hydroélectriques existants

Les réservoirs relativement grands du barrage d'Ikehara (barrage-voûte de 1964, 111 m de haut) et du barrage de Kazeya (1960, béton gravitaire, de 101 m de haut) ont été considérés pour l'atténuation des crues. Les réservoirs ont respectivement un volume de 338 hm³ et 130 hm³. La capacité maximale d'évacuation des sites est respectivement de l'ordre de 6700 et 5200 m³/s. Le barrage d'Ikehara et son évacuateur de crues sont illustrés à la Figure A3.2.

Fig. A3.2
Barrage d'Ikehara et son reservoir

L'approche d'atténuation des crues pour les barrages d'Ikehara et de Kazeya est décrite ci-après. Lorsqu'une crue causée par de nombreuses précipitations dans le bassin est attendue, la production d'électricité est accrue, de manière proactive, pour abaisser le niveau d'eau du réservoir jusqu'au niveau d'eau visé, par rapport au niveau d'eau de fonctionnement habituel, pour fournir un volume de stockage de crue dans le réservoir, comme indiqué à la Figure A3.3.

Les vannes de l'évacuateur de crues sont utilisées pour contrôler la crue de manière à maintenir le niveau d'eau visé, tant que le débit ne dépasse pas le débit de crue « maximal acceptable ». Au fur et à mesure que le débit de crue augmente, le fonctionnement de la vanne suit la règle de fonctionnement différé, dont le concept est illustré à la Figure A3.4. Pour un débit dépassant le débit de crue maximal acceptable, la vanne est ouverte pour déverser les débits entrants en tenant compte du décalage spécifiée. Ce décalage est appelé « temps différé ». L'opération de la vanne se poursuit jusqu'à ce que le débit de crue atteigne la valeur maximale. Ensuite, l'opération de la vanne est interrompue jusqu'à ce que le débit déversé soit le même que le débit de crue. Lorsque la crue diminue, les vannes sont opérées de manière à déverser le débit de crue.

L'opération des vannes pour l'atténuation des crues des barrages d'Ikehara et de Kazeya est améliorée en permettant une capacité augmentée de stockage des crues de 70 hm³ (9 m de hauteur), et 28 hm³ (7 m de hauteur), les hauteurs disponibles étaient à l'origine de 6 m pour les deux barrages. Au barrage d'Ikehara, deux options de niveaux d'eau cible sont conidérées en fonction de l'intensité des précipitations. De plus, la règle d'exploitation différée modifiée est basée sur 3 heures au lieu de 0,5 heure d'origine, en tenant compte de l'augmentation du volume du réservoir. L'opération modifiée peut entraîner un niveau d'eau plus élevé du réservoir, mais ce niveau doit demeurer inférieur au niveau d'eau maximal du réservoir.

2. Flood risk mitigation using existing hydropower dams

The relatively large reservoirs of Ikehara dam (1964, arch dam, 111 m high) and the Kazeya dam (1960, concrete gravity, 101 m high) are studied for the flood mitigation. The reservoirs are 338 MCM and 130 MCM in volume, respectively. The dams have gated spillway with the maximum discharge of 6700 and 5200 m³/sec, respectively. The Ikehara dam and its spillway arranged apart from the dam are shown in Figure A3.2.

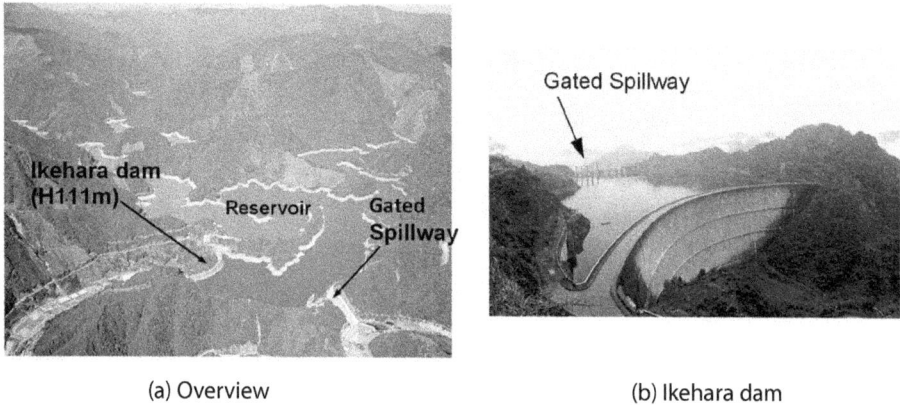

(a) Overview (b) Ikehara dam

Fig. A3.2
Ikehara dam and its reservoir

The flood mitigation method for the Ikehara and the Kazeya dams will be conducted by following manner. When the flood caused by much precipitation in the basin is expected, the power generation is conducted in a proactive manner to draw down the reservoir water level to the aim water level from the usual operation water level for providing the reservoir flood storage, as shown in Figure A3.3.

Until the discharge does not exceed the hazardous flood discharge, the spillway gates of the dam are operated to release the flood so as to maintain the aim water level. As increasing the flood discharge more, the gate operation follows the delayed operation rule, of which concept is illustrated in Figure A3.4. To release the flood beyond the hazardous flood discharge, the gate is operated to spill the discharge as much as the flood discharges at specified hours before. The specified hours are referred to as a delayed time. The similar gate operation is continuing until the flood discharge reaches the peak value. Then the gate operation is interrupted until the spilled discharge is the same as much as the flood discharge. As decreasing the flood discharge, the gates are operated so as to spill the discharge equally as much as the flood discharge.

The gate operations for the flood mitigation of Ikehara and Kazeya dams are enhanced by providing increased flood storage of 70 MCM and 9 m water depth, and 28 MCM and 7 m water depth, of which water depths were originally 6 m for both. In Ikehara dam, two options of the aim water level are designated depending on the precipitation intensity. In addition, the modified delayed operation rule adopts 3 hours to the delayed time instead of original 0.5 hour, taking the increased reservoir volume above mentioned into consideration. The modified operation may result the higher reservoir water level, but has to be less than the high water level of the reservoir.

Volume de contrôle de la crue

Volume de contrôle de la crue basé sur la prévision des crues

Vanne de contrôle

$H_{eau}max$

Niveau cible

Niveau cible temporaire (1)

Niveau cible temporaire (2)

Réserve utile

$H_{eau}min$

Réserve morte

Volume pour Sédiments

* Ceci est une figure conceptuelle.
L'échelle et le ratio H/L diffèrent du barrage réel

Barrage Ikehara

	Volume (kilo m³)	
$H_{eau}max$ (35.0 m)	48,000	Volume pour niveau d'eau cible
H_{cible}(29.0 m)		
H_{cible}temporaire 1 (27.5 m)	11,000	Volume pour niveau cible temporaire
H_{cible}temporaire 2 (26.0 m)	11,000	

Total 70,000

Barrage Kazeya

	Volume (kilo m³)	
$H_{eau}max$ (30.0 m)	24,000	Volume pour niveau d'eau cible
H_{cible}(24.0 m)		
H_{cible}temporaire 1 (23.0 m)	4,000	Volume pour niveau cible temporaire

Total 28,000

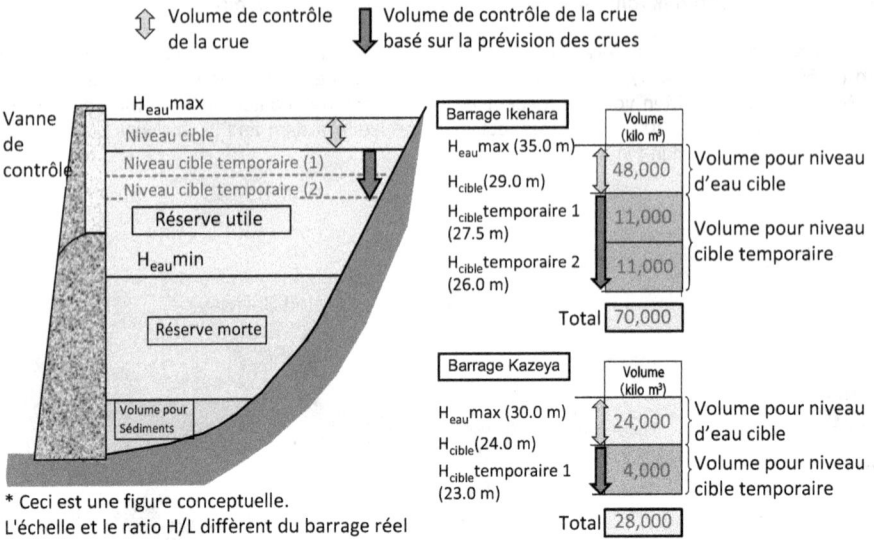

Fig. A3.3
Plan d'atténuation des crues

Note: Les niveaux d'eau sont mesurés par rapport au niveau minimal d'exploitation (NME) La Figure de gauche est pour le barrage d'Ikehara

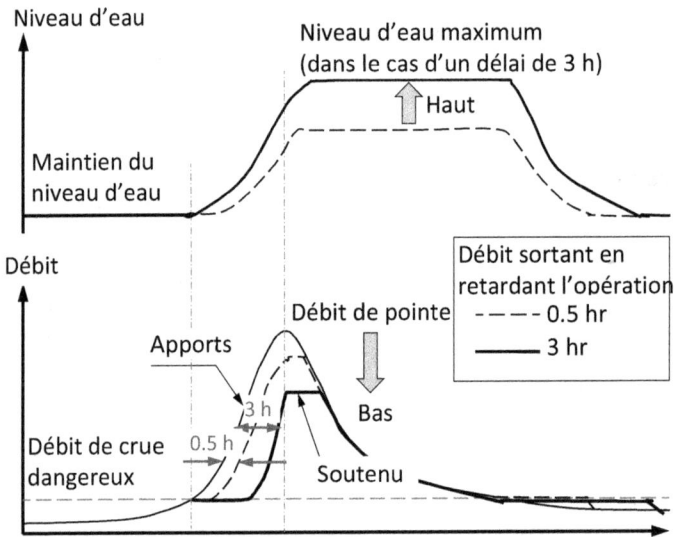

Niveau d'eau

Niveau d'eau maximum (dans le cas d'un délai de 3 h)

Haut

Maintien du niveau d'eau

Débit

Débit sortant en retardant l'opération
- - - - 0.5 hr
——— 3 hr

Débit de pointe

Apports

3 h

Bas

Débit de crue dangereux

0.5 h

Soutenu

Fig. A3.4
Modification de la règle d'exploitation du reservoir

Note : Les débits de crue maximal acceptable sont définis indépendamment pour chaque barrage, ce qui peut causer un impact indésirable sur la zone en aval du barrage.

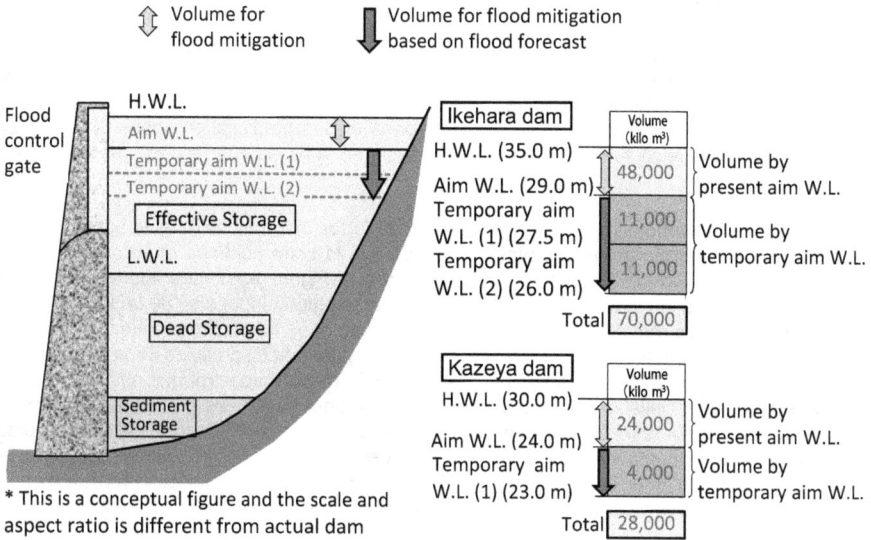

Fig. A3.3
Flood mitigation scheme

Note: The water levels are measured from L.W.L. Left Figure is for Ikehara dams.

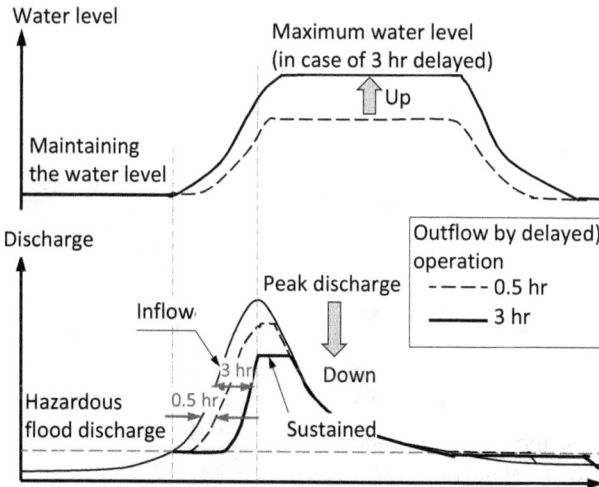

Fig. A3.4
Modification of reservoir operation rule

Note: Hazardous flood discharge is defined in each dam independently which possibly cause the harmful impact on the downstream area of the dam.

9. Prévision d'atténuation proactive des risques de crues

Une prévision météorologique fiable de quelques jours en avance et sa mise à jour continue sont essentielles pour l'atténuation proactive du risque de crue par l'exploitation du réservoir suivant la règle d'exploitation différée mentionnée ci-dessus. Les informations clés comme la localisation en temps réel et la prévision de la trajectoire du typhon et des précipitations dans le bassin sont considérées, car presque toutes les crues dans le bassin de la rivière Kumano ont été causées par des typhons.

L'analyse des typhons historiques provoquant de fortes inondations dans le bassin a montré que les typhons ont parcouru des chemins similaires dans la zone confinée et se sont approchés du bassin dans un rayon de 300 km, comme le montre la Figure A3.5. Les informations sur un typhon sont disponibles sur le site Web de l'Agence météorologique japonaise de la JMA, qui publie l'emplacement en temps réel du typhon, ses caractéristiques et sa trajectoire prévue dans quelques jours. Les informations sur les précipitations de JMA sont également disponibles sous forme de VPG (valeur aux points de grille, Figure A3.6) prédite par MSG (modèle spectral global). En validant la corrélation entre les précipitations prévues et les précipitations réelles, les précipitations cumulées sur 84 heures basées sur le VPG maximum prévu à chaque cellule de 20 km dans le bassin versant des barrages peuvent fournir une corrélation plus élevée avec les données observées. Une telle prédiction est bénéfique pour fournir suffisamment de temps pour faire baisser le niveau d'eau du réservoir par l'augmentation de génération qui permet d'utiliser efficacement l'eau du réservoir.

L'analyse des crues historiques a montré que les précipitations cumulées sur 84 heures dépassant 200 mm ont provoqué des crues excédant le débit maximal acceptable spécifié de 1500 m³/s au barrage et ont déclenché un changement du mode d'exploitation. Les événements de plus de 500 mm ont provoqué de graves crues. Le Tableau A3.1 résume les critères pour l'exploitation proactive d'abaissement du réservoir pour l'atténuation des inondations.

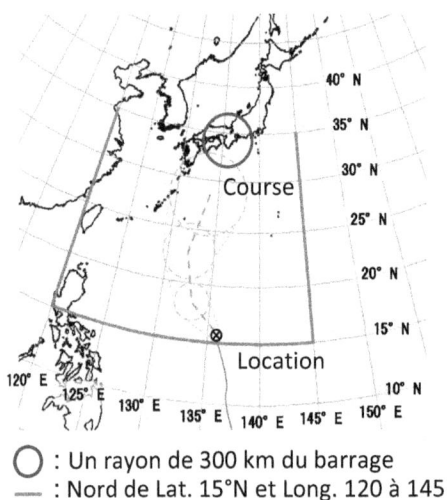

○ : Un rayon de 300 km du barrage
— : Nord de Lat. 15°N et Long. 120 à 145

Fig. A3.5
Caractéristiques des typhons tel qu'indiqué au Tableau A3.1.

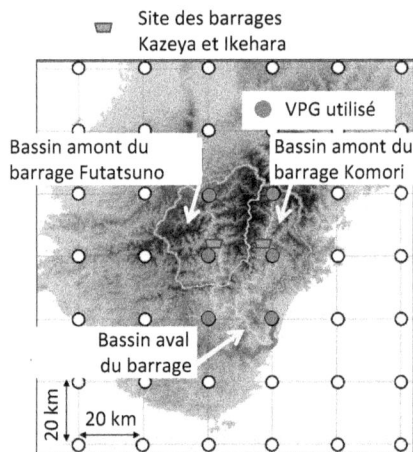

Fig. A3.6
Emplacements VPG pour la prévision des précipitations dans le basin

3. Forecast for proactive flood risk mitigation

Reliable meteorological forecasting in a few days advance and its continuous updating are essential for the proactive flood risk mitigation by the reservoir operation following the delayed operation rule above mentioned. The key information is considered as the real-time location and the prediction of the path of the typhoon and the precipitation in the basin, because almost floods have been caused by the typhoons in the Kumano river basin.

Analyzing historical typhoons causing heavy floods in the basin, the typhoons have traveled on the similar paths in the confined area and approached the basin within the 300 km radius, as shown in Figure A3.5. The typhoon information is available in the JMA's (Japan Meteorological Agency) web site which releases the real-time location of the typhoon, its characteristics and predicted path in a few days ahead. The precipitation information by JMA is also available as GPV (Grid Point Value, Figure A3.6) predicted by GSM (Global Spectral Model). Validating the correlation between the predicted precipitation and the actual ones, 84-hour cumulative precipitation based on the maximum predicted GPV at each 20 km grid in the drainage area of these dams can provide higher correlation to the observed ones. Such prediction is beneficial to provide sufficient time for drawing down the reservoir water level by the generating operation which utilizes the reservoir water effectively.

Reviewing the historical floods again, predicted 84-hour cumulative precipitation above 200 mm caused floods exceeding the specified hazardous discharge of 1500 m^3/s at the dam and triggered delayed operation. Ones more than 500 mm brought severe floods. These can be summarized as the criteria for the proactive draw-down operation of the reservoir for the flood mitigation in Table A3.1.

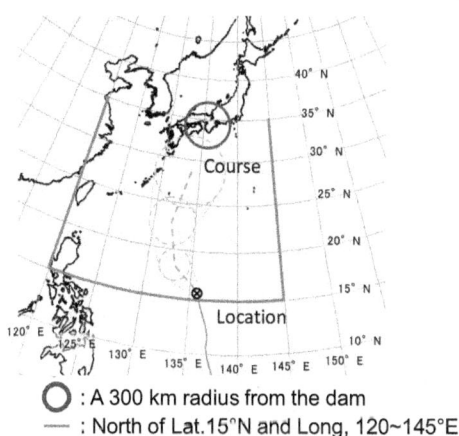

○ : A 300 km radius from the dam
— : North of Lat.15°N and Long, 120~145°E

Fig. A3.5
Criteria for typhoons as shown in Table A3.1.

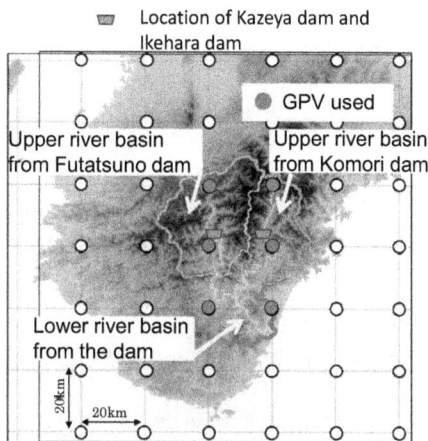

Fig. A3.6
GPV locations for the forecast of precipitation in the basin

Tableau A3.1

Critères d'abaissement proactif pour l'atténuation des crues

Critère	Début des soutirages	Information	Mise à jour des données
Emplacement du typhon	Tel que montré à la Figure A3.5	Données en temps réel	Temps réel
Parcours prévu du typhon	Dans un rayon de 300 km	Prévisions de 3 à 5 jours en avance de JMA[1]	Intervalle de 3 à 5 heures
Précipitations prévues	Précipitations cumulées en 84 heures 200 mm (Sévère) 500 mm (Extrême)	Prévision à 84 heures (MSG[2]) de VPG[3]) par JMA	Intervalle de 6 heures

1) Agence météorologique japonaise, 2) Modèle spectral mondial, 3) Valeur du point de grille

4. Vérification

L'exploitation modifiée du réservoir et les critères d'abaissement proactif illustrés aux Figures A3.3 et A3.4 et au Tableau A3.1 sont validés en termes d'efficacité de l'atténuation des crues par l'examen des crues historiques.

Dans un premier temps, la relation entre les critères d'abaissement présentés au Tableau A3.1 et le débit observé au barrage a été étudiée pour 329 typhons historiques passant par le centre du Japon. Lorsqu'un typhon répondant à tous les critères entraînerait une crue dépassant le débit de crue maximal acceptable spécifié au barrage, la crue sera retenue. Sinon, elle ne le sera pas. Les résultats sont résumés au Tableau A3.2. La moitié des cas qui satisfont aux critères et presque tous les cas qui échouent aux critères sont identifiés comme des cas à retenir. Ces critères sont pratiques afin d'identifier la nécessité de l'abaissement de la retenue.

Tableau A3.2

Vérification des critères d'opération

Évaluation	Nombre de typhons	
	Au-dessus du débit de crue maximal acceptable (1500 m³/s)	Sous le débit de crue maximal acceptable (1500 m³/s)
Respecte le critère	16 (retenue)	14 (non retenue)
Ne respecte pas le critère	1 (non retenue)	298 (retenue)

Ensuite, l'efficacité de l'exploitation différée est examinée par la simulation de l'exploitation dans le réservoir d'Ikehara (voir Figure A3.3) en fonction des hypothèses suivantes.

1. Le niveau initial du réservoir est de 29 m comme niveau d'eau pendant la saison des pluies.

2. Lorsque la situation du typhon satisfait aux critères indiqués dans le Tableau A3.1, le niveau d'eau du réservoir est abaissé de manière proactive par la génération avec un débit de 342 m³/s.

3. La crue est contrôlée d'abord par le fonctionnement de la vanne pour maintenir le niveau d'eau du réservoir.

4. Au fur et à mesure de l'augmentation du débit, une fois que le débit au barrage dépasse le débit maximal acceptable de 1500 m3/s, les vannes sont opérées en suivant la règle de fonctionnement différé pour réguler la crue.

Table A3.1
Criteria for proactive drawdown operation for flood mitigation

Criteria	Initiation of drawdown	Information	Data update
Location of Typhoon	Shown in Figure A3.5	Real time data	Real time
Predicted course of Typhoon	Within 300 km radius	Forecast in 3 to 5 days ahead by JMA[1]	3- to 5-hour interval
Predicted rainfall	Cumulative precipitation in 84 hours 200 mm (Severe) 500 mm (Extreme)	84-hour forecast (GSM[2]) of GPV[3] by JMA	6-hour interval

1) Japan Meteorological Agency, 2) Global Spectral Model, 3) Grid Point Value

4. Verification

The modified reservoir operation and proactive draw-down criteria shown in Figures A3.3 and A3.4 and Table A3.1 are validated in terms of the efficiency of the flood mitigation by the examination of the historical floods.

Firstly, the relation between the draw-down criteria shown in Table A3.1 and the observed discharge at the dam is examined on the occasion of the historical 329 typhoons passed through the middle of Japan. When a typhoon meeting all criteria would cause the flood exceeding the specified hazardous flood discharge at the dam, it will be the right case. Otherwise will be the wrong case. The results are summarized in Table A3.2. Half cases which satisfy the criteria and almost all cases which fail the criteria are identified as the right cases. It clarifies that the criteria are practical ones in order to identify the necessity of the draw-down of the reservoir.

Table A3.2
Verification of the criteria of drawdown operation

Evaluation	Number of typhoons	
	Above the hazardous flood discharge (1500 m³/s)	Below the hazardous flood discharge (1500 m³/s)
Satisfy the criteria	16 (Right)	14 (Wrong)
Fail the criteria	1 (Wrong)	298 (Right)

Secondary, the effectiveness of the delayed operation is examined by the simulation of the operation in the Ikehara reservoir (refer to Figure A3.3) under the following assumption.

1. Initial reservoir level is 29 m as the water level in the rainy season.

2. When the situation of the typhoon satisfy the criteria shown in Table A3.1, the reservoir water level is proactively draw down by the generation with the discharge of 342 m³/s.

3. The flood is controlled firstly by the gate operation to maintain the reservoir water level.

4. As increasing the discharge, once the discharge at the dam exceeds the hazardous discharge of 1500 m³/s, the gate operation following the delayed operation rule is commenced to regulate the flood.

Les résultats obtenus sont représentés en traits pleins à la Figure A3.7. Les précipitations cumulées sur une période de 84 heures, spécifiées comme critères, sont respectivement de 200 mm et 500 mm pour les cas A et B. Le moment de la satisfaction des critères d'abaissement et son initiation sont représentés en traits pointillés verticaux. Ceux-ci montrent qu'une durée suffisante soit garantie pour permettre l'abaissement du réservoir jusqu'au niveau d'eau spécifié dans les deux cas. Pour une crue de plus courte durée que le délai de 3 heures, le débit maximal au barrage ne dépasse pas le débit maximal acceptable de 1 500 m³/s pour le cas A. Au contraire, un débit de 1708 m³/s serait observée pour le cas B pour un délai similaire. Les deux sont inférieurs au maximum du débit naturel de crue. Les niveaux du réservoir dans les deux cas restent inférieurs au nveau maximal spécifié. Pour le cas B, le débit historique était de l'ordre de 326 m³/s car le niveau d'eau initial était environ 10 m inférieur au niveau maximal et le débit sortant par les vannes a été réduit en utilisant le volume du réservoir disponible.

5. Conclusions

L'atténuation du risque de crues en utilisant les barrages hydroélectriques par l'abaissement proactif du réservoir jumelé à une méthode d'exploitation du réservoir modifiée en utilisant le volume de réservoir disponible résultant de l'abaissement préventif du réservoir ont été examinées. Les principales conclusions sont les suivantes :

1. Les informations météorologiques de l'emplacement et de la trajectoire du typhon et la prévision des précipitations à l'aide du MSG publiées par JMA sont des indices efficaces pour gérer l'abaissement proactif du réservoir pour l'atténuation des crues dans le bassin de la rivière Kumano. Ces données sont facilement accessibles et mises à jour fréquemment, ce qui les rend adéquates pour l'exploitation du réservoir.

2. Les critères spécifiés pour l'abaissement proactif du réservoir offrent suffisamment de temps pour l'abaissement du réservoir en augmentant le débit pour la génération d'électricité.

3. La méthode d'exploitation modifiée du réservoir comprenant le concept d'exploitation différée a été validée pour le barrage étudié par la simulation de routage des crues sur des cas historiques de typhon.

La méthode étudiée est effectivement appliquée pour l'exploitation du réservoir depuis 2012 au niveau du bassin. Des validations supplémentaires seront effectuées en fonction des conséquences des événements observés sur le bassin.

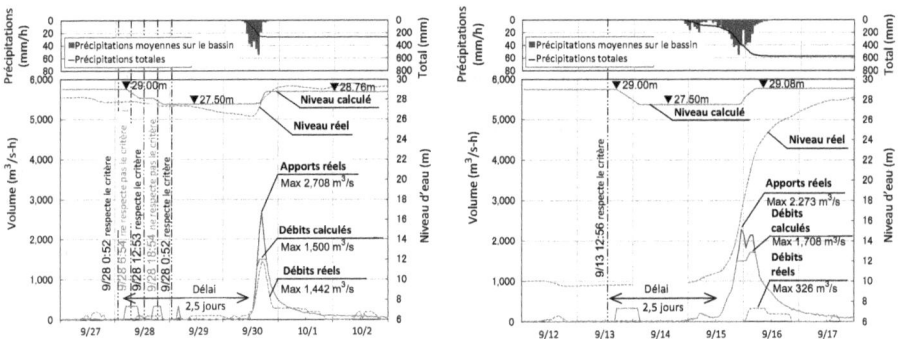

Fig. A3.7
Résultats de simulation de l'exploitation du réservoir d'Ikehara

The simulated results are shown in solid lines in Figure A3.7. The cumulative precipitation in an 84-hour specified as the criteria are 200 mm and 500 mm for Case A and Case B, respectively. The moment of satisfying the draw-down criteria and its initiation is shown in vertical dotted lines. These show that the sufficient times are ensured for the reservoir draw-down to the specified water level in both cases. Due to the flood characteristic of shorter flooding duration less than the delayed time of 3 hours in Case A, the maximum discharge at the dam does not exceed the hazardous discharge of 1500 m³/s. Contrary, one for Case B results 1708 m³/s by the delayed operation which follows the increasing flood discharge with specified delayed time. Both are less than the maximum of the natural flood discharge. The reservoir levels in both cases stay under the specified one. In the actual Figure in Case B, the actual discharge was a few of 326 m³/s because the initial water level in low of 10 m and the gate operation was withheld by utilizing the vacant reservoir volume.

5. Conclusions

The flood risk mitigation using the hydropower dams by the proactive reservoir draw-down and the modified reservoir operation method by effective use of the resultant vacant reservoir volume are examined. The following conclusions are obtained.

1. The meteorological information of the location and the path of the typhoon and the precipitation prediction using GSM released by JMA are effective index for the proactive reservoir draw-down for the flood mitigation in the Kumano River basin. These characteristic of easy access and frequent updating are adequate for the reservoir operation criteria.

2. The specified criteria for the proactive reservoir draw-down provides sufficient time for reservoir draw-down using the generation discharge.

3. The modified reservoir operation method comprising the delayed operation concept are verified to be practical ones for the studied dam by the flood routing simulation on historical typhoon cases.

The studied method has been actually applied for the reservoir operation since 2012 at the basin. Further validation will be conducted based on the consequences.

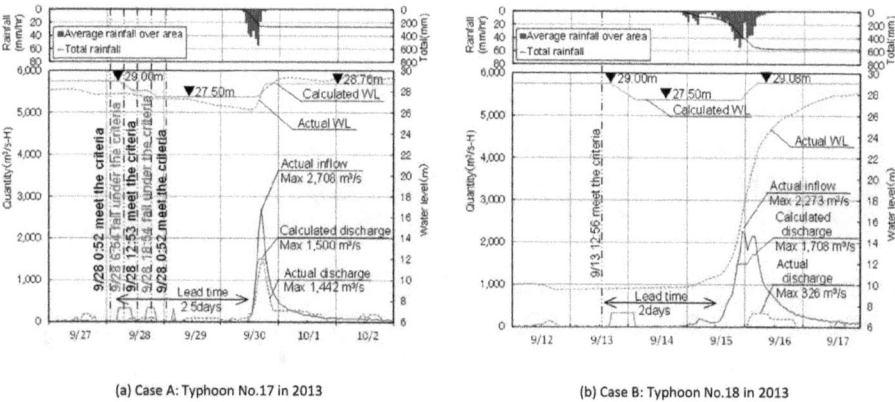

(a) Case A: Typhoon No.17 in 2013   (b) Case B: Typhoon No.18 in 2013

Fig. A3.7
Simulation of the Ikehara reservoir operation

6. Références

(1) Takakura H., Matsubara T., Nakakita E., Takada N.: Study on validity of the hydroelectric dam operation adopted GSM and the information about typhoons, 85th ICOLD annual meeting, Prague, Czech Republic, 2017.6

(2) Matsubara T., Kasahara S., Shimada Y., Nakakita E., Tsuchida K., Takada N.: Study on applicability of information of typhoons and GSM (Global spectral model) for dam operation), Journal of Japan Society of Civil Engineers, Sr. B1 (Hydraulic Engineering), Volume 69(4), pp. I-367–372, 2013(in Japanese).

6. Reference

(1) Takakura H., Matsubara T., Nakakita E., Takada N.: Study on validity of the hydroelectric dam operation adopted GSM and the information about typhoons, 85th ICOLD annual meeting, Prague, Czech Republic, 2017.6

(2) Matsubara T., Kasahara S., Shimada Y., Nakakita E., Tsuchida K., Takada N.: Study on applicability of information of typhoons and GSM (Global spectral model) for dam operation), Journal of Japan Society of Civil Engineers, Sr. B1 (Hydraulic Engineering), Volume 69(4), pp. I-367–372, 2013(in Japanese).

For Product Safety Concerns and Information please contact our EU
representative GPSR@taylorandfrancis.com
Taylor & Francis Verlag GmbH, Kaufingerstraße 24, 80331 München, Germany